UNREAD

绝佳时间

如何利用生物钟活得更健康

The New Science of the
Body Clock, and How
It Can Revolutionize
Your Sleep and Health

Russell Foster

[英] 罗素·福斯特————著

王岑卉————译

海峡出版发行集团｜海峡书局

Life Time

图书在版编目（CIP）数据

　　绝佳时间：如何利用生物钟活得更健康 / (英) 罗素·福斯特著；王岑卉译. —— 福州 : 海峡书局, 2023.11
　　书名原文: Life Time：The New Science of the Body Clock, and How It Can Revolutionize Your Sleep and Health
　　ISBN 978-7-5567-1150-5

　　Ⅰ.①绝… Ⅱ.①罗…②王… Ⅲ.①生物钟–普及读物 Ⅳ.①Q418-49

中国国家版本馆CIP数据核字(2023)第169133号

Life Time: The New Science of the Body Clock, and How It Can Revolutionize Your Sleep and Health by Russell Foster
Copyright © Russell Foster, 2022
First published as LIFE TIME in 2022 by Penguin Life, an imprint of Penguin General.
Penguin General is part of the Penguin Random House group of companies.
Copies of this translated edition sold without a Penguin sticker on the cover are unauthorised and illegal.
Published under licence from Penguin Books Ltd. Penguin (in English and Chinese) and the Penguin logo are trademarks of Penguin Books Ltd.
Simplified Chinese edition copyright © 2023 United Sky (Beijing) New Media Co., Ltd.
All rights reserved.

著作权合同登记号：图字13—2023—099 号

出 版 人：林　彬
责任编辑：廖飞琴　潘明劼
特约编辑：邵嘉瑜　宫　璇
封面设计：孙晓彤
美术编辑：杨瑞霖

绝佳时间：如何利用生物钟活得更健康
JUEJIA SHIJIAN: RUHE LIYONG SHENGWUZHONG HUO DE GENG JIANKANG

作　　者：（英）罗素·福斯特
译　　者：王岑卉
出版发行：海峡书局
地　　址：福州市白马中路15号海峡出版发行集团2楼
邮　　编：350004
印　　刷：三河市冀华印务有限公司
开　　本：880mm×1230mm　1/32
印　　张：11.5
字　　数：276千字
版　　次：2023年11月第1版
印　　次：2023年11月第1次
书　　号：ISBN 978-7-5567-1150-5
定　　价：88.00元

关注未读好书

客服咨询

谨以本书献给伊丽莎白、夏洛特、威廉和维多利亚，同时纪念多琳·艾米·福斯特（1933 年 8 月 17 日—2020 年 11 月 28 日）。

目录

附图目录

表格目录

缩略语

Aβ	β- 淀粉样蛋白（斑块）	CPAP	持续气道正压通气
ADHD	注意缺陷与多动障碍	CSA	中枢型睡眠呼吸暂停
	（俗称多动症）	DDAVP	去氨加压素
ADP	二磷酸腺苷	DSD	驾驶员安全装置
ANP	心房钠尿肽	DSPD	睡眠时相延迟综合征
ASA	乙酰水杨酸	DST	夏令时
ASD	自闭症谱系障碍	EEG	脑电图
ASPD	睡眠时相前移综合征	EMA	欧洲药品管理局
ATP	三磷酸腺苷	EMF	电磁场
AVP	抗利尿激素	FDA	美国食品药品监督管
BMI	身体质量指数（体质		理局
	指数）	FSH	促卵泡生成素
BPH	良性前列腺肥大	GABA	γ- 氨基丁酸
BSB	银行业标准委员会	GMT	世界时
BST	英国夏令时间	GnRH	促性腺激素释放激素
CBD	大麻二酚	HbA1c	糖化血红蛋白
CBTi	失眠症的认知行为疗法	HCG	人绒毛膜促性腺激素
COPD	慢性阻塞性肺疾病	HDL	高密度脂蛋白
COVID-19	新型冠状病毒肺炎，简	HRT	激素替代疗法
	称新冠肺炎，由 SARS-CoV-2 病毒引起		

IVF	体外受精	PRR	模式识别受体
LDL	低密度脂蛋白	PTSD	创伤后应激障碍
LE	自带背光	RBD	快速眼动睡眠行为障碍
LH	促黄体生成素	REM	快速眼动睡眠
NAFLD	非酒精性脂肪性肝病	RLS	不安腿综合征
NASH	非酒精性脂肪性肝炎	SBD	睡眠相关呼吸障碍
NDD	神经发育障碍	SCN	视交叉上核
NREM	非快速眼动睡眠	SCRD	睡眠及昼夜节律紊乱
nVNS	非侵入式迷走神经刺激	SDB	睡眠呼吸障碍
OCD	强迫症	SRED	睡眠相关进食障碍
OHS	肥胖低通气综合征	SRMD	睡眠相关运动障碍
OPN4	黑视蛋白	SSRI	选择性 5- 羟色胺再吸收抑制剂
OSA	阻塞性睡眠呼吸暂停		
PD	帕金森病	SWS	慢波睡眠
PKC	蛋白激酶 C	THC	四氢大麻酚
PMDD	经前焦虑症	TIA	短暂性脑缺血发作
PMS	经前期综合征	TNF	肿瘤坏死因子
PPI	质子泵抑制剂	TST	总睡眠时间
pRGC	光敏视网膜神经节细胞		

引言

生活没什么可怕的，只需要了解就好。

现在是时候增进了解了，这样我们就不会那么害怕。

——玛丽·斯克沃多夫斯卡－居里

（Marie Skłodowska-Curie）

40年前，我在布里斯托大学动物学系读本科。当时，我想成为科学家，但并不清楚这意味着什么，也不知道它涉及哪些东西。在年轻的我自由散漫的脑海中，"生物钟"只是个模糊的概念。不过，读本科的最后一年，我在一场探讨生物节律的国际会议上做了志愿者。那项工作要求不高，我在会场上转来转去，不但听了许多讲座，还见到了该领域当时的领军人物。凭借年轻人的自信（也许是傲慢），我以为那些学界大佬会想跟我聊天，就像我想跟他们聊天一样。大多数人都不吝拨冗与我交谈，我也的确学到了一课，那就是千万别在吃早餐时接近某位资深教授（那人沉默地凝视一根油腻的香肠，竟能传达出那么多含义，真是令人惊讶……）。从许多方面来看，那段经历都对我影响深远。我像海绵一样贪婪地汲取着科学知识。不知不觉中，那场研讨会奠定了我毕生的兴趣，也激发了我的雄心壮志，让我想要加入那个由国际学者组成的非凡团体。他们研究的是一门新兴科学——时间生物学。从大学时代一直到如今担任牛津大学昼夜节律神经科学教授、朱尔斯·索恩爵士睡眠及昼夜节律神经科学研究所

（Sir Jules Thorn Sleep and Circadian Neuroscience Institute）所长，我的科学家生涯使我能与全球各地的同事交流并分享新知识。从某种意义上来说，本书是我40年来研究时间生物学的结晶。我希望能让你领略我多年来体会过的种种激动、惊讶和纯粹的喜悦。

过去几十年中，围绕生物钟与支配我们生活的24小时生物周期涌现出了许多激动人心的新发现。那些周期中最显而易见的是每天的睡眠与觉醒周期。令人惊讶的是，大多数书籍都将生物钟与睡眠分开讨论。然而最新研究证明，这么做是不全面的。不了解生物钟，就无法正确理解睡眠，而睡眠又会反过来调节生物钟。在接下来的章节中，我将同时探讨生物钟与睡眠。它们是两个密切联系、相互交织的领域，界定并支配着我们的身心健康。在很多情况下，你做事的成败（无论是下班后安全开车回家，还是通过节食达到减肥目的）取决于你是配合那些周期，还是跟它们对着干。科学和医学领域的相关信息繁多，导致人们分不清事实和传言。在健康领域，明智的建议常常会变成刺耳的命令，类似于军士长在阅兵场上喊出的口号：你"必须"保证8小时睡眠，"必须"继续与打鼾的伴侣同床共枕，睡前"不得"使用自带背光（LE）的电子阅读器。显然，生物节律和睡眠非但没有被我们视为忠实的朋友，反而经常被描绘成需要缠斗、制伏并击败的敌人。事实恰恰相反，我们需要理解并接纳这些节律。

在这本书中，我试图解读生物钟及睡眠背后的科学，希望通过有趣易读的形式，介绍一些令人惊讶、激动人心的发现。在过去40年中，身为该研究领域的科学家，我不仅从亲身经历中汲取了经验，还从与朋友和同事的讨论中受益匪浅。对于如今人们所知的时间生物学，我的那些朋友和同事都做出了直接贡献。我会列出科学知识背后的证据，告诉你如何利用那些证据做出更明智的决定或改善自己的生活——从提升睡眠质量到安排日常活动，甚至明白为什么在一天中特定时间服药或接种疫苗能获得最佳效果。本书提供的信息还能增进你对他人行为的了解，包括为什么青少年和老年人可能难以通过睡眠养精蓄锐？为什么你的情绪和决策能力从上午到下午会发生变化？以及为什么上夜班的人更容易离婚？我在书中一直强调，每个人的情况有所不同，我们固然可以归纳概括之，但取"平均值"可能产生误解。例如，女性月经周期平均是 28 天，但实际上只有 15% 的女性月经周期是 28 天。生物钟和睡眠的机制好比人的鞋码：世界上不存在适合所有人的码数，让每个人都穿同样的鞋码不但愚蠢至极，还会带来潜在危害。不过，很多人并没有认识到这种差异。这就是为什么媒体提供的一般性建议通常过于简单或毫无用处。

　　睡眠和昼夜节律源于我们的遗传、生理、行为和环境。就像我们的大多数行为一样，它们也不是固定不变的。我们的行为，如何与环境互动，如何从出生走向暮年，都会对这些节律造成影响。在从婴儿时期迈向老年的过程中，我们的生物钟及睡眠模式会发生巨大变化，但这些与年龄有关的变化并不一定是坏事。我们应该停止为自己的睡眠而担忧，接受"与众不同不一定是坏事"。我们听到的一些源自"民间智慧"的建议可能并不正确。那些"智慧"也许相当古老，最早的有文字记载的历史中可能就有它们的身影，但正如我们将在接下来的章节中看到的，某个说法不断被人提起并不意味着它必定正确，"翻转婴儿可改善其睡眠"便是一个典型例子。根据这个古老的说法，把婴儿向前翻一圈，让孩子头朝下脚朝上，能重置孩子体内的生物钟。这么一来，孩子就会在白天保持清醒，晚上则会好好睡觉。这个说法毫无根据。事实上，这个民间传说可能来自绝望的父母。长期睡眠不足（尤其是对新手父母来说）会严重影响判断力和理性行事的能力！人们还经常提起一个说法：大脑中松果体分泌的褪黑素是一种"睡眠激素"。其实它并不是。我将在接下来的章节中解释原因。

我在本书中传达的讯息是：无论是作为个人还是社会成员，我们所有人都应该努力了解时间生物学的科学知识并据此采取行动。但为什么要费心这么做呢？在我看来，在错综复杂的当今世界中，我们需要尽可能达到身心健康的最佳状态。时间生物学知识能帮助我们应对生活中的颠簸起伏。此外，如果你想拥抱生活，发挥创造力，做出明智决定，享受与他人相处，以积极的态度看待世界，那么接纳时间生物学有助于你做到这些。为什么不充分利用我们拥有的时间，甚至延长在世上生活的时间呢？

生物钟

大多数人都有种根深蒂固的傲慢，认为自己凌驾于污秽的生理系统之上，可以在任何时候做想做的事。这个假设支撑起了每周7天、每天24小时"连轴转"的现代社会与经济体系。这套经济体系依赖夜班工作者为超市进货、替办公室打扫卫生、提供全球金融服务、保护我们远离犯罪的威胁、修理铁路和公路基础设施，当然，还有在病人和伤员最脆弱的时刻照料他们。所有这些都发生在大多数人呼呼大睡之时，至少是试图进入梦乡之时。夜班工作是扰乱生物钟和睡眠的公认因素，不过许多人也都压缩过睡眠时间，因为我们试图将越来越多的工作和休闲活动塞进本就爆满的日程，最后只好将"额外"的活动推到晚上。我们之所以能全面"占据"夜晚，是因为自20世纪50年代以来，电灯在全球各地推广开来。这一美妙发明使我们能向黑夜宣战。不知不觉中，我们抛弃了自己生理系统的一个重要部分。

显然，我们无法任意选定时间做想做的事。我们的生理系统受生物钟支配，它以 24 小时为周期，告诉我们睡觉、吃饭、思考和执行其他无数基本任务的最佳时刻。这种日常的体内调节使机体在瞬息万变的世界中运转良好，并对生理机能做出"微调"，以便适应地球 24 小时自转一周形成的昼夜周期。为了让身体正常运转，我们需要在一天中适当的时间为适当部位摄入适量的适当物质。成千上万的基因必须按照特定顺序开启和关闭。蛋白质、酶、脂肪、碳水化合物、激素和其他化合物必须在特定时间吸收、分解、代谢与合成，以便实现生长、繁衍、代谢、运动、形成记忆、抵御外敌和组织修复。所有这些都需要某种生理机制，需要在一天中适当的时间做好准备。如果少了内置生物钟的精确调节，整个生理系统就会陷入混乱。

时间生物学是生物学的一个较新的分支，也是医学的新兴分支，但其起源比人们料想的早得多，可以追溯到 18 世纪 20 年代末对一种植物的研究。那种植物的拉丁文学名是 *Mimosa pudica*，意为"害羞、腼腆或收缩"，也被称为"含羞草"。许多园艺爱好者对这种豆科植物都不陌生。它的叶片精致小巧，被触摸或摇晃时会闭合下垂，几分钟后又会重新张开。除了对触摸有反应之外，它的叶子还会在晚上闭合，在白天张开。法国科学家让-雅克·奥托斯·德·梅朗（Jean-Jacques d'Ortous de Mairan）就研究过这种植物。

就我们的故事而言，德·梅朗的开创性观察结果是，在完全黑暗的环境中，含羞草的叶子仍会呈现有节律的开合，这种情况会持续若干天。这让他相当惊讶。显然，促成这种周期运动的不是光暗变化，那会是什么呢？会是温度吗？ 1759 年，另一位法国科学家亨利-路易·杜默·德·孟梭（Henri-Louis Duhamel du Monceau）研究了温度变化。他把含羞草带进了一座黑暗恒温的盐矿，发现这种节律仍然存在。到了 1832 年，瑞士科学家阿尔逢斯·德·康多（Alphonse de

Candolle）在恒定条件下研究了含羞草，发现这些"自由运转"的叶片的开合周期并不完全是 24 小时，而是 22—23 小时。

接下来的 150 年里，科学家在恒定条件下观察到许多动植物都存在周期为一天（接近但不完全是 24 小时）的节律，这种节律后来被称为"昼夜节律"（circadian rhythm，也称为"近日节律"，cara 意为"大约"，dia 意为"一天"）。不过，研究人类身上的昼夜节律起步很晚。20 世纪 30 年代末，美国生理学家纳瑟尼尔·克莱特曼（Nathaniel Kleitman）通过观察，发现人类身上也存在昼夜节律的迹象。1938 年 6 月 4 日到 7 月 6 日，克莱特曼和学生布鲁斯·理查森（Bruce Richardson）一直待在美国肯塔基州的猛犸洞（Mammoth Cave）深处。洞里没有自然光照，温度恒定在凉爽的 12.2℃。不过，洞内照明依靠油灯，所以说条件并非完全恒定。此外，他们不得不与一大群好奇的老鼠和蟑螂分享住处。为了防止老鼠和蟑螂钻进被褥，他们只好把床的四条腿放进装有消毒剂的大罐子中。他们记录了自己入睡和醒来的时间，并测量每天的体温变化。结果显示，他们的体温和睡眠／觉醒时间仍然呈现大致 24 小时的周期。

直到 20 世纪 60 年代，人们才意识到上述发现真正的意义。该领域的先驱尤金·阿绍夫（Jürgen Aschoff）在安德希斯（Andechs）建造了一座"地堡"。安德希斯小镇位于德国巴伐利亚州（Bavaria），镇上有一座本笃会修道院，从 1455 年起就酿造啤酒。在泡小酒馆之余，若干名大学本科生被安置在地堡，一直待在地下的昏暗环境中，对外部环境时间一无所知，但可以使用床头灯。所以说，他们并没有真正处于恒定的照明条件下。阿绍夫连续多天监测这些学生的睡眠／觉醒周期、体温、尿液和其他分泌物，发现这些指标在半恒定条件下呈现出以约 24 小时为周期的模式。根据上述实验，阿绍夫指出人类生物钟运转周期约为 25 小时。而哈佛大学的查尔斯·采斯勒（Charles Czeisler）研究小组最近的研究表明，人类生物钟平均运作周期接近 24 小时 11 分钟。这一差异正是阿绍夫与哈佛大学研究团队之间的摩擦点。如今学界的共识是，这种差异是地堡实验中使用床头灯造成的。阿绍夫是个了不起的人物，我从他身上学到了很多东西，既有科学方面的，也有社交方面的。大约 25 年前，在巴伐利亚州的一场暑期学校派对上，我开了一瓶酒。几分钟后，只听见阿绍夫一声怒吼："是谁把软木塞留在了开瓶器上？"我承认是我干的。他对所有人大声说："千万别把软木塞留在开瓶器上，这很不礼貌。"从那以后，我再也没做过这种事。

到 20 世纪 60 年代，科学家已经从许多不同的动植物（包括人类自己）身上发现了昼夜节律。这种节律在恒定条件下持续存在（自由运转），周期接近但不完全是 24 小时。几乎所有人都接受这些节律是源于自身的，也就是说它们是"内源性"的。但正如所有科学分支一样，除非处于独裁统治之下，否则研究者对任何东西的看法都不会完全相同。不过，存在异议是好事，因为它会促使科学家们改进实验，为验证假设打造更坚实的"证据基础"。最著名的异议者是芝加哥西北大学的弗兰克·布朗（Frank Brown）教授。他认为，生物节律受到某些地球物理周期驱动，例如电磁场（EMF）、宇宙辐射或其他尚不为人知的力量。他的核心论点是，没有哪种生理机能不受温度影响。这个说法并非毫无道理。温度升高时，生理反应会加快，温度降低则会使生理反应速度放缓。但对生物钟来说，要想保持精准守时，就必须始终以相同的速度运转。对此，我们还需要进一步的研究。对植物和"冷血动物"昆虫的研究表明，环境温度发生巨大变化后，生物钟仍能守时。布朗提出的假设是错误的，但这引出了一系列实验，那些实验证明，生物钟拥有"温度补偿"功能，能在不同温度条件下保持稳定。以 24 小时为周期的内源性生物钟必定存在！

体内的生物钟不但让我们知道时间，还能预测时间，至少能预测环境中常规发生的事件。正如前面提到的，我们的身体需要在一天中适当的时间，为适当的部位摄入适量的适当物质，而生物钟能够预测这些不同的需求。通过预测即将到来的一天，我们的身体能提前做好准备，以便立刻充分利用"新"环境。血压、代谢和其他许多生物过程都会在新一天的黎明到来前加速。如果我们只有在接受黎明的光照后，才从睡眠状态切换到活动状态，那就得浪费宝贵的时间去调整消化、感官、免疫、肌肉和神经系统，而无法让它们提前为采取行动做好准备。从睡眠状态切换到活动状态需要几个小时，适应力差的生物在生存之战中将处于劣势。

到目前为止，我已经提及了体内生物钟三个基本特征中的两个：其一，能够在恒定条件下保持约 24 小时的周期；其二，即使环境温度急剧变化，也能保持接近 24 小时的周期，展现出温度补偿能力。生物钟的第三个特征称为"节律同步"。这种能力极其重要，我将在本书第三章中详细讨论。对于节律同步的重要性，我的看法也许失之偏颇，因为它是我职业生涯中大部分时间都在研究的课题。正如前面提到的，生物钟的运转时间并不完全是 24 小时，而是稍快或稍慢一些。从这个角度来看，生物钟就像古旧的机械老爷钟，需要每天稍作校准，才能确保与天文日保持一致。如果少了这种每日校准，生物钟很快就会出现偏差（自由运转），与外界的昼夜周期不符。但是，只有与当地时间相符，生物钟才能发挥作用。对于包括我们在内的大多数动植物而言，为了让体内时间与外界保持一致，最重要的"同步信号"是光，尤其是日出日落前后的光线变化。人类和其他哺乳动物能靠眼睛检测黎明和黄昏，让自己的生物钟与太阳运行周期保持同步，失去视力则会阻碍这种校准。由于遗传、战斗或事故失去视力的人，其生物钟会渐渐出现偏差：某几天内能在适当的时间起床和入睡，随后出现偏差，想要在不当的时间睡觉、吃饭和活动，如此循环往复。如果此人生物钟的周期是 24 小时 15 分钟，那么其前后两次正确感知中午 12 点之间会相隔 96 天左右，因为生物钟每天都会晚 15 分钟。盲人的体验类似于一直受到时差影响，他们会变成"时盲"（time blind）。我将在后续章节中详细讨论。

睡眠

尽管睡眠 / 觉醒周期是人类 24 小时节律中最显而易见的一种，但在我早年参加的会议上，几乎没有人谈论睡眠。在我和当时的许多人看来，睡眠是个模糊含混的研究课题，无法得出清晰确切的答案。睡眠也与抽象的哲学概念相连，例如"心灵""意识"和"梦"。在大多数人看来，它实在是太难以捉摸了。大多数昼夜节律研究者，包括我自己在内，都对睡眠没什么兴趣。这反映了昼夜节律研究与睡眠研究领域不同的起源。时间生物学是由研究各类动植物的生物学家创立的，睡眠研究则源于医学和对人类脑电活动的记录，也就是所谓的"脑电波"。研究者一直运用脑电图（EEG）对睡眠进行深入研究，关注点是"脑电图在睡眠和疾病的不同阶段如何变化"。根据脑电图记录的脑电波活动以及眼球运动和肌肉活动，睡眠被分为快速眼动睡眠（REM）和包含三个阶段的非快速眼动睡眠（NREM）[1]。机体清醒时，

---

1 在 1968 年雷希特舍费恩和卡莱斯（Rechtschaffen and Kales）的标准中，非快速眼动睡眠分为 4 个阶段。美国睡眠医学学会（American Academy of Sleep Medicine）在 2007 年将后两个阶段合并，统称第三阶段。——编者注

脑电图显示的脑电波活动振幅小、速度快，而进入非快速眼动睡眠时，脑电波活动的振幅大、速度慢，直到我们陷入最深沉的睡眠，也就是通常所说的慢波睡眠（SWS）。从这种深度睡眠状态，脑电图会再次过渡到振幅小、速度快。这时，我们就进入了快速眼动睡眠，它也被称为"异相睡眠"，因为此时的脑电图与清醒时类似。在快速眼动睡眠期间，我们颈部以下肌肉松弛，同时眼睛在眼皮底下迅速左右摆动——快速眼动睡眠正是由此得名。这种快速眼动／非快速眼动变化周期为70—90分钟。在一整晚的睡眠过程中，我们会经历4—5个快速眼动／非快速眼动周期，然后从快速眼动睡眠中自然醒来。在猛犸洞实验大约15年后，即1953年，纳瑟尼尔·克莱特曼和另一名学生尤金·阿瑟林斯基（Eugene Aserinsky）发现并命名了快速眼动睡眠，并将快速眼动睡眠与最复杂也最生动的梦境联系在一起。如果你养过狗，可能会注意到，狗在睡觉时会发出呜咽或咆哮，四条腿做出奔跑的动作，像在追逐兔子一样。类似的行为使一些科学家认为，狗乃至许多哺乳动物也会在快速眼动睡眠期间做梦。如果你没有养过狗，也可以观察枕边人在快速眼动睡眠期间的表现，那会很有意思。不过，如果对方突然醒来，发现你在盯着他看，也许会吓一跳！

昼夜节律研究者和睡眠研究者开始认真交流并参加同样的会议仅仅是最近20年的事，尤其是在过去的10年中。事实上，现在的会议都旨在同时吸引上述两类科学家。如今，我自诩既是昼夜节律研究者，也是睡眠研究者。那么，是什么让我开始研究睡眠的呢？这要说到一个决定性时刻，那是一次让我大为震撼的简短讨论。当时我还在做上一份工作，大多数时间都跟神经科学家和精神病学家待在同一栋楼里。事情要说回2001年，当时我在伦敦西部的查令十字医院（Charing Cross Hospital）工作，在搭乘一部晃晃悠悠的电梯时遇到了一名精神病学家。他问我："你是研究睡眠的，对吧？"我礼貌地回答："不，我研究的是昼夜节律。"他无视两者之间的微妙差别，接着说："我的精神分裂症病人睡眠质量很差。我觉得，那是因为他们没有工作，所以会晚睡晚起，这也就意味着他们会错过诊所预约，缺少社交，交不到朋友。"用"没有工作"来解释睡眠问题，在我听来根本不成立。于是，我与另一位精神病学家合作，研究 20 名精神分裂症患者的睡眠模式。我们拿这组人的睡眠情况与同龄的失业者作比较，结果令我大吃一惊。精神分裂症患者的睡眠／觉醒模式不光是糟糕，简直是糟透了，而且与普通失业者截然不同，后者的睡眠模式则与上班族十分相似。

精神分裂症患者的慢波睡眠极少，甚至根本没有慢波睡眠，快速眼动睡眠也出现了异常。我想知道，为什么这些人的睡眠模式会崩溃？这成了我研究精神疾病患者睡眠的起点，也为研究其他疾病患者的睡眠奠定了基础。有趣的是，我有许多研究昼夜节律的同事，出于各种各样的原因，在过去 10 年中他们也踏进了睡眠研究领域。也许是年岁增加给了我们智慧或勇气吧。更重要的是，拥有多种大脑监测技术的新一代神经科学家选择了研究睡眠，并不断发表惊人的研究成果。

尽管睡眠研究仍然云山雾罩，但如今它已不再像我刚踏进这一领域时那样，被人们视为难以解读的"黑匣子"。众多新研究成果大大提升了我们的基本认知，包括睡眠是如何从大脑中产生的，以及睡眠如何受到环境调节。如今我们还认识到，人类会在睡眠期间构建大部分记忆，同时解决问题并处理情绪，外加清除活动期间积累的危险毒素，修复代谢途径并重新平衡能量储备。如果无法获得充足的睡眠，我们的大脑机能、情绪和身体都会崩溃。例如，睡眠异常会使我们更容易罹患心脏病、2 型糖尿病、传染病甚至癌症。简而言之，睡眠确保了机体在清醒状态下正常运转，而睡眠不足与昼夜节律紊乱会影响身心健康。有众多证据证明了睡眠的重要性，但社会各界还没有充分认识到我们生理机制的这个重要部分。毕竟，人一生中有 36% 的时间在睡觉。在长达 5 年的培训过程中，大多数医学生只会听到一两场关于睡眠的讲座，涉及的内容通常是睡眠期间的脑电活动，而不是我将在本书中讨论的昼夜节律及睡眠的新科学。此外，职场上也存在许多关于睡眠的草率观念。雇主通常认为夜班工作者能适应夜间工作的要求，这种想法是错误的。员工可能因上夜班而罹患疾病，更容易体重超标甚至精神受损，离婚和出交通事故的风险也更高。当整个社会每周 7 天、每天 24 小时"连轴转"，当我们将越来越多的活动塞进爆满的日程，睡眠就会成为无辜的牺牲品。

我希望实现的目标

我的核心目标是，通过提供基于最新科学的信息和指导，赋予读者力量。借助以下章节介绍的内容，你将更好地了解是什么让自己的生物钟运转起来。更关键的是，无论你年纪多大、所处环境如何，都可以运用这些知识，制定最适合自己的作息时间表。我想要打破一些迷思，或许还能戳破一些谎言，包括大众认为青少年都很懒，或者将凌晨 4 点起床工作的企业高管视为学习榜样。正如你将看到的，本书涉及人类生理多方面的内容，我希望它能激励你深入挖掘相关课题。

本书每一章都将探讨一个核心课题，介绍该课题背后的科学知识，然后讨论会影响我们身心健康的问题。有些科学知识可能有点儿复杂，但它们是理解生理与健康的基础。本书的架构也是为了达成这个目的。你可以轻松跳回先前的章节，复习前面提到的内容。最后，每章末尾都有一个简短的"问答"部分，回答人们经常向我和同事提出的一些问题。"问答"部分还将为你提供额外信息，虽说有时候不那么直截了当。我想强调的是，我无意提供医疗建议，你最好还是询问医生。不过，我会试着解释为什么某些行为可能有助于你达到最佳健康状态和规避潜在风险。具体包括：为什么要在特定时间进食，最好在什么时候锻炼，该在什么时候服药，为什么不该在清晨开车。我说这些，并不是为了指责你做得不对，而是为了给你提供最新信息。你可以选择采纳，也可以选择忽略，但要弄清自己这么做的后果。

你还会发现，书后的附录一会指导你如何写睡眠日记，监测自己的睡眠／觉醒模式。附录一还包含一份调查问卷，帮助你评估自己的"睡眠时型"（chronotype），弄清你究竟属于"早晨型""中间型"还是"夜晚型"。附录二是对免疫系统的简要概述，展示了这一人体重要生理机制的复杂之处。本书第十一章也提及了相关内容。

我希望你喜欢这本书，并能从新兴的时间生物学中得到启发。最重要的是，希望你会想要应用这门科学，让自己的身心更加健康并提升幸福感。我还希望，经过一段时间的思考后，你会赞同我的观点：通过接纳这些知识，你会更有创意，做出更明智的决定，从他人的陪伴中获益，充满好奇地看待周遭世界和它所提供的一切。

写于牛津
2022 年 1 月

第一章

体内的昼夜节律：什么是生物钟？

今早起床的时候，我知道我是谁，

但从那时到现在，我肯定已经变过好多回了。[1]

——刘易斯·卡罗尔，

英国数学家、逻辑学家、童话作家

"重奏"（Ensemble）是个音乐术语，指众多不同的旋律汇成乐曲。相较之下，人类的生理活动也很像重奏，我们乃是最终产物。我们体内的一切都自带韵律。神经系统发出电脉冲，心脏跳动，腺体分泌激素，肌肉收缩调节消化，还有无数其他生理过程，都受到身体内源性变化的驱动，这些变化全都富于节律。其中有些节律与我们居住的星球息息相关。

所有文明都面临着一大古老的智力挑战，那就是弄清自己居住的星球的本质。大约 46 亿年前，太阳系形成了如今的构造，各大行星绕太阳公转。在引力的作用下，旋转的气体与尘埃汇聚成独特的天体，地球和其他行星随之形成。这个过程使地球成为距离太阳第三近的行星。由于经常与其他天体相撞，早期的地球极其炽热。事实上，

科学家认为，原始地球与一颗名为"忒伊亚"（Theia）的大小类似火星的天体发生过猛烈碰撞。这次碰撞发生在太阳系诞生约1亿年后，月球可能就是由撞击"抛出"的物质形成的。这次撞击导致地球偏离了原先的自转轴。因此，如今的地球绕太阳公转时，地轴呈23.4°倾角，还存在些许轻微的"摇晃"。在绕太阳公转的过程中，这个23.4°倾角引发了四季更替。在一年中的部分时间里，北半球朝太阳倾斜（夏天），南半球则远离太阳（冬天）。6个月后，情况会发生逆转。至关重要的是，月球的引力使地轴倾角保持稳定，减缓了摇晃程度，这使得几十亿年来地球气候相对稳定。许多科学家认为，如果没有月球起到稳定作用，地球上绝不可能诞生生命。正如滚石乐队的歌里唱的，我们都是"月亮的孩子"。

说到底，我们如今生活在一颗相对稳定、节律分明的星球上。这颗星球大约45亿岁，每24小时绕地轴自转一周，准确来说是23小时56分4秒。大约6亿年前，复杂生命刚刚出现时，一天只有21小时。也就是说，地球正在越转越慢。不过，这不是我们要讨论的问题。目前，地球每365.26天绕太阳转一圈，地轴倾角导致了四季交替。月球大约每29.53天绕地球转一圈，它与地球和太阳的引力相互作用，潮汐因此产生。总而言之，上述天体运动造成了白昼、黑夜、四季和潮汐等现象的出现。许多动物，事实上大多数生命形式，都进化出了各式各样的生物钟。它们的生物钟至少能预测年、月、日这些环境周期中的一种，有时甚至是全部3种。

节律在日常生活中随处可见，我们都视其为理所当然。这种对节律的漠视也许并不奇怪。至少在工业化国家，大自然的昼夜周期早已被电灯、空调打破，我们大多数时候都无法感知机体内部的运转。对很多人来说，太阳永远不会真的落下，周围永远亮如白昼；季节不再决定我们的饮食或住处，食物唾手可得。在英国，如今人们一年四季都能买到产自肯尼亚或美国南加州的草莓，但仅仅25年前，每年还只有短短6周能买到本土产的草莓。无论是在家里还是办公室里，只要按动开关就能取暖。如今，我们已经与支配人类进化的环境周期相互隔绝。我写这本书的主要目的就是让大家重新了解其中一个周期——24小时昼夜周期。

生理学研究旨在了解机体如何运转。这是一门极为庞杂的学科，涵盖细胞内的分子过程、神经系统的运作、激素的调节、体内各器官的运转，以及各类行为的产生。与其他大多数动物一样，人类的生理机能也围绕24小时休息／活动周期展开。在活动阶段，也就是觅食与进食阶段，器官需要为营养物的摄入、加工、吸收、储存做好准备。胃、肝脏、小肠、胰腺等器官的活动，以及这些器官的血液供应，都需要在昼夜交替间进行适当调整。在睡眠阶段，我们通过调动储备的能量来维持生命。这些能量储备被用于驱动众多基本生命活动，包括修复身体组织、清除体内毒素，以及在大脑中形成记忆和产生新想法。既然生理机能呈现如此明显的日周期性，那么我们的健康状态、病重程度和药物疗效都以24小时为周期发生变化，也就不足为奇了。图1中的几个例子都展示了有节律的24小时昼夜变化。早在几个世纪之前，人们就观察到了这些节律。当然，疑问从未停止："它们是怎么产生的？"

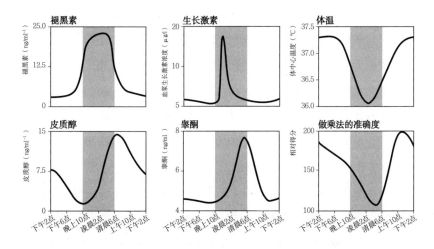

图1　人类生理机能每天 24 小时变化示例

图1展示了人类生理机能的昼夜变化：松果体分泌的褪黑素（具体见图2）；垂体分泌的生长激素（GH）；体温；肾上腺分泌的"压力激素"皮质醇；性腺（男性睾丸与女性卵巢）分泌的睾酮和肾上腺分泌的少量睾酮；做乘法的准确度（代表我们认知能力的一方面）。其中许多激素（例如皮质醇）会突然飙升，因此这里显示的是激素分泌的"较为平稳的平均值"。关于这些节律，有两点特别值得一提。首先，图中展示的都是平均值，而每个人的峰值、波形和振幅都存在差异。其次，许多节律并不是在恒定条件下记录的，虽然它们几乎肯定存在昼夜性质，也就是说在恒定条件下会持续许多个周期，但更准确的称呼是"日间"变化。后续章节将讨论这些变化的意义。

　　数百年来，了解大脑的一大重要目标就是弄清大脑中哪个部位是做什么的。这确实是一项艰巨的任务。你会在许多教科书中读到，人类大脑中有1 000亿个神经元。似乎没人知道这个数字是怎么得出的，但不管怎么说，它是错的。巴西研究员苏珊娜·埃尔库拉诺－乌泽尔（Suzan Herculano-Houzel）进行了一系列细致的研究，最终解决了这个问题。她给出的答案是，人脑平均包含约 860 亿个神经元。我知道这听起来有点儿像中世纪"一个针头上能有多少个天使跳舞？"的宗教辩论[1]，但少了 140 亿个神经元是很大的偏差。与人类相比，狒狒的整个大脑中约有 140 亿个神经元，老鼠有 7 500 万个，猫有 2.5 亿个，大象有 2 570 亿个。可见，860 亿是很大的数字。这就是为什么发现只有 5 万个神经元共同运作，作为"主生物钟"协调我们的 24 小时昼夜节律，是一项了不起的成就。

人类乃至所有哺乳动物的"主生物钟"都位于大脑中被称为"视交叉上核"（SCN）的区域（见图 2）。视交叉上核的发现史可谓精彩纷呈。20 世纪 20 年代的研究人员注意到，大鼠在恒定的黑暗条件下在跑轮（类似于你可以在宠物店买到的仓鼠轮）上活动，其休息（睡眠）/ 活动周期比 24 小时略短。这个观察结果有些令人震惊，因为 20 世纪 20 年代的主流观点是，行为发生是特定刺激的结果——有点儿像条件反射。也就是说，你提供特定的刺激，就会得到特定的反应。然而，大鼠没有受到任何明显的外部刺激，却呈现出有节律的每日活动模式。这种活动模式似乎源于动物体内，而不是由光照或其他刺激促成的。那么，这种节律是由什么驱动的呢？

20 世纪 50 年代至 60 年代，研究人员用大鼠做试验，通过切除大鼠体内的不同器官，试图找出这种 24 小时节律的驱动因子。但在恒定条件下，接近 24 小时的休息 / 活动周期始终存在。随后，研究人员将关注点转向大鼠的大脑，通过手术切除大脑的一小部分（人为损毁），然后观察大鼠的休息 / 活动模式。你可能认为这么做对大

---

1 "一个针头上能有多少个天使跳舞？"（How many angels can dance on the head of a pin?）是一个短语，最初由 17 世纪的新教徒使用，用来嘲笑中世纪的经院哲学家。在现代语境中使用时，此短语可以用来比喻浪费时间辩论没有实用价值的话题。——编者注

鼠太残忍，但我想说，额叶切除手术当时是面向人类的常规手术。这种手术通过切断大脑前额叶皮质（见图 2）与其他组织的大部分神经连接来"治愈"精神疾病。发明这项技术的家伙还获得了诺贝尔奖。以大鼠为研究对象的实验表明，"生物钟"肯定存在于大脑深处的某个地方，很可能是下丘脑（见图 2），因为损毁大脑的这个小小区域会导致"节律缺失"，即彻底丧失以 24 小时为周期的休息/活动模式。20 世纪 70 年代初，科学家进行了后续研究，主要关注对象是视交叉上核。近 20 年后，视交叉上核的关键作用在黄金仓鼠身上得到了验证。20 世纪 80 年代末，我在弗吉尼亚大学的同事马丁·拉尔夫（Martin Ralph）和迈克尔·梅纳克（Michael Menaker）发现了一种"突变"仓鼠，也就是"Tau 蛋白突变仓鼠"，它们的休息/活动周期是 20 小时，而非突变仓鼠的休息/活动周期接近 24 小时。科学家将一只 Tau 蛋白突变仓鼠（周期为 20 小时）的视交叉上核移植到一只视交叉上核遭到人为损毁、节律完全消失的非突变仓鼠（原周期为 24 小时）的下丘脑中。值得注意的是，突变仓鼠的视交叉上核不但使非突变仓鼠恢复了跑轮行为的昼夜节律，还使其休息/活动周期变成了 20 小时——而不是原来的 24 小时！移植突变仓鼠大脑的其他部位则毫无效果。上述发现表明，移植的视交叉上核必定包含"生物钟"。我清楚地记得那些实验，以及观察到节律变成 20 小时而不是24 小时后，我们每天收集数据时有多激动。

正如前面提到的，视交叉上核包含约 5 万个神经元，而一大重要发现是每个神经元都有自己的生物钟。这一点首先在大鼠身上得到了证实。在实验中，大鼠的视交叉上核被分离成单个细胞，置于不同的细胞培养皿中。研究人员监测每个视交叉上核细胞的生物电活动，发现它们都表现出了明显而独立的昼夜节律——每个细胞都按照略有不同的生物钟活动。更重要的是，这些独立的视交叉上核神经元在培养皿中遵循生物钟存活了数周时间。实验已证明视交叉上核细胞存在生物钟，生物钟运作机制必定存在于细胞之内。也就是说，必定存在分子级别的生物钟！这确实是一项了不起的发现，为此我们需要解决一个问题：这种节律是如何产生的？

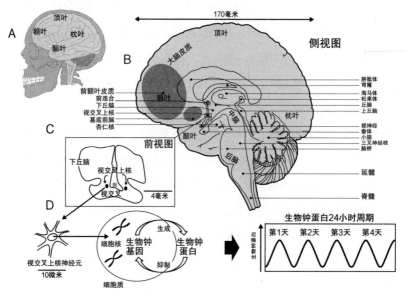

图2　人脑与视交叉上核

A展示了人脑在头骨内的位置，以及能从脑外识别出的最明显的脑叶（顶叶、额叶、枕叶、颞叶）。B是大脑中截面的侧视图，展示了关键内部结构所在的位置。一般来说，人脑约占身体总重量的2%，却要消耗摄入总能量的20%。仅仅缺氧5分钟就会导致脑细胞坏死，从而引起严重的脑损伤。大脑73%是水分，但只要失去2%的水分脑功能就会严重受损，包括注意力、记忆和其他认知功能。人类的大脑通常在25岁发育完毕。C是视交叉上核的正面放大图。视交叉上核位于大脑第三脑室两侧和视交叉上方，有人体内的"主生物钟"。视神经在视交叉处进入大脑并与其融合。少量视神经（被称作"视网膜下丘脑束"）进入视交叉上核，传递眼睛检测到的光／暗信息，以便实现节律同步（具体请见第三章）。D展示了一个视交叉上核神经元，直径约为10微米（0.01毫米）。视交叉上核约有5万个神经元，每个神经元都能产生昼夜节律。正常情况下，它们彼此相连。每个视交叉上核神经元的细胞核中都有生物钟基因，这些基因发送出的信息会引导机体合成生物钟蛋白。生物钟蛋白在围绕细胞核的细胞质中合成，随后发生相互作用，形成蛋白质复合体。该复合体会进入细胞核，抑制或中断更多生物钟蛋白合成。一段时间后，这种蛋白质复合体被分解（降解），生物钟基因得以再次合成生物钟蛋白，结果就形成了约24小时的蛋白质合成与分解周期。这种分子级别的反馈回路被转化为一种信号（生物电信号或激素信号），用于协调身体其余部位的生物钟。

2017年，美国的3位研究人员杰弗理·C.霍尔（Jeffrey C. Hall）、迈克尔·罗斯巴什（Michael Rosbash）和迈克尔·W.杨（Michael W. Young）因发现生物钟的运作机制而共同获得诺贝尔奖。他们经过近40年的研究才走到这一步。在此期间，他们有时相互合作，有时彼此竞争，许多年轻科学家都为这一研究做出了贡献。我在弗吉尼亚大学工作时，恰逢该领域有了一些重要发现，霍尔、罗斯巴什或杨会前来访学，就最新进展举办研讨会。作为科学家，他们同样出色，但从性格来看，他们截然不同，每个人的个性都非常"独特"。例如，霍尔还是著名的美国内战学者。他曾前往弗吉尼亚大学访学，就自己在分子级别生物钟方面的最新研究进展举办研讨会。当时，他身穿美国内战时期的北方联邦军装，头戴北方联邦军帽。他故意选择那套装束可能是为了挑事，但那所位于"旧南方[1]"中央的学府对他的打扮熟视无睹。科学发展常常被描绘成一个平稳的过程，人类好似总是顺利地从蒙昧走到启蒙。然而，科学之旅到处都有错误和死胡同。回想那些

---

1 从地理上来讲，"旧南方"指美国南部最初的13个殖民地；从文化和社会的角度来看，"旧南方"用于描述美国内战前以农业为基础且依赖奴隶制的南方乡村，与重建时期过后的"新南方"形成鲜明对比。——编者注

了不起的科学家有多常犯错，有时甚至错得离谱，是件非常有趣的事。不过，随着事实不断显露，人类总会吸取教训并调整假设，错误就这样被悄悄遗忘，新的进展也相继出现。这就是科学。

霍尔、罗斯巴什和杨的进展不是从人类或小鼠身上取得的，而是从我们在动物界的一种远亲身上取得的。那是一种果蝇，也就是夏天成群结队绕着果盘打转，常常被人一下拍扁的小苍蝇。果蝇是科学界最常用的"模式生物"[1]，用来弄清基因对生理机能和行为的影响，科学家研究它们已有100多年的历史。这些小苍蝇照料起来费用较低，而且繁殖迅速，遗传结构也为人熟知，种种特点使它们成了基础研究（包括研究生物钟）不可或缺的研究对象。那么，霍尔、罗斯巴什和杨从果蝇身上发现了什么？核心发现是细胞中促成"分子级别生物钟运作"的通路是个"负反馈回路"，包括以下步骤（见图2中D）：位于细胞核中的生物钟基因释放信号，为合成生物钟蛋白提供模板。这些蛋白质在细胞质（围绕细胞核的基质）中合成。随后，生物钟蛋白相互作用，形成蛋白质复合体。这种复合体进入细胞核，抑制或中断生物钟蛋白的进一步合成。一段时间后，这种蛋白质复合体被分解，生物钟基因再次发挥作用，合成更多的生物钟蛋白。结果就产生了24小时的蛋白质合成与分解周期。分子级别生物钟或多或少就是这样运作的！生物钟基因激活，蛋白质合成，蛋白质相互作用形成复合体，蛋白质复合体进入细胞核，生物钟基因受到抑制，蛋白质复合体分解，生物钟基因重新激活，所有这些加起来就形成了以24小时为周期的节律。上述步骤中任何一个发生变化（基因突变）都会加

---

1 生物学家对选定的生物物种进行科学研究，揭示某种具有普遍规律的生命现象，这种被选定的生物物种就是模式生物（model species），例如线虫、果蝇、斑马鱼、小鼠等。——译者注

快、减慢或破坏生物钟。正是这种突变使"Tau 蛋白突变仓鼠"拥有了 20 小时休息 / 活动周期，而不是 24 小时。包括你我在内，所有动物的分子级别生物钟都是以类似方式构建起来的。如果你再想一想，5.7 亿年前我们人类与果蝇拥有共同的祖先，就会更为进化的奇妙惊叹不已。5.7 亿年前，地球上每天有 22—23 个小时。这表明，我们的生物钟在过去几亿年中不得不放慢了几个小时。

生物钟蛋白合成与分解的 24 小时节律相当于一种信号，开启或关闭无数基因的表达及其蛋白的昼夜合成，进而调节生物节律和行为节律（见图 1）。目前我们对"分子级别生物钟运作"的了解代表了生物学领域对"基因如何引发行为"研究的巅峰。霍尔、罗斯巴什和杨从分子角度首次描述了果蝇的昼夜节律特征，他们前往瑞典首都斯德哥尔摩领取诺贝尔奖可谓实至名归，而我有幸见证了这一奖项的颁发。

有趣的是，生物钟基因的细微差别（多态性）还与我们的生物钟类型（是"早晨型""夜晚型"还是"中间型"）存在联系。早晨型，或者称为"早鸟型"的人，喜欢早睡早起，他们的生物钟似乎走得比较快，这是因为他们的一个或多个生物钟基因发生了变异。相较之下，夜晚型，或者称为"夜猫子型"的人，生物钟走得比较慢，他们更喜欢晚上熬夜，第二天睡懒觉。正是因为"夜猫子型"的人不在少数，父母才总会提醒孩子"早睡早起"。生物钟类型通常被称为"睡眠时型"。正如稍后要讨论的那样，睡眠时型还受年龄和一早一晚的光照影响。你可以通过附录一提供的信息弄清自己属于哪种睡眠时型。

视交叉上核存在哺乳动物的"主生物钟"，但这并非唯一的生物钟。如今我们知道，在肝脏、肌肉、胰腺、脂肪组织，乃至所有身体器官和组织细胞中，都存在生物钟。值得注意的是，这些"外周生物钟"运用的负反馈回路似乎与视交叉上核的生物钟细胞相同。这一点非常令人吃惊。我还记得，1998年在美国佛罗里达州举行的一场会议上，就职于日内瓦大学的尤利·席布勒（Ueli Schibler）首次发表了自己的研究成果，指出非视交叉上核细胞内也存在生物钟。当时，台下的观众都倒吸了一口凉气。此前，非视交叉上核细胞内也被发现存在生物钟基因，但多年来研究人员一直认为那些基因发挥着其他作用，并没有认真考虑过"视交叉上核细胞之外的细胞内也存在生物钟"。原因在于，损毁视交叉上核会导致图1所示的24小时活动与激素分泌节律消失。损毁视交叉上核的研究得出的结论是，视交叉上核"驱动"全身上下以24小时为周期的节律。但我们现在知道，这种想法过于简单化了。视交叉上核受损后节律会消失，是由两个关键因素导致的。第一，众多单个外周生物钟细胞的生理活动在几个周期后"减弱"并丧失节律是因为缺少视交叉上核的驱动，它们耗尽了能量。第二，没有了视交叉上核发出的信号，组织和器官中的单个生物钟细胞彼此失去联系了——这也是更根本的原因。这些细胞会继续遵循生物钟进行生理活动，但各自独立，周期略有不同，因此协同的24小时节律在整个组织或器官中消失了。这就像参观一座豪华宅邸，屋里所有的古董老爷钟都在略微不同的时间报时。这一发现使我们认识到，视交叉上核就像节拍器，负责协调而不是驱动全身组织和器官中数十亿独立生物钟的昼夜活动。视交叉上核就像管弦乐队的指挥：它会发出时间信号协调管弦乐队（身体的其余部分），如果没有了指挥（视交叉上核），一切就都会出现偏差。那样的话，你得到的就不是美妙的交响乐，而是一片混乱，因为乐队（身体）无法在适当的时间做适当的事。

视交叉上核用来同步或调节这些"外周生物钟"的信号发送通路尚不明确，但我们知道，视交叉上核不会针对体内不同组织和器官发出无数不同的信号。相反，它似乎只会发出数量有限的信号，包括向自主神经系统（神经系统的一部分，负责控制不受意志支配的生理功能）发出的信号和若干化学信号。视交叉上核还会接收来自身体其他部位的反馈信号，包括睡眠／觉醒周期，以便自我调整，使机体功能与 24 小时这个周期内不断变化的需求同步，最终形成一套复杂的昼夜节律网络，协调有节律的生理机能与行为。无论是在一个器官之内，还是在胃与肝脏等器官之间，如果不同的生物钟失去协调性，也就是所谓的"内部失调"，都可能引起严重的健康问题。我将在后续章节中讨论。

昼夜节律系统对我们的身体进行微调，以便适应 24 小时昼夜周期的不同需求。但是，除非这套内部计时系统被"校准"到与外界一致，否则它就没有任何实际用途。我将在第三章中探讨这种"内部"与"外部"时钟的协调。但在此之前，我想先在下一章探讨睡眠。睡眠是我们 24 小时行为模式中最显而易见的一种。

问答

1. 构建一个分子级别生物钟需要多少个生物钟基因？

我们早已不再认为生物钟基因"仅此一个"。对于这个问题，我们很难给出准确的数字，因为这取决于你对生物钟基因下的定义。生物钟基因就像机械钟的齿轮，以特定方式相互作用，产生 24 小时节律。如果你拿走或损毁其中一个"齿轮"，生物钟会大大改变甚至停转。根据这个定义，人类和其他哺乳动物（例如小鼠）体内约有 20 个不同的生物钟基因驱动着分子级别的生物钟运转。不过，这个说法容易让人产生误解，因为还有许多基因影响着生物钟的调节、生物钟运转的稳定性，以及生物钟对昼夜生理机能的驱动。如果我们把这些基因通通囊括在内，可能会有数百个之多。此外，值得注意的是，所有这些"生物钟"基因还发挥着其他作用，能够调节关键生理过程，例如细胞分裂和新陈代谢。

2. 人类的昼夜节律是否受电磁场影响？

目前来看，还没有强有力的证据表明电磁场能改变人类的昼夜节律。不过，没有证据证明如此，并不代表能证明并非如此。我觉得可以这么说：即使有影响，也微乎其微。

3. 人类存在以年为周期的生物钟吗？

我们确实有各种以年为周期的节律，包括出生高峰期、激素分泌高峰期、自杀高峰期，以及癌症发病和死亡的高峰期。例如，有一个事实或许有悖直觉：在北半球，春天的自杀率明显高于冬天，12 月左右自杀率最低。有些人认为，我们就像绵羊、鹿和其他许多哺乳动物一样，拥有以年为周期的生物钟。但这很难通过实验加以证明，因为志愿者需要待在恒光恒温条件下至少 3 年，而这种实验存在伦理问题，也很难找到志愿者。还有人认为，我们不存在类似昼夜节律的以年为周期的生物钟，只是会对外界环境的年度变化（例如白昼时长或温度）直接做出反应。

4. 所有动物都有视交叉上核吗?

所有哺乳动物,包括有袋类动物(例如袋鼠)和卵生的单孔类动物(例如鸭嘴兽),大脑中都存在类似于视交叉上核的结构。实验显示,视交叉上核发挥"主生物钟"的作用,协调外周生物钟的昼夜节律。但对于鸟类、爬行类、两栖类动物和鱼类来说,情况并非如此。这些动物有若干器官来充当"主生物钟",分别位于下丘脑、松果体甚至是眼睛里类似视交叉上核的结构中。令人迷惑的是,对于一些亲缘关系极近的物种来说,视交叉上核、松果体与眼睛这三者的重要性与相互作用竟截然不同。例如,对家雀来说,松果体似乎充当最主要的生物钟;对鹌鹑来说,发挥这个作用的是眼睛;但对鸽子来说,上述三个器官相互作用!研究昼夜节律的先驱迈克尔·梅纳克就对这个问题相当着迷,他是我在弗吉尼亚大学工作时结交的亲密好友和同事。

5. 与分子级别生物钟运作相关的基因和蛋白质,是否也会调节非生物钟行为?

答案是肯定的。而且,正如本书第十章讨论的,生物钟基因突变与癌症和其他疾病(例如精神疾病,请见第九章)存在联系。值得注意的是,爱喝酒也与某些"生物钟基因"变异存在联系。如果一个基因参与一项以上的生理活动,它就被称为"多效基因"。这种情况并不罕见,事实上极为常见。

6. 人类是否进化出了以周或月为周期的生物节律?

关于这个问题,学界有过许多争论。显然,地球上的生命进化出了生物钟，用来预测地球物理周期，例如地球 24 小时自转周期、四季更替和月球引起的潮汐。但并没有明确的证据表明存在预测人为周期（例如周或月）的生物钟。有些人极力主张存在以 7 天或 31 天为周期的生物钟，但大多数昼夜节律生物学家都不赞同，因为找不到充分的证据。

第二章

穴居时代的遗存：
睡眠是什么？我们为何需要睡眠？

没有什么科学研究比研究人脑更重要。人类的整个宇宙观都取决于此。

——弗朗西斯·克里克（Francis Crick），
英国生物学家、物理学家及神经科学家

在希腊神话中，睡神修普诺斯（Hypnos）是黑夜女神倪克斯（Nyx）与司掌黑暗的厄瑞玻斯（Erebus）之子，修普诺斯与孪生兄弟死神塔纳托斯（Thanatos）生活在冥界。由此可见，即使是在古代，睡眠也与黑暗、死亡和冥府相连。由于这些联想，睡眠很难得到古人的正面评价。然而到了2 000多年后的20世纪，情况也没有好到哪里去。据报道，大发明家托马斯·爱迪生（Thomas Edison）说过："睡眠是对时间的极大浪费，是人类穴居时代的遗存。"这可能不是爱迪生的原话，但他肯定会赞同另一位美国人——小说家兼诗人埃德加·爱伦·坡（Edgar Allan Poe）——的说法："睡眠，那些死亡的小小片段——我是多么痛恨它们。"

从很早很早以前开始，睡眠就没有得到人们的接纳。事实上，近几个世纪里睡眠开始遭人鄙夷，部分原因在于勤奋工作被视为值得褒奖的美德。睡眠使我们无法工作，因此睡眠必定罪孽深重。当然，并不是所有人都同意这个观点。你可能已经猜到了，英国作家奥斯卡·王尔德（Oscar Wilde）持有截然不同的态度。他表示："生活是一场令人无法入睡的噩梦。"

只可惜，在整个 19 世纪和 20 世纪，决策者们采纳了爱迪生、爱伦·坡和其他许多志同道合之人的睡眠观。尽管近些年来情况有所缓和，但睡眠仍被视为需要治愈的"疾病"，是我们"不得不忍受，但宁可不忍"的玩意儿。在没有掌握所有事实的前提下，人们就极力抵制睡眠这一人体重要的生理机能。这种错误做法给个人身心健康造成了可怕的影响，也给国家带来了重大经济损失。

在我们的大脑中，每日睡眠／觉醒周期由一系列复杂的相互作用形成，涉及后脑、中脑、下丘脑、丘脑、大脑皮质（见图 2），以及所有脑神经递质［例如组胺、多巴胺、去甲肾上腺素、5- 羟色胺、乙酰胆碱、谷氨酸、食欲肽、γ- 氨基丁酸（GABA）］和一些激素，但其中任何一个都不是产生睡眠的唯一因素。这些组织和化学物质协同作用，才促成了睡眠／觉醒状态的切换，让人时而处于睡眠状态，时而处于清醒状态，就像玩跷跷板一样。不过，睡眠并不是机能停止的状态，而是变化极为复杂的状态。

快速眼动与非快速眼动睡眠周期

几个世纪以来，科学家一直推测睡眠期间大脑会停止运作，一切生理活动都中断了。之所以会提出这种假设，部分原因是在 20 世纪 50 年代之前没有工具可用来观察处于睡眠状态的大脑。20 世纪 50 年代以后，科学家在实验室中持续研究睡眠，具体做法是把电极贴在受试者头皮上，涂上导电凝胶，然后监测脑电波活动模式，也就是所谓的脑电图。我在本书的引言中提过脑电图，但在此想强调一句：清醒时和睡眠的初期阶段，脑电图波动速度快（频率高）、波动幅度小（振幅小）。请试想一下，两个人各自紧拽跳绳一头，迅速上下摇晃，会得到什么样的波形。但在睡眠开始之后，随着机体逐渐陷入更为深沉的慢波睡眠，脑电图波动速度变慢（频率低），波动幅度变大（振幅大）。这就像跳绳被两个人松松握住，轻轻摇晃。具体来讲，经历了非快速眼动睡眠第一阶段和第二阶段后，机体逐步进入慢波睡眠（非快速眼动睡眠第三阶段），随后不久，脑电波模式发生变化，从非快速眼动睡眠第三阶段迅速切换到第二阶段，然后切换到第一阶段。就这样，脑电波活动发生了从第三阶段到第一阶段的"逆转"，紧接着，另一种睡眠状态出现了。这种状态下的脑电图与清醒时非常相似，脑电波活动频率高、振幅大。此时睡梦中的人眼皮紧闭，但眼球快速摆动，心率加快，血压升高，颈部以下肌肉松弛。这种睡眠状态被称为"快速眼动睡眠"，原因不言自明。快速眼动睡眠持续几分钟后，机体又切换回非快速眼动睡眠：经过非快速眼动睡眠第一阶段和第二阶段后进入第三阶段的慢波睡眠，然后再次切换到快速眼动睡眠。这种非快速眼动和快速眼动睡眠的循环会持续70—90分钟（取决于年龄）。通常来讲，我们一个晚上可能经历5个这样的快速眼动／非快速眼动睡眠周期。不过，每个周期并非完全相同。在前半夜，我们会经历更多的慢波睡眠，而在后半夜，我们则会经历更频繁、时间更长的快速眼动睡眠，最终也通常会从快速眼动睡眠中自然醒来。

非快速眼动睡眠、记忆与焦虑

非快速眼动睡眠与我们形成记忆、解决问题的能力存在联系。许多种不同的研究方法都证明了这一点。其中一种研究方法是，志愿者在受控的实验室环境中入睡，研究人员用某些声音频率刺激志愿者大脑，使其产生更多慢波睡眠。睡眠期间慢波睡眠增加后，志愿者能回忆起更多前一天发生的事。还有一些实验是剥夺志愿者的慢波睡眠，具体做法是通过监测沉睡者的脑电图，当他们开始进入慢波睡眠时把他们叫醒。实验结果表明，慢波睡眠不足会削弱人们形成记忆的能力。非快速眼动睡眠第二阶段出现的纺锤形脑电波"睡眠纺锤波"代表脑电波活动的短暂"爆发"，它似乎也是记忆形成的关键。在实验中，研究人员通过药物减少或增加实验对象的睡眠纺锤波，结果证实这会反过来抑制或促进记忆的形成。非快速眼动睡眠第二阶段的另一个特征是出现名为"K复合波"的显著脑电波活动模式，它似乎能防止我们因外部噪声或其他环境事件醒来。不过最新数据表明，K复合波可能也参与记忆形成。大多数慢波睡眠都发生在前半夜。人们经常挂在嘴边的说法"午夜前睡一小时，相当于午夜后睡两小时"可能就是基于这个事实。但无论此话是真是假，我都认为它只是另一个睡眠迷思。睡眠质量差会导致焦虑增加。一些最新研究表明，非快速眼动睡眠期间的慢波睡眠也许能调整大脑前额叶皮质（见图2）的运作，有助于缓解焦虑。有趣的是，精神分裂症会导致睡眠期间的慢波睡眠明显减少。这可能是精神分裂症（也许还有其他精神疾病）患者经常表示自己焦虑增加的原因之一。

快速眼动睡眠、梦与情绪

我们在非快速眼动和快速眼动期都会做梦，但在快速眼动期做的梦往往时间更长、更激烈、更复杂，也更怪异。从快速眼动睡眠中自然醒来时，我们在短时间内也许能记住自己做的最后一个梦。似乎所有的快速眼动期都会产生梦境。过去，人们认为梦是在醒来的瞬间发生的，如今这种观点已遭到驳斥。梦的内容极其多变，但通常涉及做梦者及其熟悉的人，例如朋友、家人或名人。对我们大多数人来说，梦通常是视觉体验，很少有人会做涉及味道或气味的梦。但对于天生的盲人来说，梦境则以声音、触觉和情绪感受为主。梦往往相当离奇，但通常源于我们的体验。更重要的是，快速眼动睡眠不足者在白天更加焦虑和易怒，而且更具攻击性，还更容易产生幻觉。这就佐证了一个观点：梦和快速眼动睡眠可能对处理情绪和形成情绪记忆十分重要。我将在本书后半部分探讨梦的问题，但在这里想强调一句：梦很难研究，因为它们无法量化，极其主观，而且完全依靠自述。我们无法准确无误地测量梦！精神分析学派创始人西格蒙德·弗洛伊德（Sigmund Freud）相信，梦代表现实中被压抑的愿望，研究梦是了解潜意识的途径。在弗洛伊德的时代，梦的解析在精神分析中起着关键作用。如今，梦在精神分析中的重要性已被大大贬低。核心问题在于，如果没有客观可靠的测量手段，所谓的"解梦"就纯属猜测。因此，伪科学从业者常常会用"解梦"大做文章。

快速眼动睡眠相关趣事

说来也奇怪，某些抑郁症患者被剥夺快速眼动睡眠（见第九章）后，病情严重程度反而会在短期内有所改善，这有些自相矛盾。例如，剥夺一整夜的快速眼动睡眠能使某些人的抑郁症状减轻40%—60%。不过恢复睡眠后，抑郁症状又会卷土重来。因此，就医疗实践而言，这并不是治疗抑郁症的好办法。不过，这可能是探索睡眠与抑郁症在大脑中如何联系的一种手段。

快速眼动期还存在另一个令人惊讶的特点。在这个睡眠阶段，男性会阴茎勃起，女性则会阴蒂充血。可能是因为男性的生理测定指标更明显，所以针对这种现象的研究大都以男性为对象。无论是夜间睡眠还是白天小睡，勃起都可能占据快速眼动期的大部分时间。在快速眼动睡眠阶段，男婴乃至靠医疗设备为生的植物人都会出现勃起现象。有人认为，法国南部拉斯科洞穴（应该列入每个人的"死前必去"清单）壁画就描绘了有明显勃起的沉睡男性。睡前性行为并不会影响快速眼动期的勃起程度。过量饮酒会抑制清醒时的勃起，但对快速眼动期的勃起也影响不大。另一些研究表明，春梦与快速眼动期勃起并无关联。我们并不知道为什么快速眼动期会出现勃起，有种说法是勃起能为组织和肌肉输送更多氧气，有益性器官健康。耐人寻味的是，除了栖息在北美洲、中美洲和南美洲的九带犰狳之外，人类研究过的所有哺乳动物都存在快速眼动期勃起现象，这毫无疑问证明了快速眼动期勃起极其常见。九带犰狳还有一个奇怪的特点，它们是已知的极少数会携带麻风杆菌的动物，还能将麻风病传给人类。在美国得克萨斯州，开车时撞上九带犰狳是很常见的事。有人告诉我，如果撞死九带犰狳，那么处理尸体时要特别当心。

我在前面提到过，在快速眼动睡眠期间，我们做的梦最复杂，也最生动。在这个阶段，从中脑到脊髓的投射导致颈部以下失去肌肉张力（也称为"肌肉麻痹"）。有人认为，这是为了防止我们将梦境付诸行动。一种叫作"快速眼动睡眠行为障碍"（RBD）的病症佐证了这一观点，这种睡眠障碍表现为患者在快速眼动睡眠期间不出现肌肉麻痹，或极少出现肌肉麻痹。我将在后面详细讨论这个问题。不过，快速眼动睡眠行为障碍是未来罹患帕金森病（PD）的征兆。有严重快速眼动睡眠行为障碍的患者可能会在睡梦中手脚乱晃，也可能会说梦话或大喊大叫，甚至出现暴力行为。不幸的是，往往要等到枕边人因此受到伤害，当事人才会针对这一病症采取措施。英国媒体大肆报道过一起著名案例，"正直忠诚"的丈夫布莱恩·托马斯（Brian Thomas）在度假期间勒死了妻子。他在梦中攻击了闯入者，但不幸的是，那个人在现实中是他妻子。英国皇家检控署认定他无法控制自己的行为，勒令斯旺西刑事法庭的陪审团宣布托马斯无罪。托马斯先生只记得自己梦见了有人闯进家里。

清醒与睡眠的切换

清醒与睡眠的切换，以及与快速眼动／非快速眼动周期有关的无数相互作用，通常受到两大生物驱动因素的调节。第一个驱动因素是昼夜节律，它受到日出日落的影响（见第三章），"告诉"脑回路何时是入睡和醒来的最佳时间。这种昼夜节律驱动因素类似睡眠／觉醒周期的"时间戳"。第二个驱动因素是"睡眠压力"，或者称为睡眠的"稳态驱动"。它或许是最直观的睡眠调节因素，取决于我们需要多少睡眠。从醒来的那一刻，睡眠压力就开始累积，在一天中不断攀升，在晚上睡觉前达到巅峰。白天睡眠压力不断积累，但让人保持清醒的昼夜节律驱动因素会将其"抵消"。讽刺的是，在我们入睡前不久，昼夜节律系统产生的让人保持清醒的驱动力最强。当昼夜节律让人保持清醒的驱动力下降，睡眠压力升高，我们就会自然而然入睡。在睡眠过程中，睡眠压力下降，生物钟"指示"大脑保持睡眠状态，也就是说，昼夜节律系统此时会提供睡眠驱动力。当睡眠压力减弱，昼夜节律系统告诉大脑"该醒了"的时候，我们会自然而然醒来。有时候，我们会在下午犯困，这通常是因为昼夜节律驱动力不足以"抵消"快速积累的睡眠压力，即昼夜节律让人保持清醒的驱动力跟不上了。例如，如果你头天晚上没睡好，或者睡眠时间不足，第二天下午就可能犯困。在这种情况下，我们刚醒来时睡眠压力就已经相当大了。我们对此的反应是想要在下午打个盹儿。短暂的午睡能降低睡眠压力，提高警觉性。保持清醒的时间越长，入睡后慢波睡眠的占比越高，因此慢波睡眠的情况能够直接反映睡眠压力。当然，睡眠的昼夜节律驱动和稳态驱动并不能独立决定睡眠长度和入睡／醒来的时间。睡眠状况还由其他因素（包括工作与休闲的需要、遗传、年龄、精神疾病和躯体疾病的影响）以及情绪反应和应激反应共同决定。

为什么咖啡会让人保持清醒？

研究人员认为，大脑中几种化学物质的积累会增加睡眠压力，最好的证据是一种叫作"腺苷"的分子。动物研究显示，清醒时大脑中的腺苷水平会不断上升，浓度到达一定水平后触发睡眠。茶和咖啡中的咖啡因之所以有助于保持清醒和警觉，是因为咖啡因的作用是阻断大脑内的腺苷受体检测到腺苷。除此之外，咖啡因还是腺苷受体的"拮抗剂"[1]，能阻止大脑检测自己的疲乏程度。短期饮用含咖啡因的饮料能让我们在长途驾车之旅中保持清醒，但有一点必须特别注意：当咖啡因的作用消退后，强烈的困意会突然袭来，我们可能陷入"微睡眠"[2]，在开车时不小心睡着。

褪黑素起什么作用？

褪黑素常常被称为"睡眠激素"，这很容易引起误解。褪黑素主要由松果体分泌，松果体是大脑中部的一个结构（见图2），17世纪

---

1 即抗代谢物，在化学结构上与天然代谢物类似，这些物质进入体内可与正常代谢物相拮抗，从而影响正常代谢的运行。——编者注
2 微睡眠，指持续时间不超过30秒的短暂睡眠状态，多由睡眠不足、精神疲乏、抑郁或发作性睡病引起。——译者注

的法国哲学家、数学家兼科学家勒内·笛卡尔（René Descartes）认为它是灵魂的解剖学位置和人类的灵性所在。关于灵魂的讨论超出了本书范畴，我建议你去找自己信奉的神灵。视交叉上核通过自主神经系统调节松果体分泌褪黑素的节律。褪黑素水平从黄昏开始上升，凌晨2点到4点在血液中的浓度达到峰值，然后在黎明前后下降（见图1）。眼睛检测到强光也会阻止褪黑素形成。所以说，褪黑素充当了"黑暗的生物信号"。人类等昼行性动物在夜间睡眠期间会分泌褪黑素，老鼠和獾等夜行性动物同样如此。所以说，褪黑素不可能是放之四海而皆准的"睡眠激素"。褪黑素对我们起什么作用呢？当然，人类睡眠状况与褪黑素水平密切相关。但两者可能是相关关系，而不是因果关系。

有些人并不分泌褪黑素，尤其是四肢瘫痪的人。视交叉上核到松果体的神经通路调节褪黑素的分泌，这条神经通路穿过颈部脊髓。四肢瘫痪者的这条神经通路被切断，阻断了松果体分泌褪黑素。根据报道，与对照组相比，四肢瘫痪者的睡眠质量要差一些。然而，褪黑素水平正常的截瘫者（腿部与下半身瘫痪）同样睡眠不佳，他们的睡眠质量与四肢瘫痪者非常相似。这表明，导致睡眠不佳的不是缺少褪黑素，而是四肢瘫痪者其他方面的问题。一项小型研究也支持这一结论。研究人员给四肢瘫痪者服用褪黑素，一些人的睡眠状况得到了小幅度改善，具体表现为入睡时间（从关灯躺下到睡着的时间）缩短，夜间醒来次数减少。但矛盾的是，他们白天的困倦感有所增加。研究人员指出，需要增加样本量并进行随机的安慰剂对照实验，以便验证上述发现。

用于治疗各类心脏病和高血压的β受体阻滞剂也会使褪黑素分泌减少80%。这种药物不仅能降低血压，还能阻断松果体传递信号，使夜间褪黑素水平大大降低。据服用 β 受体阻滞剂的人自述，他们的睡眠质量变差了。还有一项研究给服用 β 受体阻滞剂的人补充褪黑素。3 周后，与服用安慰剂的对照组相比，服用褪黑素的人总睡眠时间（TST）增加了 36 分钟，入睡时间缩短了 14 分钟。所以说，服用褪黑素能起到效果，虽然作用并不大。另外一些研究也表明，服用褪黑素可以缩短入睡时间，增加总睡眠时间。不过，服用合成褪黑素或模仿褪黑素作用的药物，取得的效果并不明显（见第十四章）。除了褪黑素能对睡眠起到一定作用，还有可能是视交叉上核检测到夜间褪黑素水平上升，进而发出使"主生物钟"与外界同步的额外调节信号，增强了来自眼睛的光同步信号，使睡眠／觉醒周期趋于稳定。综上所述，研究人员根据这些数据达成的共识是，褪黑素似乎能起到直接促进睡眠的作用（虽然作用并不大）。此外，褪黑素可能会发出额外的信号，告诉大脑"现在是晚上"。这一点被用于论证光同步（见第三章）。

本部分集中讨论人类睡眠，但我并不想让读者觉得巨大而复杂的大脑是机体拥有睡眠／清醒状态的前提。值得注意的是，研究人员从所有脊椎动物和无脊椎动物（包括昆虫甚至线虫）身上都观察到了类似睡眠的状态。最近一项针对章鱼（一种软体动物，与蜗牛有亲缘关系）的伟大研究显示，这些神奇的动物存在两种不同的睡眠状态，类似于脊椎动物的非快速眼动和快速眼动睡眠状态。但是，那些根本没有大脑，只有"神经网"的动物，比如珊瑚、水螅和水母（它们被统一归入刺胞动物门，也称为腔肠动物门）呢？第一个问题是，如何识别这类动物睡不睡觉？事实上，科学界存在一些公认的判断标准。例如，如果你让它们一直处于活动状态（从理论上来说，这会增加睡眠压力），那当它们找到机会时，不活动状态（睡眠状态）是否会更显著？处于不活动状态（睡眠状态）时，它们对环境刺激（例如触摸或光照）的反应是否减少？是否有证据表明它们受到生物钟或睡眠压力的调节？最后，作用于腺苷或组胺受体的助眠药物是否会改变它们的活动 / 不活动模式？迄今为止人们研究过的刺胞动物，例如箱水母（因蜇人极其疼痛而闻名）和水螅（许多人在学校里研究过的动物），都符合上述所有标准。也就是说，它们会睡觉。我想说的是，甚至不需要有大脑也能睡觉。这就引出了下一个问题。

为什么人类和其他动物要睡觉？

我在前文提过睡眠的一些重要性，并将在后续章节中进一步讨论。我想在这里说的问题是，为什么动物会进化出睡眠。以人类为例，我们一生中大约 36% 的时间都在睡眠中度过，在睡眠期间不吃不喝，也不会刻意传递自己的基因。这表明，睡眠为我们提供了有深远价值的东西。我们被剥夺睡眠后，睡眠压力会变得非常大，而且它只能通过睡眠得到满足。因此，许多人认为，睡眠必定发挥着某种支配一切的作用，潜藏在我们生理机制的深处。另一些人则认为，睡眠并没有内在价值，只是某些尚未发现的适应性特质的附属品。对此，我想发表我的个人见解，首先要解答两个问题。

为什么几乎所有生命形式都进化出了以 24 小时 为周期的活动与休息模式？

几乎所有生命形式都有以 24 小时为周期的活动和休息模式，连细菌也不例外。进化出这种节律极有可能是因为生活在 24 小时自转一周的星球上，由此产生的光照、温度和食物供应变化迫使生物做出适应性反应。昼行性动物和夜行性动物都进化出了众多特征,可以在不同光暗条件下表现最佳。但至关重要的一点是,它们无法在白天和黑夜都拥有最佳表现。生物似乎做出了进化上的"决定",要么选择在白昼活动,要么选择在夜晚活动。因此,那些昼行性动物在晚上活动效率就不会特别高。同样,极度适应在昏暗或无光条件下活动和捕猎的夜行性动物,到了白天则会举步维艰。生存之争迫使物种成为专家,而不是通才。没有哪个物种能在 24 小时的光 / 暗环境下以同等效率活动。

睡眠期间发生了哪些重要生理过程?

鉴于存在以 24 小时为周期的休息 / 活动节律,我们需要弄清机体在不活动的睡眠状态下发生了什么事。总的来说,睡眠期间大多数身体活动都会暂停,但在此期间,关键且必要的生理机能仍在机体各个层面发挥作用。例如,许多与恢复和重建代谢途径有关的细胞活动会在睡眠期间被激活;大脑活动积累的有毒副产物会在睡眠期间被无害处理进而清除;在人类和其他有学习能力的动物的大脑中,白天接收的信息在睡眠期间得到处理,形成新记忆乃至新想法。事实上,"先睡一觉,明天再想"确实有助于人脑找出解决难题的新方法。简而言之,在睡眠期间,身体会执行众多基本生理机能,若非如此,机体的活动表现乃至身心健康都会大受影响。这些关键活动是生存所需,需要在昼夜周期中的某个时间点发生。在我看来,进化将这些关键活动安排在了睡眠 / 觉醒周期中最合适的时段。因此,记忆巩固都是在活动之后的睡眠期间发生的,不管机体拥有的是复杂的大脑还是简单的神经系统。在睡眠期间,大脑不会被全新的感官信息淹没,有能力也有能量以最佳状态执行任务。同样,清除毒素和重建代谢途径也需要发生在毒素累积、能量使用之后。适当安排这些过程带来了令人难以置信的高效率。这有点儿像工厂里的生产线，按照适当的顺序，在适当的时间，通过一系列机械或手工操作程序制造出产品。

回答完上述两个问题后，就快要说到我给"睡眠"下的定义了。我们不知道为什么人类平均每天要睡 8 个小时，也不知道为什么有些动物据说要睡 19 个小时，而有些动物只睡 2 个小时。但可以肯定的是，这必定与一系列复杂的相互竞争有关。为了生存和成长，个体需要平衡一系列基本需求，包括获取充足的食物和水分，以及繁衍并抚育后代，同时还面临存活问题，例如对抗捕食者或病原体。一旦某个物种进化出稳定的休息／活动模式，基本生理过程就会在适当时机被纳入其中。简而言之，睡眠是物种针对以 24 小时为周期的世界进化出的特定反应，在这个世界中，光照、温度和食物供应会在一天 24 小时内发生巨大变化。因此，对于"为什么我们要睡觉"这个问题，我给出的答案如下：

> 睡眠是机体没有身体活动的一段时期，在此期间，机体避免在不适应的环境中运动，同时利用这段时间进行一系列必要的生理活动，以便在活动期取得最佳表现。

最近，一位同事跟我讨论了这个定义后说："所以说，睡眠有点像周末。它并没有特定的作用，人们利用这段时间来进行许多不同的活动。"我觉得这个比喻很贴切。它摒弃了对"睡眠"的单一定义，使睡眠成了我们生理机能中可变通的一部分。这有点儿像问："为什么我们要醒着？"

问答

1. 什么是"局部睡眠"？

　　这个问题相当重要。我在前面提过，睡眠与清醒源于大脑在两种状态之间切换。不过，这并不完全准确。最近，研究人员描述了一种叫作"局部睡眠"的状态，也就是在清醒状态下，大脑的一小块区域显示出类似睡眠状态的脑电波活动。我在牛津大学的同事弗拉迪斯拉夫·维亚佐夫斯基（Vladyslav Vyazovskiy）是最早证明这一现象存在的人。他让大鼠保持清醒，监测大鼠大脑皮层中脑细胞的电波活动。实验结果表明，大鼠的脑电波显示出短暂"离线"，局部脑电图类似于慢波睡眠。值得注意的是，当部分神经元"睡着"时，大脑的相邻区域却"醒着"。大鼠保持清醒的时间越长，这种"局部睡眠"状态出现得就越频繁。所以说，大脑皮层中的局部神经元集群会睡着。局部睡眠的成因目前尚无定论，但也许局部睡眠是为了让大脑的某些区域在长期睡眠不足后得到恢复。

2. 大麻二酚是什么？它能帮助你改善睡眠状况吗？

　　大麻二酚（CBD）是大麻中的一种活性成分。但与四氢大麻酚（THC）不同，大麻二酚不会让你"兴奋"。早期研究显示，大麻二酚有缓解焦虑和改善睡眠状况的效果，但还需要通过大规模实验加以验证。一些大麻二酚制造商因宣传过度受到了政府审查。那些制造商声称大麻二酚能治疗癌症，却拿不出任何证据。大麻二酚大多是不受管制的保健品，有时消费者很难确定自己到底买到了什么。因此，如果你决定尝试大麻二酚，请先咨询医生，尤其是要确保它不会影响你正在服用的其他药物。通过改变生活方式改善睡眠状况，通常要比服用药物或保健品更可取，但请谨遵医嘱（见第六章）。

3. 苯海拉明是什么？你应该长期服用它来治疗睡眠障碍吗？

苯海拉明是一种抗组胺药，最常用于缓解过敏和花粉热症状，也可以用作安眠药。组胺是大脑中的一种兴奋性神经递质，能促使人保持清醒。苯海拉明也被称为 Nytol、Benadryl 或 Sleepeaze[1]，既可作为抗组胺药阻断组胺的作用（促进睡眠），又可作为抗胆碱能药阻断神经递质乙酰胆碱的作用，结果也是促进睡眠。苯海拉明可用于治疗过敏反应，但由于它能阻断 / 减少组胺和乙酰胆碱的作用，具有镇静特性，因此也被广泛用作非处方安眠药。作为安眠药，它只能在短期内使用，通过改变生活方式改善睡眠状况总是比服药更可取（其他镇静剂同理）。值得关注的是，作为抗胆碱能药，苯海拉明会影响肌肉运用、警觉性以及学习和记忆能力。一项针对 65 岁及以上男女的研究显示，服用苯海拉明类药物的人更可能罹患痴呆症，而且服药时间越长，罹患痴呆症的风险越高。服用苯海拉明 3 年及以上的人比服用相同剂量 3 个月及以下的人罹患痴呆症的风险要高出 54%。

4. 各种哺乳动物的睡眠差异大吗？

简短的回答是：很大！所有哺乳动物，包括卵生的鸭嘴兽和针鼹，都存在快速眼动 / 非快速眼动睡眠的交替期，但睡眠模式差异极大。例如，马和长颈鹿可以站着睡觉，但必须躺下才能进入短时间的

1　三者都是苯海拉明的药物品牌名称。——编者注

快速眼动睡眠。快速眼动睡眠会诱发肌肉麻痹，如果它们站着睡觉，就会突然倒下。各种哺乳动物的睡眠时间有明显差异，但也存在一些普遍趋势。总的来说，动物体形越大，睡眠时间越短。此外，猎食者（例如狮子）往往比被捕食的动物（例如斑马）睡眠时间长，而睡眠时占据相对安全地点（例如洞穴或山洞）的哺乳动物往往睡眠时间较长。圈养的大型哺乳动物（例如长颈鹿和大象）每天大约花 5 个小时睡觉，但目前尚不清楚它们在野外是否存在同样的睡眠模式，因为它们在野外经常长途迁徙。对圈养和野外的褐喉树懒的睡眠研究表明，圈养的树懒约有 70% 的时间在睡觉，而它们在野外仅有 40% 的时间在睡觉。同样，与生活在野外的小鼠相比，实验室中小鼠的活动／睡眠模式发生了巨大变化，因为它们在野外必须自行觅食，还会经历光照和温度的急剧变化。因此，我们需要在野外对快速眼动／非快速眼动睡眠进行更多的实地观察和测量，以便更好地了解睡眠对哺乳动物和其他动物的重要意义。

5. "你需要睡个美容觉"这个说法有道理吗?

据说，如果你想变得更迷人，就需要好好睡一觉。这个说法可能有一定的道理。研究表明，如果一个人过度疲乏，对其他人就会失去吸引力。这可能是因为疲乏的人会分泌更多的压力激素——皮质醇。皮质醇水平上升是机体对体内炎症做出的回应。皮质醇会引起胶原蛋白（皮肤的结缔组织）分解，导致水肿。因此，劳累的人皮肤会显得肿胀，看起来不那么迷人。此外，研究表明，与睡眠质量不好的人相比，睡眠质量好的人晒伤后恢复得更快。

6. 需要像海豚一样不断运动时要怎么睡觉?

研究人员已经描述了海洋哺乳动物的特殊睡眠形式。海狗在陆地上的脑电图（脑电波活动）与其他大多数栖息在陆地上的哺乳动物相似：两眼紧闭，存在快速眼动／非快速眼动睡眠周期。然而，海狗在水中往往只用一半大脑睡眠，这被称为"单半球睡眠"。此时，海狗的一侧大脑显示出睡眠的脑电图，一只眼睛闭着，部分鳍状肢基本不动。也就是说，它的身体似乎一半休眠，一半清醒。货真价实的海洋哺乳动物，例如鲸和海豚，也有单半球睡眠现象。这种睡眠形式可使海洋哺乳动物持续游动。最近的研究显示，鼠海豚会进行特殊的潜水，很可能处于睡眠期。这种潜水轨迹呈抛物线形，过程中鼠海豚极少进行回声定位，而回声定位通常用于捕猎时。此外，鼠海豚的这种潜水行为往往深度较浅，而且似乎在刻意减慢速度。许多鸟类会连续几天甚至更长时间不间断地飞行，例如，黑腹军舰鸟可以在海洋上空不间断飞行长达 10 天。像海豚一样，它们的脑电图也呈现出单半球睡眠的模式。甚至有一种说法是，鳄鱼可能也会进行某种形式的单半球睡眠！

7. 新型冠状病毒肺炎对睡眠影响大吗？

我在撰写本书的时候（2022 年 1 月），还无法确切知晓答案。不过，伦敦国王学院的研究人员在 2020 年进行了一项题为《英国封控期间睡眠状况》的调研。调查显示，人们在新冠肺炎（COVID-19）封控期间睡眠状况确实发生了变化，结果好坏参半。该学院的研究人员得出了以下结论：（1）一半的人表示自己的睡眠比平时更紊乱；（2）五分之二的人表示自己平均每晚睡眠时间减少；（3）五分之二的人表示自己做的梦比平时更生动；（4）十分之三的人表示自己睡得更久，但感觉不如平时休息得好；（5）四分之一的人表示自己睡得更久，感觉休息得更好；（6）那些认为"疫情造成的干扰很可能使自己面临重大财务困难"的人更有可能睡不好觉；（7）因疫情而感到焦虑的人更有可能睡眠质量差；（8）年轻人比老年人更有可能自述睡眠状况发生了变化；（9）男性的睡眠质量比女性略好。此外，媒体报道指出，在新冠疫情前存在睡眠问题的人睡眠质量变得更差，而疫情前睡眠质量好的人也开始出现睡不好的情况。事实上，人们已经开始用"新冠失眠"一词来描述与新冠相关的睡眠障碍。因此，新出现的数据表明大多数人（但不是所有人）睡眠质量下降。但在收集并分析足够多的数据之前，研究人员很难确切指出我们的睡眠受到了什么影响。

8. 通过研究脑电图，我们对大脑有了哪些了解？

围绕这个问题，学界争论激烈，研究人员众说纷纭。我认为最近一位同事转述给我的观点是这个问题的最佳答案，具体如下："试图通过脑电图来了解大脑，就好比试图根据开关灯次数和马桶冲水次数来了解一栋大楼里发生了什么事。"这话不中听，但可能千真万确。

9. 如果你在梦中死去，心跳会不会真的停止？你会不会在现实生活中短暂死去？

最近，一个名叫雅各布的 8 岁小孩向我提出了这个问题。这个问题很有意思，我也不知该怎么回答，但倾向于认为答案是否定的。不过，这个说法确实引发了我的思考。

第三章

眼睛的力量：节律同步与晨昏周期

不同凡响的发现需要不同凡响的证明。

——卡尔·萨根（Carl Sagan），

美国天文学家、宇宙学家

公元前 4 世纪的古希腊哲学家柏拉图认为，我们之所以能看见东西，是因为光线从眼睛里射出，照亮了物体。这就是视觉的"发射论"。尽管这在今天看来相当怪异，但直到 16 世纪初，这都是欧洲人对眼睛运作方式的普遍看法。古希腊哲学家亚里士多德（公元前 384—前 322）以最早驳斥发射论而闻名。他支持"入射论"，也就是眼睛接收光线，而不是将光线射向外界。只可惜，这个相当有道理的古代理论并没有被当时的人们接受。就连著名画家达·芬奇在 15 世纪 80 年代时也支持发射论，直到在 15 世纪 90 年代解剖眼睛后才转而支持入射论。以哈桑·伊本·艾尔－海什木 [Hasan Ibn al-Haytham，即西方人所称的"阿尔哈森"（Alhazen），生活在 965 年至 1040 年] 为代表的阿拉伯医师进行了早期观察，记录了瞳孔在不同光照强度下的扩张、收缩情况，以及眼睛会遭到强光损伤。海什木利用这些观察结果正确论证了光是进入眼睛，而不是从眼睛里射出。

16 世纪初以后，科学界再也没有认真考虑过发射论，但这个观点并没有消亡。2002 年发表的一项研究显示，美国大学生普遍存在根深蒂固的误解，认为视觉过程涉及眼睛发出光，这与柏拉图的发射论一致。为什么会这样呢？在没有后天习得的知识作为补充的情况下，似乎所有人都会根据自身经验和零散事实来解释新问题。这可能就是为什么约有十分之一的人仍然相信地球比太阳大。在没有接受过教育的人眼里，太阳看起来更小，而这也符合个人经验。我想说的是，在最初试图解释某个新问题时，我们会借鉴各种各样的个人经验。从本质上来说，我们都存在偏见。科学家的"优秀程度"取决于面对新知识时抛弃成见的速度。本章说的是眼睛如何调节昼夜节律。正如我们即将看到的，为了弄清眼睛是如何调节昼夜节律的，我们必须抛开长期以来对"眼睛如何运作"的先入为主的观念与信条。

我们在前面讨论过，对于任何生命形式来说，昼夜节律都有一个最显著的特点：周期并不是准确的 24 小时。昼夜节律的"周期"要么比 24 小时稍短，要么比 24 小时稍长。这一点很容易在小鼠等动物身上得到验证。如果把小鼠放在恒定的黑暗环境中，再给它一个跑轮，那么它的跑轮活动就会呈现出昼夜节律，这个周期稍短于 24 小时。也就是说，在恒定黑暗条件下，小鼠每天会提前几分钟（相对于以 24 小时为周期的外界）开始及结束活动周期。在此我想提一句，这种"生物日"偏差现象被称为"自由运转"（见图 4）。自由运转节律为我们提供了重要证据，证明昼夜节律确实存在——它们在恒定条件下持续存在，周期比 24 小时稍长或稍短。如果这种节律是由地球 24 小时自转产生的某些未知地球物理信号驱动的，那么生物节律应该恰好是 24 小时，或者更准确地说，应该是 23 小时 56 分 4 秒。

20 世纪 60 年代至 70 年代，研究人员将人类置于半恒定条件下，记录他们的自由运转节律。那些实验表明，人类的生物钟约为 25 小时。最近的研究纠正了一些实验方法上的问题，证明大多数人的生物钟比 24 小时稍长（长出 10 分钟左右）。出于某些我们尚不完全了解的原因，人类等昼行性动物在恒定黑暗条件下自由运转节律往往比 24 小时长，而小鼠等夜行性动物的自由运转节律则比 24 小时短。这种现象甚至有个名称：阿塑夫似昼夜节律规律。问题在于，如果缺少了每日重置，我们每天起床和入睡都会推迟 10 分钟，体内生物钟很快就会出现偏差，与外界环境的昼夜周期不同步。这种严重的内外时钟不匹配现象，最为人熟知的表现形式是"时差"。搭乘飞机穿越多个时区后，体内生物钟会与当地时间不符，旅行者会想要在错误的当地时间睡觉或吃饭。不过，只要在当地待的时间足够长，我们就能"追"上新时区。那么，这具体是怎么做到的呢？

眼睛的作用

对于包括人类在内的大多数动植物来说，生物钟与昼夜周期保持一致或"同步"的最重要信号是光照，尤其是日出和日落时的光照。之所以如此肯定，是因为人类和其他哺乳动物如果出现视力障碍，那么这种重置就会被阻断：因事故、遗传或战斗失去视力的人对时间的感知会出现偏差，他们在某段特定时间内能在大致适当的时间起床和入睡，接下来则会出现偏差，想要在错误的时间睡觉、吃饭或活动。这些人的体验类似"时差"，但永远无法倒过来。我将在第十四章中再次探讨这个话题。不过，为了让你了解这有多难熬，我想让一位在战斗中失去双眼的人现身说法，他曾参与我们的一项研究："我不知该怎么办才好，每天入睡和醒来的时间都不固定，经常在白天犯困，夜里却睡不着。我感觉越来越孤立，跟家人和朋友关系越来越远。"

我要强调一句，视力障碍会阻断光照调节生物钟。但在 1998 年，美国康奈尔大学医学院的研究人员在顶级科学期刊《科学》杂志上发表了一篇报告，称用强光照射腘窝处的皮肤能改变体温变化和褪黑素分泌的昼夜节律。这引起了媒体一片哗然。那篇论文被《科学》杂志评为当年最重要的研究之一，两种治疗睡眠障碍的专利疗法也应运而生。许多研究人员都对这项研究表示怀疑，并对研究结果提出了疑问，主要原因是实验已经证明人类的视力障碍会阻断光照对生物钟的影响。但万一我们遗漏了什么因素，或者客观视角被先入为主的观念扭曲了呢？随后，科学研究方法开始发挥作用，世界各地的其他研究小组试图用各种方法重现上述发现。2002年的一项研究精准重复了最初的实验，但在耗费了数十万美元和若干年的科学家人力之后，这些努力全都以失败告终——在腘窝处施以光照并不会改变昼夜节律系统。如今学界普遍认为，最初的研究发现是由于研究方法有误，比如受试者腘窝处接受光照时，其躯干也暴露在光照之下，而不是处于完全黑暗的环境中。然而，出于我无法理解的原因，这项研究从未被正式撤回（这是正式程序，科学出版物一经发表，若被发现存在错误或欺诈，就会被撤回）。很多人都记得最初的研究，但不知道后续研究未能重现上述发现，而媒体往往不会报道负面的研究结果。这导致直到20多年后还经常有人问我："那么，腘窝处的那些感光细胞呢？"

虽然眼睛能检测用于调节生物钟的光线，但研究人员并不清楚光线是如何被检测到的。这成了我的心病。截至前不久我们开展研究之时，科学界都认为眼睛已经被彻彻底底研究过，是人体之中人们了解最透彻的器官。经过多年的艰辛研究，研究人员已经能解释人是怎么看东西的：眼睛里有一个叫作"视网膜"的分层结构，会检测并处理光线。视网膜的第一层由视细胞组成，又称为"光感受器"，包括视杆细胞、视锥细胞两类。这些细胞检测环境中物体反射的光,将信号传递给视网膜内层的细胞,后者将上述信号组合成粗略的图像。视网膜的最后一层由神经节细胞组成,其作用是整合来自视网膜的所有光信息。视网膜好比一张地毯,视杆细胞和视锥细胞是地毯上的绒毛,视网膜内层和神经节细胞则是地毯织物或衬垫。神经节细胞的突起形成了视神经,将光信号从眼睛传送至大脑。随后,大脑在脑后端枕叶的视觉皮层中构建图像(见图2)。如果头部遭到撞击,枕叶中的细胞就会震动,发出随机的电脉冲,大脑会将其解读为"闪光",这就是为什么人在头部遭受撞击后会"眼冒金星"。人眼中大约有1亿个视杆细胞和视锥细胞,还有100万个神经节细胞,我们可以借此得知有多少光信号从视杆细胞和视锥细胞"输送"到神经节细胞并在这个过程中得到处理。问题是,研究人员普遍用目前已知的人眼运作原理来解释"我们怎么看东西",所以自然而然会提出假设,认为视杆细胞和视锥细胞将光信号传给了生物钟。然而,这个假设是错误的。

令人惊讶的是,检测明暗周期并不需要用到视网膜中的视细胞,也就是视杆细胞和视锥细胞。眼睛中存在第三类感光细胞(光感受器)。这一发现来自我心中的一个简单却百思不得其解的疑问:生成外界图像的视杆细胞和视锥细胞进化得如此精妙,怎么可能同时用于提取时间信息?为了让视觉发挥作用,视网膜必须捕获光线,然后在转瞬之间忘掉这段经历,准备好迎接下一幅视觉图像。如果没有这种极其迅速的"抓取并遗忘"的过程,我们的世界就不会是一系列清晰的图像,而会是明暗不同、色彩不一的模糊图像。而关键在于,生物钟的运转并不需要清晰的图像。恰恰相反,昼夜节律系统只需对黎明和黄昏前后的总体光照量有个大体印象,这种光环境的总体变化发生在数分钟乃至数小时之内。于是,我提出了这个简单的问题:"眼睛如何同时用于视觉感知和生物钟调节？"

在眼睛中发现新的感光细胞

带着这个问题，我带领的团队在 20 世纪 90 年代对小鼠进行了一系列研究。那些小鼠存在基因突变，导致视杆细胞和视锥细胞无法发育或无法发挥正常功能，因此完全看不见东西。当时，其他研究人员也在研究那些小鼠，试图弄清人类眼病的遗传基础。我们则用那些小鼠来研究视杆细胞和视锥细胞缺失造成的失明是否会影响昼夜节律与外界明暗周期同步（光同步）。经过近 10 年的细致研究，通过观察拥有不同类型遗传疾病的小鼠，我们激动地发现，缺失视杆细胞和视锥细胞的失明小鼠仍然能完全正常地调节昼夜节律。这些小鼠不仅能实现光同步，而且对光同样敏感。但当它们的眼睛被遮住后，光同步消失了。因此，缺少视杆细胞和视锥细胞的小鼠是"眼盲"，但显然不是"时盲"。在这些数据的基础上，我们提出了一个猜想：眼睛里还存在另一种感光细胞，它们与视杆细胞和视锥细胞完全分开，检测用于调节生物钟的光。令我大吃一惊的是，这个说法最初遭到了视觉研究领域众多学者不加掩饰的蔑视。有一次我做相关的科学演讲时，一名听众大喊"胡说八道"，然后愤而离席。还有一次，一位学者愤怒地大吼："你是想说，我们研究眼睛研究了 150 年，竟然都遗漏了一整类感光细胞？"我最初的资助申请惨遭驳回，原因是我们的研究结果"令人难以置信"。还有一个驳回理由让我苦不堪言："既然大家都知道感光细胞在胭窝处，那福斯特为什么还要在眼睛里寻找新的感光细胞？"那段时期极其难熬，我买了很多彩票，试图为我的研究提供资金。只可惜，在这方面我同样不走运。不过，那段经历让我深刻体会到了科学研究方法的优缺点。优点在于，科学进步需要压倒性的证据，并得到其他科学家的验证，这就是为什么科学研究绝不会是孤独的求索。但科学研究方法的缺点在于，它通常存在抗拒变化的固有阻力，可能会阻碍进步甚至扼杀创新。我们面临的挑战是如何在全新的科学进步与根深蒂固的教条之间找到平衡。我们应对教条的方法是做更多实验，拿出更多数据，也正是这一点最终扭转了学界的态度。《科学》杂志发表了我们的两项关键研究成果。在此之后，我们的研究进展迅速。

我本科读的是动物学，因此一直热衷于"比较研究法"，也就是通过比较两个物种的特征来了解其中一个物种的某些方面。在弗吉尼亚大学工作时，我主要研究鱼类、蜥蜴和小鼠。有一次，路易斯安那的"蛇人"丹[1]给我们寄来了一些安乐蜥，我们当时正在研究这种蜥蜴。不幸的是，包裹寄到夏洛茨维尔的邮局时，装安乐蜥的盒子散架了，蜥蜴纷纷夺路而逃。那些美丽且无害的小家伙把邮局工作人员吓得够呛，他们还以为是毒蛇呢。夏洛茨维尔的邮局被迫关闭了几个小时，直到蜥蜴通通被抓回来。如果你去过美国佛罗里达州，也许看见过那种蜥蜴穿过小路，蹿上大树。始于弗吉尼亚大学的鱼类研究工作在我回到英国后仍在继续推进。我们的研究发现与本书讲述的故事紧密相关。实验表明，鱼眼中存在一种"新型感光分子"，那是一种感光色素，它不存在于视杆细胞和视锥细胞中，而是存在于眼睛的其他细胞中，包括神经节细胞（这些细胞的突起形成了视神经）。我们在鱼眼里发现了一种过去不为人知的感光细胞。这一发现极其重要，因为如果鱼类的眼睛里存在新型感光细胞，那么推测"哺乳动物也可能存在类似系统"就不是异想天开了。比较研究法为我们提供了"概念

1　即丹·蔡斯（Dan Chase），爬行动物表演艺人、教育家和专家。——编者注

证明"，让证明眼睛里存在另一类感光细胞有了可行性。但哺乳动物不是鱼类，视觉研究领域仍对我们提出的假设表示怀疑。不过，我们的研究工作终于被当作一回事了，另一些研究人员开始对此感兴趣，加入了寻找这些新型感光细胞的行列。最后，他们对大鼠的研究和我们对小鼠的研究显示，有一小部分视网膜神经节细胞会对光做出直接反应。我们将这些新型感光细胞称为"光敏视网膜神经节细胞"，简称 pRGC。随后，我们的研究小组和世界各地的其他研究小组开展了一系列实验，证明每 100 个神经节细胞中就有一个是光敏视网膜神经节细胞。它们在眼睛里结成了一张"光敏网"，捕捉从四面八方射来的光，测量总体环境亮度。但进一步的研究工作显示，光敏视网膜神经节细胞的光敏特性基于一种新发现的对蓝光敏感的分子（感光色素），这种分子被称为"黑视蛋白"，简称 OPN4。这种感光色素最初由伊格纳西奥·普罗文西奥（Ignacio Provencio，昵称"伊基"）从青蛙和蟾蜍皮肤中的光敏色素细胞"黑色素细胞"中分离出来，所以被称为"黑视蛋白"。这个名称被沿用了下来，可惜人们经常把它与大脑中松果体分泌的激素"褪黑素"弄混。伊基是我指导的第一位博士生，也是他把我介绍给了"蛇人"丹。伊基一直是个大好人，如今在弗吉尼亚大学担任教授，那是我们最初一起工作的地方。

通过若干关键实验，我们的团队证明了黑视蛋白和光敏视网膜神经节细胞对蓝光最敏感，所有动物（包括人类）都是如此。但为什么会这样？答案似乎与它们的作用——检测黎明／黄昏的光线——有关。在白昼，自然光横跨整个可见光光谱（从紫光到红光）。但随着太阳落山，红日消失在地平线之下，不同颜色（波长）的光遇到大气中的微粒后发生散射，导致地平线附近黄光和红光偏多，而整个天穹蓝光偏多。黄昏时，大气中的微粒就像一面棱镜，将不同波长的光分开。黎明时也会出现同样的现象。太阳从地平线升起时，蓝光被散射后布满天穹，红光和橙光则多在地平线附近。我们认为，光敏视网膜神经节细胞之所以对蓝光最敏感，是因为黎明和黄昏时分天空中主要是蓝光。这使光敏视网膜神经节细胞成了理想的黎明／黄昏"检测器"。事实与假设基本相符，但我们还不能百分之百确定。

我们需要多少光，何时需要光？

直到 1987 年，学界都普遍认为，人类的昼夜节律跟着"社交线索"[1]走，例如什么时候吃饭，什么时候与别人互动。之所以存在这种观念，部分原因在于早期对人类的研究没有发现光对昼夜节律同步的影响。但如今我们知道，与小鼠等其他动物相比，人类的昼夜节律系统对光很不敏感。低至 0.1 勒克斯的光就能调节小鼠的昼夜节律系统（见图 3），但这种强度的光对人类毫无效果。图 3 展示了环境中大致的光照强度，以及视杆细胞、视锥细胞和光敏视网膜神经节细胞对光的不同敏感度。

与小鼠和其他啮齿类动物相比，人类对光的敏感度要低得多，这可能是昼行性哺乳动物与夜行性哺乳动物的区别之一。昼行性哺乳动物整个白天都暴露在光照下，而夜行性哺乳动物黄昏时才离开洞穴，只在太阳落山前相对较短的时间内接受极少的光照。这也是为什么对于居住在洞穴中的极少见光的夜行性动物来说，在黎明和黄昏时对光更加敏感是个优势。对人类来说，还存在另一个问题，那就是人工照明。尽管存在不同学说，但学界普遍认为，我们的祖先直立人大约从 60 万年前开始使用火。如果我们的祖先像啮齿类动物一样对光敏感，

---

1 社交线索（social cue）指表情、身体、声音、动作等传达的语言信息或非语言信息，影响个人对他人的印象以及如何做出回应，并进一步影响对话以及其他社交互动。——编者注

那夜间的火光就会破坏昼夜节律。因此，或许正是因为我们的祖先使用火，所以才不得不进化出了对光不那么敏感的昼夜节律系统。

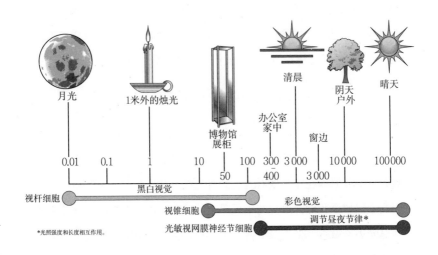

图 3 环境光照强度与人类感光细胞的大致敏感度

光照强度的单位是勒克斯，它是衡量光照强度的标准。在较弱的光线下，视杆细胞为我们提供"黑白视觉"。彩色视觉由视锥细胞提供，需要更亮的光线。当光照强度在10—100勒克斯时，视杆细胞和视锥细胞都会发挥作用，但随着光照强度增强，视杆细胞的敏感性趋于饱和，视锥细胞开始为我们提供高对比度的彩色视觉。光照强度达到100勒克斯左右时，光敏视网膜神经节细胞开始发挥作用，但它们需要接受长达数分钟乃至数小时的光照。相比之下，视杆细胞和视锥细胞对几毫秒（千分之一秒）的光照就很敏感。因此，尽管家中和工作场所有足够的光线用于彩色视觉（光照强度在50—400勒克斯），但往往不够发挥调节生物钟的作用（另见本章末尾"问答"部分的问题8）。你可以花大约20英镑买一台照度计，或者在手机上下载免费的光照强度应用程序，测一测外界自然光与室内人工照明的光照强度差异有多大。

19世纪初，欧洲、美国和世界其他地方的大部分人都在户外工作，暴露在自然界的明暗周期之下。如今，英国从事农业和渔业的工人约占工作人口的1%。这说明，发达国家和发展中国家的绝大多数劳动人口已经基本脱离环境光，只能借助效力大不如前的明暗信号进行光同步。大多数时候，尤其是在冬天，我们根本无法获得足够久、足够强的光照，好让生物钟与太阳日保持一致（见图3）。重要的不仅是光照强度，光照时间也非常关键。

何时接受光照：黎明与黄昏的重要性

在黄昏和傍晚接受光照会导致视交叉上核的生物钟延迟，使我们晚睡晚起。相比之下，清晨接受光照则会带来相反的效果，导致生物钟提前，使我们早睡早起。正午接受光照对生物钟影响很小，有些研究人员甚至认为根本不起作用。显然，同步生物钟最重要的因素是黎明和黄昏的光照。在农耕时代，人类日出而作，日落而息，昼夜节律系统每天先被黄昏的暮光"推后"，再被黎明的晨光"提前"，与日出日落大致保持一致。但在都市环境中，人类在黎明和黄昏不一定能接受光照。最近，我们针对世界各地的大学生做了一项研究。调查显示，晚睡晚起的"夜猫子型"在晚上会接受光照（推后生物钟的光），但在早晨接受的光照很少（提前生物钟的光）。结果就是，生物钟被延后了。

美国研究人员做了一项更详尽的著名研究，比较了两组人的睡眠／觉醒时间。其中一组人保持日常工作、学习、社交活动并接受电灯照射一周，另一组人在落基山脉户外露营（住在帐篷里）并接受自然光照射一周。在山里接受自然光照，尤其是接受晨光照射一周后的人，昼夜节律和睡眠／觉醒周期提前了2小时。也就是说，人们在接受自然光照仅仅一周后，起床和入睡时间就提前了2小时。在结束本节之前，我想提一句：虽然光是调节生物钟的主要信号，但锻炼和在特定时间进食也会影响生物钟同步。对此，我将在后续章节中加以讨论。

自带背光的屏幕有何影响？

我们先来回顾一下前面提过的内容：在黄昏前后接受光照会让昼夜节律系统推迟（让你晚睡晚起），在清晨接受光照则会让昼夜节律系统提前（让你早睡早起）。这个事实常被用于支持以下论点：睡前使用电脑或智能手机会扰乱睡眠／觉醒时间，导致睡眠延迟。还有一个事实也用于支持上述观点，那就是电子设备自带的背光富含蓝光，而光敏视网膜神经节细胞对蓝光最敏感。在一些科学家的大肆宣传下，大众媒体认为睡前使用电子设备会改变我们的昼夜节律。事实上，许多研究人员持有的观点自相矛盾，我无论如何也无法忽视这一点。他们认为人类的昼夜节律系统对光并不敏感，同时又对电子设备发出的微光很敏感。研究数据并不支持这种说法。迄今为止最详细的一项研究比较了两组受试者的睡眠情况，一组人于睡前在昏暗的室内阅读自带背光的电子书约 4 个小时（晚上 6 点到 10 点），另一组人在相同条件下阅读纸质书。电子书发出的光约为 31 勒克斯，而纸质书反射的光约为 1 勒克斯。研究结果显示，5 天后，阅读电子书的一组与阅读纸质书的一组相比，入睡时间推迟了不到 10 分钟。这个结果只在统计学上有意义，因为 10 分钟的延迟几乎不算什么。尽管如此，研究人员还是引用这篇论文，试图证明睡前使用自带背光的电子书会对昼夜节律造成重大影响。最近，有开发者推出了一些调节电脑屏幕的程序，声称能使屏幕"对昼夜节律更友好"。这类程序会在晚上降低屏幕的蓝光强度，有人认为这能改善睡眠状况，缓解昼夜节律紊乱。尽管这类程序受到了科技记者、博主和用户的大力推崇，但程序本身并没有经过严格测试。最近的一项研究表明，那些程序即使有效果，效果也微乎其微。它们之所以大受欢迎，或许是因为提升了视觉的舒适度。从生物学角度来说，我们的眼睛在夜晚更适应较暗的光线，所以较暗的手机或电脑屏幕能让眼睛更轻松。

尽管屏幕发出的光对生物钟的影响可能微乎其微，但研究表明，在深夜进行与电子设备有关的活动，例如玩电脑游戏、写电子邮件和使用社交媒体，确实会提升大脑的警觉性，导致睡眠延迟、白天嗜睡和表现不佳。这对青少年来说是个大问题，因为许多青少年会刷社交媒体或玩游戏直到凌晨，结果第二天在课堂上打瞌睡。归根结底，睡前至少 30 分钟内不该使用电子设备——不是因为它们发出的光，而是因为它们会提升大脑的警觉性。

重新认识失明

我们人类也拥有调节昼夜节律系统的光敏视网膜神经节细胞，这一发现对世界各地的眼科医生有重大影响。你可能是眼盲，但不是"时盲"。许多遗传性眼部疾病会导致视杆细胞和视锥细胞功能缺失，从而引起失明，但光敏视网膜神经节细胞往往不受影响——就像我们最初用来发现这些感光细胞的小鼠一样。在这种情况下，医生应该建议那些眼睛尚存但看不见东西的人尽量让眼睛接受足够多的光照，以便调节昼夜节律系统。显然，我们必须尽一切努力挽救拥有正常光敏视网膜神经节细胞的眼睛，即使那个人已经失明。学界渐渐意识到，眼睛为我们提供了空间感（视觉）和时间感（调节生物钟）。如今，这一发现重新界定了失明的定义和治疗。我希望多年前骂我"胡说八道"的那个人，现在会想向我道个歉！

问答

1. 除了光照，其他环境信号能否使昼夜节律与外界同步？

答案是肯定的。虽然光照是让视交叉上核主生物钟与外界同步的最强信号，但锻炼也能影响生物钟（见第十三章）。此外，在特定时间进食也可实现"外周生物钟"与外界同步（见第十三章）。

2. 视杆细胞和视锥细胞对调节生物钟有作用吗？

答案是肯定的。研究人员最初认为，视觉感光细胞对调节昼夜节律没有任何作用，因为缺少这两种细胞并不会影响小鼠的光同步，小鼠依旧对光敏感。因此，研究人员认为光同步完全取决于光敏视网膜神经节细胞。但我们现在知道，在某些情况下，视杆细胞和视锥细胞可以向光敏视网膜神经节细胞发送光信号，为与外界同步提供"支持"。至于视杆细胞和视锥细胞究竟发挥了什么作用，目前仍处于研究阶段。目前的假说是，光敏视网膜神经节细胞内部会整合光信号，视杆细胞负责检测弱光，视锥细胞负责检测强光并整合间歇性（闪烁）光照，光敏视网膜神经节细胞则负责检测较长时间的强光。

3. 我必须暴露在"蓝光"下才能同步昼夜节律系统吗？

答案是否定的。如果光照足够强，比如自然光（见图3），那么广谱的"白光"就足以实现节律同步。光敏视网膜神经节细胞对蓝光最敏感，但其光敏感度呈正态分布，即使对绿光、橙光和红光的敏感度较低，只要光照足够强，也照样能检测出来。自然光和人工照明大都是"白光"，由多种颜色（所有波长）的光组成。蓝光只有在光照强度变低（例如黄昏）时才会起到重要作用（见图3）。

4.光会改变警觉性吗？

是的，强光（可能是由光敏视网膜神经节细胞检测到的）会影响你的警觉性和情绪。对小鼠和大鼠等夜行性动物来说，光会刺激它们寻找庇护所，减少活动，甚至进入睡眠。而对像人类这样的昼行性动物来说，光会提升警觉性和警惕性。因此，我们活动的昼夜节律模式与睡眠／觉醒周期不仅受到黎明晨光和黄昏暮光的影响，还直接受到光本身的驱动。这种光对活动的直接影响被称为"遮蔽"。它与昼夜节律系统一起，将生物活动限制在明暗周期中最利于生存的时段。我将在第六章中详细讨论光对警觉性的影响。

5.新生儿重症监护室里的灯几乎一直亮着，有没有证据表明，明暗周期对受重症监护的婴儿很重要？

越来越多的研究表明，为新生儿重症监护室中的早产儿提供明暗周期好处多多，包括促进体重增加和减少住院时间（与待在持续光照或持续黑暗环境中的婴儿相比）。视交叉上核以及从眼睛到视交叉上核的投射，似乎在婴儿长到24周之前就已形成。因此，明暗信息或许能调节早产儿的昼夜节律系统，影响他们的生长发育。明智的做法是让新生儿重症监护室里的婴儿尽可能处于稳定的24小时明暗周期中。当然，对于重症监护室里的成年人，也应该采取同样的做法。

6.人死后瞳孔会放大，这与光敏视网膜神经节细胞有关系吗？

光敏视网膜神经节细胞调节的不仅仅是我们的昼夜节律。我们已经证明，光敏视网膜神经节细胞对调节瞳孔大小很重要。这些细胞还能检测光，进而调节警觉性、情绪和其他各种生理功能。但我认为，它们与死后瞳孔放大无关。人死后发生的第一件事是所有肌肉放松，这种状态称为"肌肉弛缓"，包括瞳孔放大，眼睑放松且经常张开，下颌肌肉放松，嘴巴可能张开，其他关节变得灵活。从死后 2 小时起，肌肉开始僵硬，尸僵开始出现，并在 12 小时后达到顶峰。

7. 太空旅行中会发生什么事？我们的生物钟能否适应在其他星球（例如火星）上生活？

这是一个严肃的问题，也是美国航空航天局正在研究的问题。国际空间站以每小时 27 520 千米的速度航行，每 90 分钟绕地球一周。这意味着每 90 分钟就有一次日出，宇航员每 24 小时要经历 16 次黎明和黄昏，睡眠／觉醒周期被严重打乱。据说，安眠药是国际空间站上最常用的药物。20 世纪 90 年代，我得到过美国航空航天局的资助。还记得在休斯敦举行的一次会议上，我跟美国航空航天局的工程师们聊过天。他们想拆除空间站和飞往火星的航天器上的窗户，改装成设定为地球时间的人工照明。不难猜测，宇航员们断然拒绝了拆除窗户的提议！其他星球上"一天"的时间与地球上不同，生活在那些星球上会是个大问题。火星的自转速度比地球稍慢，一昼夜（一个太阳日）约为 24 小时 37 分钟。对于生物钟周期较长的人来说，这也许处于"可适应范围"之内。但对于生物钟周期较短的人来说，适应火星的昼夜变化可能会很难。新的火星车抵达火星后，科学家和工程师会试图按照火星时间工作，但在最初的若干天里，身体感受到的地球时间与火星时间的不一致酿成了大问题，包括困倦、烦躁，以及注意力和精力下降。最近，科学家们开始按"人造火星日"工作，不再按照地球的明暗周期作息。参与这项工作的人当中，有87%适应了火星日。因此，大多数人的昼夜节律很可能可以适应火星。水星的一个昼夜约为1 408小时，金星则约为5 832小时。撇开这些星球可怕的物理环境不谈，我们不去那里的另一个原因是昼夜节律无法适应。

8. 所以说，电子书发出的光似乎对我们的昼夜节律影响不大。但晚上的室内光会不会让我们的昼夜节律延迟？

这个问题比较难回答，我和牛津大学的同事斯图尔特·皮尔逊（Stuart Peirson）一直在讨论这个问题，不仅仅是因为能回答这个问题的实验还没完成！首先要说明的是，晚上的室内光有很多种，它们可能大相径庭（从50—300勒克斯不等，见图3），所以很难一概而论。除了室内亮度，生物钟是否受影响还取决于接受光照的时间、光线的方向、光线的颜色（波长）、年龄、检测到光的时间（是傍晚还是深夜）、在白天接受的光照情况、季节（是夏天还是冬天），以及第二天早上接受的光照强度。在针对年轻人进行的实验室研究中，受试者在晚上接受50—100勒克斯的光照超过2小时，其生物钟会发生小而显著的变化。受试者接受超过1 000勒克斯的光照超过2小时，其生物钟会发生重大变化。这些发现能否推广到"现实世界"，以及它们如何适用于不同年龄组，目前仍是未知数。如今学界的共识是，晚上的家用灯光可能会对我们的昼夜节律同步产生一些影响，起到推迟生物钟的作用，使我们晚睡，第二天晚起。因此，睡前几小时内保持较低的光照强度（低于100勒克斯）是有意义的。这么做还有一个好处，那就是能降低警觉性，为入睡做好准备。

第四章

不合时宜：
压力、夜班与时差带来的噩梦

科学与日常生活不能也不该被分开。

——罗莎琳德·富兰克林（Rosalind Franklin），

英国物理化学家与晶体学家

1956 年，时任美国国务卿约翰·福斯特·杜勒斯（John Foster Dulles）千里迢迢飞往埃及首都开罗，讨论美国是否要资助埃及修建阿斯旺水坝。抵达开罗后，他在谈判过程中无法集中注意力。随后，杜勒斯直接飞回了美国首都华盛顿。到达华盛顿时，他得知埃及刚刚购入了大量苏联军备。在没有经过慎重考虑的情况下，杜勒斯撤销了自己与埃及总统达成的修建水坝协议。结果，阿斯旺水坝由苏联协助建造，使苏联冷战期间在非洲拥有了第一个立足点。杜勒斯说，他没能保住埃及这个盟友，没能与埃及达成持久协议，是因为"旅途劳顿"。毕竟，"时差"这个词在 1956 年还没有发明出来。鉴于这个关于"时差"的著名例子，华盛顿杜勒斯国际机场以杜勒斯的名字命名可谓再恰当不过了。

1969 年至 1977 年间，亨利·基辛格（Henry Kissinger）担任时

任美国总统理查德·尼克松（Richard Nixon）麾下的美国总统国家安全事务助理兼国务卿。基辛格频繁来往于世界各地，但与杜勒斯不同的是，他很清楚时差带来的危险。在回忆与北越谈判时，基辛格表示："我一走下横跨大西洋的飞机就直接进入谈判时，差点对北越的无礼行径大发雷霆。我扮演了他们安排给我的角色，差点掉进了他们设下的陷阱。从那时起，我就从不在结束长途飞行后立刻开始谈判。"1992年，安排时任总统乔治·布什（George Bush）亚洲之行的人似乎忽视了时差的影响，或者说根本没有意识到。在结束对4个亚洲国家为期12天、行程26 000英里[1]的国事访问后，老布什总统抵达日本。在为他举行的欢迎宴会上，他突然一阵反胃，吐在了自己和宴会主人日本首相身上。这一幕被摄像机拍了下来，播放给了全世界的观众。据说，这起令人难忘的事件给老布什的竞争对手比尔·克林顿（Bill Clinton）助了一臂之力，帮助后者在当年晚些时候赢得了总统大选。显然，忽视昼夜节律会带来危险。

对政坛和商界的众多决策者来说，"时差"这个词都不陌生。它是典型的睡眠及昼夜节律紊乱（SCRD）。睡眠紊乱与昼夜节律紊乱带来的影响通常很难区分，因为两者密不可分。这促使我的团队提出"睡眠及昼夜节律紊乱"这个术语，用来记录这些现象。在接下来的章节中，我将用"睡眠及昼夜节律紊乱"指代生理系统紊乱造成的整体影响。我们将了解到睡眠及昼夜节律紊乱会带来众多影响，在错误的时间犯困固然是个麻烦，但它只是冰山一角。短期或长期的睡眠及昼夜节律紊乱会引起严重的健康问题。

在深入探讨之前，我想简单提醒一句，昼夜节律会对我们的生

1　1英里约为1.6千米。——编者注

理机能和行为进行微调，以便机体适应 24 小时周期的不同需求。睡眠是这一过程的延伸，用于调整和完善生理机能，使机体在清醒状态下表现最佳。睡眠与昼夜节律是两个相互联系、彼此制衡的系统，是大部分身体机能正常运转的基础。跟它们对着干，结果必定是身心俱损。接下来，我想详细探讨睡眠及昼夜节律紊乱造成的后果，尤其是睡眠及昼夜节律紊乱如何与压力相互关联。

压力、皮质醇与肾上腺素

皮质醇由位于两侧肾脏上方的肾上腺（肾上腺皮质）分泌，通过控制人体分解碳水化合物、脂肪和蛋白质，在调节人体代谢方面发挥着关键作用（见第十二章）。此外，它还能抗炎、提升血压、提高警觉性。皮质醇通常被称为"压力激素"或"压力荷尔蒙"，但后两种说法容易引起误导，因为它不光在压力情境下分泌。昼夜节律系统会调节皮质醇分泌（见图 1），皮质醇水平会在我们醒来前上升，为早晨活动的增加做好准备；而在夜间睡眠期间，皮质醇水平则会降低。简而言之，皮质醇分泌节律有助于机体预测活动期和睡眠期的不同代谢需求。然而，如果我们感到焦虑不安，皮质醇分泌就会突破日常模式。短期压力下，例如被河马追赶（每年约有 3 000 人死于河马攻击）或受到歹徒威胁，皮质醇水平会脱离昼夜节律的控制飙升，使得身体能够及时做出"战斗或逃跑反应"。长期压力（也称为"有害压力"）的定义是"导致健康或表现欠佳的身体、认知或情绪刺激"。长期压力的问题在于，应激反应长期处于"开启"状态，而维持这种状态十分困难。压力有点儿像把汽车变速器挂一挡——它能给你立竿见影的加速度，但如果长时间挂在一挡，发动机就容易受损。教过家庭成员开车的人应该都对此不陌生。插句题外话，教家庭成员开车也是件让人倍感压力的事情。接下来，我们将详细探讨与应激反应有关的各种激素。

皮质醇与睡眠及昼夜节律紊乱

夜班工作、时差或长期疲乏导致的睡眠及昼夜节律紊乱是一种于身心健康极其有害的压力源。长期睡眠及昼夜节律紊乱会导致皮质醇水平居高不下，进而可能引起以下问题。

血糖失衡与糖尿病

皮质醇水平长期居高不下会引起高血糖。这是因为皮质醇是胰岛素（胰腺分泌）的拮抗剂，皮质醇长期异常分泌会导致胰岛素抵抗。通常来说，胰岛素的作用是减少血液中的葡萄糖（见第十二章及图9）。因此，皮质醇水平偏高导致胰岛素抵抗后，肝脏和其他器官中的葡萄糖就会偏多（糖异生），导致高血糖。在紧急情况下，皮质醇的这种作用非常有用，因为这能为肌肉提供"战斗或逃跑反应"所需的"燃料"。但葡萄糖如果没有作为"燃料"为身体活动提供能量，就会在肝脏和脂肪组织转化为脂肪储存起来。随着血液中葡萄糖浓度升高，胰腺会分泌更多胰岛素来"清除"葡萄糖，而这又会促进皮质醇分泌。最终胰腺会无力应对，这可能导致严重的代谢异常，例如2型糖尿病和过度肥胖。

体重增加与过度肥胖

皮质醇水平居高不下会导致体重增加，内脏脂肪偏高就是常见的一种表现形式（见第十二章及图9）。这是因为皮质醇会刺激糖异生，促进肝脏转化生成更多葡萄糖，但如果葡萄糖没有被代谢掉，就会转化为脂肪，储存在脂肪细胞中（皮下脂肪和内脏脂肪）。皮质醇引起过度肥胖的第二种方式是，它会直接刺激食欲，导致机体更渴望高热量、高糖分的食物。皮质醇似乎还会影响两类胃肠道激素：瘦素和胃饥饿素。瘦素由脂肪细胞分泌，是一种"不饥饿的信号"（饱腹感）。胃饥饿素由胃部分泌，是"饥饿的信号"，让机体尤其渴求糖分（见第十二章及图9）。这两类激素共同调节饥饿感和食欲。睡眠及昼夜节律紊乱会引起皮质醇升高，进而导致瘦素水平下降，胃饥饿素水平上升，促使机体渴望摄取高脂、高糖食物。

免疫抑制

皮质醇长期居高不下会抑制免疫系统，增加感染、感冒甚至罹患癌症的风险（见第十章），患食物过敏、消化问题和自身免疫疾病的风险也会提升。这与一个事实紧密相关：健康的胃肠道取决于健康的免疫系统。

胃肠道问题

皮质醇会抑制胃肠道活动和消化能力，引起消化不良，肠道内壁受刺激发炎，进而出现溃疡。睡眠及昼夜节律紊乱者易患肠易激综合征和结肠炎。许多问题都源于肠道菌群变化，我将在第十三章中具体讨论。

心脑血管疾病

在调节血压上，皮质醇似乎也发挥着关键作用。它主要作用于肾脏和结肠等器官，后两者对血液中的钠进行重吸收，增加尿液和粪便中的钾含量，促进钾的排出。在这个过程中，水被肾脏重吸收，再次进入血液循环，血容量增加，从而导致血压升高。皮质醇还会使血管收缩，进一步升高血压。皮质醇的这一作用增加了血液向肌肉和大脑输送的氧气和营养物质，对"战斗或逃跑反应"非常有用。然而，长期血管收缩和高血压会损伤血管，形成血管斑块。所谓"斑块"，就是血管壁上沉积的脂肪、胆固醇等物质（见第十章），它们会导致血管变窄，造成血流量减少。这被称为"动脉粥样硬化"，或者简称"动脉硬化"。动脉粥样硬化是心脏病和脑卒中最常见的原因，也往往与睡眠及昼夜节律紊乱脱不了干系。

记忆与回忆

正常情况下，皮质醇能促进记忆的形成，但皮质醇水平居高不下也会阻碍记忆的形成与检索。许多人在考试或面试过程中都有过大脑一片空白的经历。此外，因睡眠及昼夜节律紊乱而皮质醇水平过高的中年人甚至易在晚年罹患痴呆症。

睡眠及昼夜节律紊乱使机体更容易出现与皮质醇有关的健康问题，但个体之间存在巨大差异，其中一些差异可能与年龄有关。例如，皮质醇水平会随年龄增长而上升，老年女性的皮质醇水平高于老年男性。社会环境压力的增加和认知水平的下降都与老年人皮质醇水平偏高有关。事实上，年龄增长导致的皮质醇水平偏高甚至可能进一步导致海马体（见图2）等与储存记忆有关的脑部结构萎缩。皮质醇水平升高会带来很多健康问题，而它会随年龄增长如期而至，因此许多人上了年纪以后会觉得上夜班更艰难——他们感觉压力更大，身心健康也更容易受影响。

肾上腺素与睡眠及昼夜节律紊乱

皮质醇不是唯一一种与"有害压力"有关的激素。睡眠及昼夜节律紊乱还会使自主神经系统（负责控制无意识的身体机能，例如呼吸、心跳、消化等）的交感神经处于兴奋状态，后者会向肾上腺髓质发出信号，刺激肾上腺素分泌。与皮质醇一样，肾上腺素分泌受昼夜节律系统调节。肾上腺素水平在白天较高，以便机体满足不同的活动需求。临近入睡时，肾上腺素水平逐渐下降，以便身体为入睡做好准备。睡眠及昼夜节律紊乱会打破这一规律，使肾上腺素水平居高不下。高水平的肾上腺素和皮质醇可共同促使机体做出"战斗或逃跑反应"。源于睡眠及昼夜节律紊乱的有害压力会导致肾上腺素持续分泌，强化皮质醇的作用，加剧皮质醇水平偏高引发的种种健康问题。此外，肾上腺素还会使肺部气管扩张，让更多氧气进入肺部，增加血液氧含量，从而维持肌肉活动。就像皮质醇一样，肾上腺素也会使血管收缩，导致血压升高。肾上腺素可增加机体对四肢和心肺的血液供应，让肌肉更有力量、机体表现更佳，还能缓解疼痛，使机体在受伤后也能逃跑或继续战斗。此外，肾上腺素还有提高洞察力和警觉性的作用。

上述种种睡眠及昼夜节律紊乱患者的应激反应都可以在实验室里模拟出来。例如，一项研究要求数名年轻的健康男性连续 6 个晚上每晚仅睡 4 个小时。6 天后，这些受试者的皮质醇水平明显升高，下午和傍晚时分尤其显著。而通常来说，这段时间的皮质醇水平应该下降（见图 1）。如果能在皮质醇水平原本就偏高的老年人身上重复这一实验，看看缩短睡眠时间会不会造成更严重的影响，结果应该会更耐人寻味。我推测，老年人的皮质醇水平变化会比年轻人的更明显。

睡眠及昼夜节律持续紊乱会导致皮质醇和肾上腺素水平居高不下，这会进一步加剧社会心理压力，具体表现为个体觉得无法挑起生活的重担。社会心理压力又会作为另一种压力源，促进皮质醇和肾上腺素进一步分泌（这是另一套反馈回路）。这可能直接导致个体的行为发生变化，包括感到沮丧和自卑，以及忧虑、焦虑和抑郁情绪加剧。表1总结了在下丘脑—垂体—肾上腺轴（人体压力应对系统）处于持续激活状态下，睡眠及昼夜节律紊乱会对我们的情绪、认知和生理健康造成哪些影响。

表1　睡眠及昼夜节律紊乱对人类生理机能的影响

对情绪的短期影响	对认知的短期影响	对生理和健康的长期影响
情绪波动	认知能力下降	白天嗜睡
易怒	多任务并行处理能力下降	微睡眠增加
焦虑	记忆巩固能力下降	易患心脑血管疾病
丧失同情心	注意力下降	易出现应激障碍
沮丧	专注力下降	感觉阈值过高或过低
冒进、冲动	沟通能力下降	免疫力下降，易感染
负面情绪突出	决策能力下降	易患癌症
服食兴奋剂（咖啡）	创造力和生产力下降	代谢异常
服食镇静剂（酒精）	运动能力下降	易患2型糖尿病
服食违禁药品	社会归属感下降	易患抑郁症和精神障碍

表1展示了睡眠及昼夜节律紊乱对情绪和认知的短期影响，以及对生理和健康的长期影响。这些影响通常源于下丘脑—垂体—肾上腺轴被激活，以及皮质醇和肾上腺素分泌增加。请注意，短期睡眠不足（几天）也会对情绪表现和大脑功能产生重大影响。研究表明，一些夜班工作者经历的长期睡眠不足（几个月乃至几年）

会增加其罹患某些重大疾病的风险，包括癌症和心脑血管疾病。长期以来，夜班工作者一直关注这种相关性，他们深受睡眠及昼夜节律严重紊乱的折磨。

陷入睡眠及昼夜节律紊乱的泥潭

睡眠及昼夜节律紊乱是全社会面临的普遍问题。从青少年到商人和公务员，再到夜班工作者和老年人，都未免受其影响。睡眠是否充足是衡量睡眠及昼夜节律是否紊乱的一个重要指标。通常来说，成年人睡眠不足的定义是"每晚睡眠时间少于 7 小时"。不过，每个人需要的睡眠时长存在相当大的差异。诚实地评估自己的睡眠需求是判定自己是否陷入睡眠及昼夜节律紊乱的最佳方法。我之所以强调评估要"诚实"，是因为疲乏的大脑善于欺骗自己，认为自己并不疲乏，完全能发挥作用。很多人都不善于做自我判断，容易大大高估自己的能力。这种普遍存在的现象被称为"邓宁－克鲁格效应"。正如莎士比亚所说："愚人总是自以为聪明，智者则有自知之明。"睡眠及昼夜节律紊乱出现得越多，人就会越不聪明。

在附录一中，我提供了一些建议，告诉你如何监测自己的睡眠。此外，如果你出现了以下状况，那你可能正在渐渐陷入睡眠及昼夜节律紊乱。

- 靠闹钟或别人叫你起床
- 休息日容易睡过头（很晚才起床）
- 在假日睡得更久
- 要花很长时间才能醒来和提高警觉性
- 白天感到困倦又烦躁

· 需要睡个午觉才能正常工作或学习

· 无法集中注意力，容易冲动、冒进

· 渴求含咖啡因和高糖分的饮料

· 收到来自家人、朋友或同事的建议，说你的行为发生了变化，尤其是：

——更加暴躁

——缺乏同理心

——缺少反思

——更加冲动且不受约束

· 容易担忧、焦虑、抑郁，情绪容易波动。

　　如果你出现了上述若干症状，那你可能陷入了睡眠及昼夜节律紊乱。在第六章中，我会提出一些普遍适用的策略，帮你解决这个问题。

　　此时此刻，我认为有必要详细讨论两个群体——夜班工作者和反复穿越多个时区并经历时差的人。这两类人特别容易受到睡眠及昼夜节律紊乱的影响。

上夜班带来的问题

　　"可能是周三，可能是周五，也可能是昨天——我真的搞不清了。"一位警官在连上一周夜班后这么对我说。长期上夜班会导致严重的睡眠及昼夜节律紊乱，因为当事人必须跟自己的昼夜节律生理机制对着干，睡眠时间缩短和睡眠中断则使情况更加糟糕（见第二章）。问题在于，夜班工作者在本该睡觉的时候工作，而在生理机制为醒来做准备时试图入睡。哪怕连续上了多年夜班，几乎所有（97%）夜班工作者的睡眠周期仍然与外界同步。这与光照有直接关系。正如第三章讨论过的，对于将生物钟校准到符合地球 24 小时自转周期，黎明和黄昏前后的光照至关重要。办公室或工厂里的人工照明比自然光照暗得多（见图 3）。黎明后不久，户外的自然光照强度为 2 000—3 000 勒克斯，而家里或工作场所的光照强度仅为 100—400 勒克斯。中午时分，户外自然光甚至可以高达 10 万勒克斯。夜班工作者在下班后，通常会在清晨暴露在明亮的自然光下，昼夜节律系统会锁定这个较亮的光信号，判定当前为白天（事实也确实如此），从而使昼夜节律与白昼状态保持一致。在一项研究中，夜班工作者在工作场所接受 2 000 勒克斯的光照，然后在白天完全屏蔽自然光。在这种情况下，他们变得适合在夜间活动。不过，这个解决方案对大多数夜班工作者来说并不现实。英国萨里大学的约瑟芬·阿伦特（Josephine Arendt）是这一领域的先驱，她的一项研究考察了北海某个石油钻井平台上的夜班工作者。那些人从晚上 6 点到早上 6 点通宵工作，生物钟都发生了转变。这是因为钻井平台夜间有极其明亮的人工照明，睡觉的地方则没有自然光。上述案例强调了光对调节生物钟的重要意义，以及为什么我们的生物钟无法适应夜间工作的要求。长期以来，许多雇主和管理人员都默认"工人的生物钟会自然而然适应上夜班"。英国工业联合会的一位前主席就坚信这一观点。他是个好人，本意也是好的，但在这个问题上错得离谱。我礼貌地向他指出了这一点。

表 1 总结的与睡眠及昼夜节律紊乱有关的健康问题，在夜班工作者身上十分常见。一项最新研究表明，感染新冠肺炎的夜班工作者比普通人更有可能病重入院。护士是被研究得最多的群体，多年的轮班工作会引起众多健康问题，包括 2 型糖尿病、胃肠道疾病，甚至乳腺癌和结肠直肠癌。罹患癌症的风险也和轮班工作年限、轮班频率和每

周夜间工作的小时数成正比。皮质醇水平居高不下会削弱免疫系统，进而导致患癌风险增加。如今，学界认为夜班工作与癌症密切相关，以至于世界卫生组织将轮班工作正式列为"2A 类致癌物"。对轮班工人的其他研究表明，他们罹患心脏病、脑卒中、肥胖症和抑郁症的风险也会增加（见表 1）。在法国南部对 3 000 多人进行的一项研究发现，从事某类夜班工作长达 10 年或更久的人，整体认知和记忆水平远低于从未上过夜班的人。更令人痛心的是，正如本章前面提过的，睡眠及昼夜节律紊乱还会造成糖调节与代谢受损，增加饥饿感，提升罹患 2 型糖尿病及肥胖症的风险。夜班工作者的皮质醇水平会升高，而研究证明，皮质醇会抑制胰岛素发挥作用并使血糖升高。从另一个层面来说，睡眠及昼夜节律紊乱也与吸烟有着惊人的联系。抛开社会背景、地理区域等影响因素不谈，随着睡眠及昼夜节律紊乱加剧，烟草、酒精和咖啡因的消耗量都有所增加。最后，当工作时间与自然睡眠时间不一致时，罹患抑郁症的风险也会增加。

对于航空公司的飞行员来说，睡眠及昼夜节律紊乱是个真正的问题。2010 年 5 月 22 日，印度航空快运公司从迪拜飞往门格洛尔的 812 号班机在降落时坠毁。飞机冲出跑道，滑下山坡，起火燃烧，该班机搭载 160 名乘客和 6 名机组人员，仅有 8 名乘客生还。根据印度民航部的报告，驾驶舱语音记录器记录了打鼾声，飞行员似乎长期处于疲乏状态，在飞机着陆的关键时刻睡着了（陷入微睡眠）。许多著名工业事故都与睡眠不足有关，包括切尔诺贝利核电站泄漏事故、"埃克森·瓦尔迪兹号"油轮漏油事故、"挑战者号"航天飞机爆炸事故和印度博帕尔农药厂毒气泄漏事故（见第九章）。不过，这类事故并非新鲜事。1892 年 11 月 2 日凌晨 4 点 2 分，在英国约克郡北区的瑟斯克火车站附近，一列特快列车撞上了一列货运列车，导致 10 人死亡，39 人受伤。引发这场灾难的是信号员詹姆斯·霍姆斯（James Holmes）。车祸发生的前一天，他的宝贝女儿罗斯（Rose）染病身亡。换班之前，霍姆斯已经连续 36 小时没有合过眼，他一直忙着照顾孩子和求医问药，还得安慰悲恸欲绝的妻子。当天下午，詹姆斯在值夜班前向站长报告，称自己当晚无法胜任工作，但站长毫不同情他的遭遇。詹姆斯被迫上班，不然就会丢掉工作。凌晨时分，一列货运列车在詹姆斯所在的信号房门外停下。而这段时间前后，詹姆斯恰好睡着了。醒来后，他忘记了货运列车停在轨道上，而且当时户外大雾弥漫，他也根本看不见列车。随后，他安排一列客运快车进入同一轨道，这趟列车以 60 英里的时速撞上了货运列车后部车厢。詹姆斯被控过失杀人，随后被判有罪，但获无条件释放。不过，铁路公司遭到了严厉批评，因为詹姆斯明确表示自己存在睡眠不足的问题，上级却没有重视。这一判决展现了司法对普通雇员的人性关怀，而这在维多利亚时代并不常见。

时差造成的影响

坐飞机穿越过若干时区的人大多体会过时差造成的影响：疲乏困倦，在新时区无法入睡，认知能力和记忆力衰退，出现躯体疼痛、消化问题和定向障碍[1]，可能还会像可怜的老布什总统那样吐到尊敬的主人身上。几家航空公司在给旅客的建议中警告说，时差可能会造成极其严重的影响，导致决策能力下降 50%，沟通能力下降 30%，记忆力下降 20%，注意力下降 75%。令人不安的是，夜班工作者普遍存在的认知问题，在长途航班飞行员和空乘人员身上也有所体现。一项研究

1　定向障碍（disorientation），指对周围环境（时间、地点、人物）和自身状况（姓名、年龄、职业等）判断或认识错误的病理现象。——译者注

发现，经常跨时区飞行、长期存在睡眠及昼夜节律紊乱的空乘人员，其皮质醇水平居高不下，这会导致认知缺陷，包括反应变慢。另一项研究调查了各大国际航空公司工龄 5 年的空姐。她们经常穿越多个时区，轮班相当频繁，两次航班之间几乎没有休息时间。研究人员还比较研究了工作节奏不那么紧张、睡眠及昼夜节律紊乱程度较低的空姐，通过脑扫描测量二者颞叶的大小（见图 2），这一脑部区域对于语言和记忆至关重要。测量结果显示，频繁"倒时差"且恢复时间短的空姐颞叶明显较小，唾液中的皮质醇浓度也较高。有趣的是，唾液中皮质醇浓度越高，颞叶就越小。此外，她们还有认知能力受损和反应变慢等问题。我想，航空公司不太可能在招聘海报上这么写："诚招空乘人员——看遍大千世界，缩小你的颞叶。"

跨越时区的速度越快，大多数人受到的影响就越大。顺便说一句，有证据表明，在大型远洋客轮的时代，跨越大西洋的乘客会受到"乘船时差"的影响。1905 年至 1955 年间，横跨大西洋需要 4—5 天，而如今乘坐喷气式飞机只需要 6—7 小时。我们的昼夜节律系统无法迅速适应如此快速的变化。一般来说，每跨越一个时区，就需要一天时间来调整。因此，如果你跨越了 5 个时区，就需要大约 5 天来适应。不过，人与人之间存在明显差异，朝东飞还是朝西飞也大为不同。正如下文提到的，我们大多数人都属于夜晚型，朝西飞会更容易适应。

褪黑素对"倒时差"有帮助吗？

褪黑素已被广泛视为治疗时差的良方。大多数（不是全部）研究显示，跨越 5 个或更多时区的人，如果抵达目的地后在接近当地睡觉时间服用褪黑素，则能减少时差症状。不过，褪黑素的总体效果并不显著。值得指出的一点是，无论是对褪黑素的敏感度，还是时差造成的影响，人与人之间都存在明显差异。关键在于，褪黑素或许有助于某些人"倒时差"，但对另一些人毫无作用。此外，褪黑素可能导致某些敏感的人犯困，因此服用褪黑素的一般建议是，服用后4—5小时内不要开车，不要操作重型或危险器械。长途飞行的飞行员和空乘人员（以及其他反复跨越多时区的人）也不宜服用褪黑素，因为这类人员很难定时服药。如果你在错误的时间服用褪黑素，而且对褪黑素比较敏感，那褪黑素可能会削弱光同步，进一步扰乱生物钟。此外，有精神疾病或偏头痛家族史的人也不宜服用褪黑素。关于褪黑素作用的最终讨论，请见本书第十四章。

光照（或避光）能治好时差吗？

我会靠服用褪黑素来"倒时差"吗？就我个人而言，答案是否定的。我会选择接受光照。多次从英国向东飞往澳大利亚后，我收获的经验是：褪黑素会让情况变得更糟糕，接受自然光照则很有帮助。我没法做出任何保证，不过将时差影响降到最小的有效方法确实是利用光照"调节"生物钟。最基本的原则是，如果你从英国向西飞，就请在新时区接受光照；如果你从英国向东飞超过6—8个时区，就请避免暴露在新时区的晨光下，而是下午再接受光照。正如第三章中提过的，一天中不同时段的光对生物钟的影响不同。日落（黄昏）前后的光会推迟生物钟，使我们晚上晚点睡觉，第二天晚点起床。日出前后（黎明）的光则会让生物钟提前，使我们晚上早点睡觉，第二天早点起床。由于不同时段的光可以提前或推迟生物钟，因此在跨越几个时区时，必须借助新时区的光照将生物钟拨向正确的方向。你如果向西飞，例如从英国飞往美国纽约（比英国晚5个小时），那么在抵达新时区后需要尽量接受光照。光会在生物钟"认为"的英国黄昏时间照射到你。"黄昏"的光会推迟你的生物钟，使它与纽约当地时间保持一致。因此，当你的飞机在纽约落地后，请到户外去散个步吧！你如果向东飞，例如从英国飞往澳大利亚悉尼（比英国早11个小时左右），则需要把生物钟拨快，这就比较麻烦了。为了迅速适应，头几天你需要避开晨光，而在下午晚些时候接受光照。这是因为悉尼的清晨相当于英国的黄昏，这时的光照会把你的生物钟拨慢，使其越发偏离新时区。但悉尼的傍晚时分相当于英国的清晨（黎明），这时的光会把你的生物钟拨快，使其与新时区保持一致。为了避开不适宜的光照，最简便的方法是戴上墨镜。

总而言之，为了减轻时差的影响，请计算出新时区的哪个时间段相当于出发地时区的黎明（把生物钟拨快的光）和黄昏（把生物钟拨慢的光），然后在新时区接受光照或避光，以便在抵达后的头几天校准自己的生物钟。你还可以上网搜索"如何利用光照倒时差"，有不少应用程序能为你提供额外帮助。不过，应用程序有好有坏，最好在购买前查看用户评价。配合适时、适度的光照，每天在相同的"当地"时间进食，似乎也有助于将外周生物钟调到与新时区一致。这对于肝脏和胰腺内的外周生物钟调节人体代谢尤为重要（见第十二章及第十三章）。在不同时段锻炼也能帮你调节生物钟，本书第十三章将具体讨论。

英国夏令时间、夏令时、昼夜节律与"社会时差"

黎明与黄昏的自然周期对校准人体内的昼夜节律至关重要。地球从西向东转，这就是所谓的"顺行"运动。你如果从北极俯瞰地球，就会看到地球按逆时针旋转，这就是为什么太阳看起来是东升西落。除了以太阳为参照点的昼夜交替周期，人类社会还发明了"社会时间"，将地球自转划分为分钟和小时。铁路系统迅速发展，标准化时间表需要基于机械钟而不是当地时间，这是推行标准化时间的一大重要原因。当地正午时间指太阳处于地平线上最高点时。但在同一时区内，你住得越靠西，当地的正午就越晚。整个地球划分有若干条经线，太阳从一条经线移动到下一条需要 4 分钟，0° 经线穿过位于英国伦敦东南部的格林尼治天文台原址。这些都是在 1884 年举行的国际子午线会议上大致达成的共识。会上的讨论相当激烈，法国代表团在最后的投票中弃权，称这一殊荣应该由法国巴黎获得，而不是英国的格林尼治。此后 10 年里，大多数欧洲国家都将当地时间调到与格林尼治时间一致，而法国人在 1911 年之前一直死守巴黎时间。

太阳每个小时会跨越 15 条经线，这通常被定义为一个时区。然而，国家和地区的边界很少与时区完全吻合，因此时区会被人为修改。重要的一点是，我们的生物钟仍然跟着太阳走。若干项研究表明，在同一时区内，居住在东部边缘的人昼夜节律周期（例如睡眠／觉醒周期）最早；居住地越往西，昼夜节律周期就越晚。因此，波兰（东部）人平均比西班牙（西部）人起床早——当然，这是相对于他们设置的闹钟时间而言。

夏令时（DST）是指在春天温暖的月份把钟表拨快一小时（跳过或"失去"一小时）的做法。这么一来，早上 6 点就变成了早上 7 点，晚上 6 点则变成了晚上 7 点（失去一小时）。这就是所谓的"春进"（Spring Forward）。在春季做出这一调整后，闹钟会在早上 7 点叫你起床，而此时你的生物钟"认为"才早上 6 点。在英国，钟表比世界时（GMT）提前一小时的那段时期，被称为"英国夏令时间"（BST）。到了秋天，夏令时结束，钟表被拨慢一小时（"白捡"一小时）。这么一来，早上 7 点就变成了早上 6 点，晚上 7 点则变成了晚上 6 点，与标准时间一致。这就是所谓的"秋退"（Fall Back）。最初这么做的逻辑是，人们在春夏之交"天色较亮"的晚上可以少开电灯，节约能源。第一次世界大战期间，德国在 1916 年带头实行夏令时，以便缓解战时煤炭短缺。英国、法国、比利时和其他国家也有样学样。最近的一些研究表明，在如今的经济环境中，推行夏令时其实并不能节省能源。春天推行夏令时确实能让日照"多出"一小时，以便人们在学习工作之余进行娱乐和园艺活动，但这是要付出代价的。人们的昼夜节律系统仍然按太阳周期运作（就像夜班工作者一样），并没有适应新的"社会时钟"，这就造成了"社会时差"。这个术语最初由路德维希 – 马克西米利安 – 慕尼黑大学的蒂尔·伦内伯格（Till Roenneberg）提出。所谓的"社会时差"是指昼夜节律系统希望我们醒来的时间与我们因工作、学校或夏令时等社会需求而被迫起床的时间不匹配。最初，人们认为这无关紧要。然而，在拨快或拨慢钟表后的头几天，夏令时可能引起易怒、睡眠减少、白天疲乏、精神疾病，甚至导致免疫功能下降与睡眠质量变差。更糟糕的是，在拨快或拨慢钟表后的头几周，心脏病发作、脑卒中发作、职场事故和工伤的数量会增加。最近的一项研究表明，在春季拨快钟表后的一周内，致命车祸的数量增加了 6%。尽管我没有找到任何详尽、系统的研究，但照料老年人的护理人员和护理机构的报告显示，夏令时的施行与相关的白昼时长的变化，以及用餐和睡眠安排的变化，都会促使老年人情绪、行为和认知问题恶化。在痴呆症和阿尔茨海默病患者身上，这些问题表现得尤为严重。出现昼夜节律紊乱后，他们的"日落综合征"会加重。为了明确起见，痴呆症和阿尔茨海默病患者的日落综合征是指在夜晚或傍晚出现的混乱、焦虑和亢奋状态，并可能伴随漫无目的的四处游荡。

　　基于新得出的数据，研究人员达成的共识是，我们不该跟自己的昼夜节律和遵循太阳周期的生物钟对着干。与其制造社会时差，不如放弃夏令时，回归标准时间，让太阳日与社会日完全吻合。我知道很多人会反对，尤其是苏格兰的高尔夫球手。他们给我寄来信件以表愤怒，说他们想在一天中的晚些时候，趁着天色还亮打高尔夫球。我可能得罪了圣安德鲁斯皇家高尔夫球俱乐部的成员，但我要说，我对此毫不同情。

　　那么，在夏令时取消之前，我们能做些什么？目前，我们在春天会失去一个小时，闹钟会在早上7点叫你起床，但你的生物钟"认为"才早上6点。而在秋天，我们会"白捡"一小时，因为早上7点会变成早上6点，你可以在床上多赖一个小时。春天失去一小时与车祸发生率增加存在联系，因此早晨上班路上要特别当心。在推行夏令时的第一周，你可以在早上多喝一杯咖啡，以便保持警觉。此外，在推行夏令时之前的几天里，你可以试着每天把自己的睡觉时间调早（春天）或调晚（秋天）10—15分钟。这有助于你的身体逐渐适应新的时间表，减少昼夜节律系统即将受到的冲击。在春天清晨接受光照也能让你的生物钟提前（见第三章），也就是将昼夜节律系统提前，帮助你早起。正如第六章会讨论的，保持"良好的睡眠习惯"非常重要。你会在那一章中找到更多有助于应对夏令时的小窍门。

问答

1. 为什么随着年龄增长，人会更难适应夜班工作？

多项研究表明，一般来说，与中年人和老年人相比，年轻人能更好地适应夜班工作。原因尚不明确，但可能与皮质醇有关。老年人的皮质醇水平较高，因此可能更容易受睡眠及昼夜节律紊乱的影响，具体表现为压力增加、认知能力变差，与记忆有关的脑部结构甚至还会出现萎缩。此外，年轻人往往睡眠时型较晚（夜猫子型），因此比睡眠时型较早（早鸟型）的老年人更能适应上夜班。

2. 有没有一种膳食保健品能帮助我们适应夜班工作？

夜班工作者常常被推荐服用复合维生素、维生素 D、维生素 B_{12}、褪黑素、镁和色氨酸（5- 羟色胺和褪黑素的前体），但没有可靠的证据表明这些保健品真的管用。目前学界的共识是，最管用的方法也许是关注整体健康饮食，而不是摄入个别保健品。不过，补充维生素 D 确实相当重要。夜班工作者和普通室内工人一直被视为最可能缺乏维生素 D 的群体，因为维生素 D 大部分（约 90%）靠皮肤接受阳光照射（紫外线）合成。缺乏维生素 D 通常会引起骨骼健康问题，此外也会引起其他疾病，包括免疫问题、代谢异常、某些癌症，甚至精神疾病。因此，补充适量的维生素 D 能起到预防疾病的作用，尤其是在妊娠期间。与所有营养保健品一样，你在服用时应该谨遵医嘱。切记不要超量服用，因为摄入维生素 D 过多可能导致中毒，引起恶心、呕吐乃至肾脏问题，包括长钙结石。色氨酸是另一种常被讨论的夜班工作者膳食保健品。色氨酸是一种氨基酸，可参与多种蛋白质的合成，是神经递质5-羟色胺、松果体激素褪黑素和烟酸等的前体。目前学界的看法并不一致，但有些证据表明，服用色氨酸保健品或吃富含色氨酸的食物，能使睡眠状况得到小幅度改善，缩短入睡时间并增加总睡眠时间。具体原因尚不清楚，可能是因为色氨酸能提升大脑中的5-羟色胺水平，从而减少焦虑，也可能是因为色氨酸能提升褪黑素水平。确切答案目前尚无定论，还需要进行进一步研究。

3. 我为什么会打哈欠？

我很怕有人在我演讲结束后提出这个问题，因为焦虑会导致我将它解读为变相的批评！还记得在职业生涯初期第一次给本科生讲课的时候，我望着台下众多学生的脸庞，发现有个人突然打了个大大的哈欠！这让我的心情跌到了谷底。不过，人们打哈欠的原因多种多样。在犯困、无聊、焦虑、饥饿时，在即将开始全新或艰难的活动时，我们都会打哈欠。打哈欠的真正作用一直是个谜。就在几十年前，打哈欠还被解释为"通过吸入大量空气增加血液中的氧气含量，以缓解缺氧"。但如今，这种"氧合[1]假说"已被学界摒弃。许多人赞成的观点是，打哈欠能"冷却大脑"，提高大脑的兴奋度和警觉性。打哈欠会增加脑部供血，从而冷却大脑并消除困倦感，提高警觉性，尤其是在我们昏昏欲睡的时候。但到目前为止，打哈欠的生理作用还没有得到证实，也许它并没有什么意义——但出于直觉，我认为这种可能性不大。可以肯定的是，打哈欠会传染。只要有一个人打哈欠，一群人都会打起哈欠来。不光我们人类是这样，黑猩猩、狼、家犬、绵羊、

---

1 从吸入的空气中摄取氧气并将其用于维持整个身体细胞有氧代谢的过程。——编者注

猪、大象和狮子也一样。目前的观点是，打哈欠能提高警觉性，打哈欠会传染是为了提高群居动物的群体警惕性，加强集体意识，以便发现威胁或协调社会行动。

4. 书上说"生活在某个时区的西部边缘会引起健康问题"，这是真的吗？

这听起来很疯狂，但千真万确。"社会时差"是指，昼夜节律系统希望我们醒来的时间，与我们因工作或学校等社会需求而被迫起床的时间不匹配。某个时区东部边缘的日出时间早于同一时区西部边缘的日出时间。因此，与生活在西部的人相比，生活在东部的人昼夜节律系统在黎明时更早得到校准。东部人可以比西部人更好地适应所在时区，而西部人更容易出现社会时差。与生活在相邻时区东部边缘的人相比，生活在当前时区西部边缘的人也更容易出现社会时差。值得注意的是，生活在时区西部边缘的人昼夜节律紊乱更严重，罹患肥胖症、糖尿病、心脑血管疾病、抑郁症和乳腺癌的风险也更高。

第五章

生理混沌：睡眠及昼夜节律紊乱的形成

> 我们没有更病弱、更疯癫，
>
> 要归功于一切自然恩典中最受福佑的睡眠。
>
> ——阿道司·赫胥黎（Aldous Huxley），
>
> 英格兰作家

"先天"与"后天"之争试图解决一个问题：人类的特质在多大程度上源于后天（母亲子宫内和个人生活中的环境因素）或先天（个人生理因素，尤其是基因）。这种辩论可能变得两极分化，容易引起误导。20 世纪 80 年代，某些领域开始流行"基因决定论"（也称为"生物决定论"），当时人们还信奉这样一种观点：人类行为直接由基因控制，不受环境影响。这导致一切都变得极端两极化——政治右翼分子拥护基因决定论，左翼分子则对此嗤之以鼻。随后，争论点逐渐发生转移，从与"基因如何塑造我们"有关的生物学问题，变成了"从政治或道德层面上看，能否承认基因会影响我们的行为"。我一直很纳闷，聪明善良的人们怎么会以如此两极化的方式让这场辩论变得面目全非。当然，在现实中，基因和环境在我们的一生中持续发生相互作用。通过研究精神分裂症，科学家已经证明确实存在这种相互作用。普通人一生中罹患精神分裂症的概率约为 1%。如果基因

100% 相同的同卵双胞胎中有一人罹患精神分裂症，另一人患病的概率则是 50%。对于一起长大的异卵双胞胎而言，如果二者遗传基因有50% 相同，且其中一人罹患精神分裂症，那么另一人患病的概率则约为 12%。所以很显然，精神分裂症存在遗传因素，但环境也起着重要作用。这些环境因素可能是多种多样的，其中许多难以界定，但对于精神分裂症来说，研究已经发现了一些影响因素，包括母亲营养不良或压力过大、患者在童年或青少年期遭受虐待或头部受伤、滥用药物或社会环境艰苦。

如今，大多数科学家认为，遗传和环境都决定了我们的成长发育。这主要是因为学界对"表观遗传"机制有了进一步的了解。表观遗传学的"表观"意思是"高于"经典遗传学或在其"之上"，适用于各种遗传修饰方式调控基因表达。这些修饰方式并不改变 DNA 序列（遗传密码）本身，而是改变细胞"读取"自身基因的方式。环境可以稍稍改变 DNA 的折叠方式，或者改变环绕 DNA 的蛋白质（组蛋白），结果是增加或减少某个特定基因的激活，进而增加或减少它所编码的蛋白质的合成。最近的研究表明，表观遗传修饰是可遗传的。这就意味着，父母身上调控特定基因"开启"或"关闭"的表观遗传修饰可能会被子孙后代继承下去。因此，我们每个人都可能因父母或祖父母所处的生活环境而更容易罹患某种疾病，哪怕我们自己从来没有接触过那种环境。值得注意的是，新的研究证据显示，睡眠及昼夜节律紊乱可能引起表观遗传修饰调控基因表达，提高罹患代谢疾病、肥胖症、心脏病、脑卒中和高血压的风险，甚至可能影响我们的认知能力。具体细节还有待确认，但睡眠及昼夜节律紊乱造成的影响显然是巨大的。

我想强调的是，睡眠是一种极其复杂的行为，就像其他所有行为一样，也受到遗传和环境之间复杂相互作用的深刻影响。很多人可能已经注意到了，自己家里几代人都存在类似的睡眠模式。事实上，如今有充分的研究表明，家族因素会影响睡眠时型。不过，基因的相对作用、表观遗传修饰与环境对生理机能的直接影响，这三者之间存在巨大差异。未来若干年内我们面临的挑战就是如何弄清其中的生理机制。不过，在弄清具体机制之前，我们必须了解自己在研究什么。简而言之，我们需要把各种不同的睡眠及昼夜节律紊乱模式进行分类。

有些描述睡眠及昼夜节律紊乱的名称和分类可能会叫人摸不着头脑，其主要原因是那些"标签"模糊不清，还背负着毫无用处的历史包袱。很多人都问过我，睡眠及昼夜节律紊乱到底包括哪些类型。因此，我在下面做了一个简短的概述。我想强调的是，虽然"自我诊断"通常很管用，能激励人们纠正行为，但它并不能取代正式的临床诊断。以下内容类似于你的医生或保健师用的分类法。你还可以参考本书的附录一，写下自己的睡眠日记，还可以让其他家庭成员也参与进来，比较几个人的相似之处或不同之处。

目前，官方列出了83种不同的睡眠及昼夜节律紊乱，可分为7大类。正如所有分类方案一样，它并不完美，而且经常要接受修订，因为我们总是知道得越来越多、了解得越来越深。重点在于，在大多数情况下，这种分类并不能说明导致紊乱的机制或问题。下列症状可能源于各种因素，而且这些因素有时有交叉，它们也许与大脑内部的变化、工作或休闲的要求、家庭需求、遗传或表观遗传的改变、年龄、精神疾病或躯体疾病的影响有关，也可能与机体对这一切做出的情绪反应和应激反应有关。下面总结了目前常见的7类睡眠及昼夜节律紊乱。

第一类：失眠

　　临床诊断的"失眠"通常指入睡困难，或者难以保持理想时长的睡眠。失眠还常常导致白天嗜睡（见图4）。阿道夫·希特勒就是个臭名昭著的失眠症患者，他会到凌晨时分才入睡。事实上，1944年6月6日同盟国军队在法国诺曼底登陆时，希特勒正在贝格霍夫呼呼大睡。没有元首的批准，他麾下的将军无法向诺曼底派遣增援部队，也没人敢叫醒他，所以他一直睡到了中午。人们普遍认为，这次耽搁挽救了许多人的性命，对同盟国军队的这次登陆意义重大。

　　失眠是最常见的一类睡眠问题，它的涵盖范围极广。需要强调的是，失眠的原因多种多样，包括压力、工作或休闲的要求、不良睡眠习惯、药物副作用、怀孕、年龄和精神疾病，以及超量摄入咖啡因、尼古丁和酒精。当然，每天24小时、每周7天"连轴转"的社会模式也是原因之一。在第六章中我们会讲到，许多情况下患者都可以采取措施解决失眠问题。还要注意的是，后文列出的若干类睡眠及昼夜节律紊乱都会引起失眠和白天嗜睡。我想强调的是，"失眠"是一个描述性术语，并不说明因果关系。接下来，让我们看一看围绕失眠的一系列问题。

嗜睡与疲乏

　　失眠会引起嗜睡和疲乏，区分这两者非常重要。失眠的后果之一是白天嗜睡，但重要的是确定它属于"嗜睡"，而不是"疲乏"。与嗜睡不同，疲乏描述的是疲倦或精力不足的感觉。嗜睡可以通过恢复性睡眠得到缓解。而极度疲乏时，你会毫无动力，提不起精神，疲惫感势不可当，无法通过睡眠加以缓解。疲乏可能是某种严重的潜在健康问题的症状。事实上，新冠肺炎和其他病毒感染的一个主要症状就是疲乏，这种疲乏无法通过睡眠加以缓解，哪怕患者通常会睡得更久。感染新冠肺炎几个月后，有些人仍然在与极端疲乏这种"长期新冠"[1]作斗争。疲乏可能是某种慢性疾病的重要症状，如果持续感到疲乏，请及时求医。

半夜醒来——双相与多相睡眠

与失眠有关的另一个重要问题是半夜多次醒来，具体见图4。正如第二章提过的，有个"开关"驱动着睡眠/觉醒周期，这个"开关"源于生物钟与睡眠压力的相互作用。这种说法大致正确，但具体机制要复杂得多，因为人类和其他动物的睡眠往往不是一整块的（但我们经常被这样告知）。睡眠可以分两次进行（双相睡眠），甚至可以分多次进行（多相睡眠），每次睡眠之间有短暂的觉醒期。目前尚不清楚这些睡眠模式是如何产生的，但它们引出了非常重要的一点，那就是我们都期望获得"一夜好眠"。中途不醒的一次睡眠（单相睡眠）通常被视为"正常"睡眠（见图4），但这可能并非"正常"状态。有人认为，由于当今社会每天24小时、每周7天"连轴转"，加上夜晚导致可用于睡眠的时间减少，睡眠才被压缩成了一天一次。在2020年和2021年的新冠疫情期间，由于需要进行自我隔离，很多人有机会睡得更久，结果出现了双相睡眠或多相睡眠。有趣的是，这往往被自我诊断为"睡眠变差"。事实上，这只是睡眠模式不同，并不是睡眠变差。同样重要的是，双相睡眠或多相睡眠对大多数动物来说都是正常现象，对工业革命前的人类来说可能也是如此。

---

1 根据世界卫生组织2021年10月公布的临床病例定义，长期新冠（Long COVID）通常发生在感染新冠发病后的3个月内，可以是急性感染康复后出现某些新症状，或者原先急性感染期某些症状持续存在，症状至少持续2个月。这些症状可以反复发生，并且无法由其他诊断来解释。——译者注

关于"双相或多相睡眠是人类睡眠原初状态"的说法，目前学界尚未达成共识。这种说法最开始脱胎于历史研究和关于双相睡眠的日记记载。罗杰·埃克奇（Roger Ekirch）对此进行了调查，并在著作《一日终焉》（*At Day's Close*）中做了详细介绍。埃克奇从医学文献、法庭记录和日记中收集了许多关于双相睡眠的记载。他发现，有证据表明，在工业化之前的欧洲地区，双相睡眠被认为是正常现象。全家人会在日落后先睡上几个小时，然后在半夜醒来几小时，随后进入第二次睡眠，一直睡到黎明起床。埃克奇发现了许多关于"第一次"和"第二次"睡眠的记载，他在书中引用了 15 世纪末的祈祷手册，手册中为两次睡眠之间的时段提供了特别的祷文。16 世纪法国的一本医生手册则向夫妇们建议，最佳受孕时间不是在结束漫长的一天劳作后，而是在"第一次睡眠之后"，那时他们会"更享受"并"做得更好"。

西班牙作家米格尔·塞万提斯（Miguel Cervantes）在 1615 年出版的小说《堂吉诃德》（*Don Quixote*）中写道："堂吉诃德顺应自然，对自己的第一次睡眠相当满意，并不苛求更多。至于桑丘，他从不想要第二次，因为他第一次就从晚上睡到了第二天一早。"然而，从 17 世纪末开始，双相睡眠的提法越来越少。到 20 世纪 20 年代，随着人工照明和现代工业的发展，双相睡眠彻底消失。上述历史文献记载引出了许多实验室研究。受试者处于"12 小时光照，12 小时黑暗"的人工照明环境下，有机会睡得更久，结果出现了多相和双相睡眠。这是一个很好的例子，说明历史研究和社会科学可以为现代科学研究提供信息。归根结底，在有机会睡得更久的时候，许多人都会恢复多相睡眠。

这就引出了一个重要观点：如果人类睡眠的自然状态是多相的，

那我们就需要重新思考"失眠"和夜间睡眠中断的定义。新研究表明，在半夜醒来后，我们很可能可以再次入睡，前提是没有刷社交媒体或做出其他令人提高警觉的行为。关键在于，半夜醒来并不一定意味着睡眠结束。如果你在半夜醒来，最重要的是不要激活应激反应（见第四章）。不要一直躺在床上，也不要因为无法入睡而越来越沮丧。有些人发现以下做法很管用：从床上爬起来，把灯光调暗，做些令人放松的活动，例如阅读、听音乐，等到犯困了再躺回床上（见第六章）。既然说到了这个问题……

自我强加的多相睡眠

自我强加的多相睡眠（或称为分段睡眠）热潮是另一个令人困惑的现象。这并不是个好主意。由于双相或多相睡眠可能是许多人的常态，加上快速眼动／非快速眼动周期整晚平均每70—90分钟出现一次（见第二章），所以有些人出现了一种想法：我们应该给自己强加多相睡眠模式。在具体实践中，这意味着睡眠时间被刻意分为多段，分布在一天24小时之中。主要睡眠时段放在夜间，较短的睡眠时段放在白天。最终结果是，在24小时昼夜周期中，睡眠总时间大大减少。人们提出了许多不同的多相睡眠计划，但都与世界上许多国家的白天小睡或午睡模式截然不同，后两者并不是为了减少总睡眠时间。"超人多相睡眠计划"便是其中之一，它建议人们在一天内平均分配6个20分钟的睡眠时段，从而实现24小时内只睡2小时。"人人多相睡眠计划"则建议人们晚上睡3小时，白天睡3个20分钟，实现在24小时内共睡4小时。倡导者声称，采用这种睡眠模式能让你提高记忆力，提振情绪，更好地回忆梦境，还能让你更长寿。毫不令人意外的是，这一说法并没有得到实证支持。事实上，自我强加的多相睡眠计划以及随之而来的睡眠不足会导致身心健康受损和白天表现变差。简而言之,尽管媒体报道甚嚣尘上,但科学界并不支持这种做法,美国国家睡眠基金会也不推荐这种睡眠计划。

第二类:昼夜节律性睡眠 / 觉醒障碍

这些是另一类影响重大的问题,可能引起失眠、白天嗜睡和表1列出的问题。这些障碍之所以会出现,是因为昼夜节律系统在调节睡眠这方面发挥着关键作用(见第二章),其诱因包括光照异常(这很容易矫正,请见第六章)、基因变异,以及一些与重度视障或神经发育障碍(NDD)有关的问题,这些问题目前难以解决或无法矫正(见第十四章)。图4展示了主要的昼夜节律性睡眠障碍,下面将加以讨论。

睡眠时相前移综合征

睡眠时相前移综合征(ASPD)患者的特点是晚上难以保持清醒,清晨难以保持沉睡。通常情况下,睡眠时相前移综合征患者上床和起床的时间比社会标准早3小时(含)以上。睡眠时相前移综合征与驱动分子级别生物钟的基因发生重大变化存在联系。有些人在老去的过程中也可能出现睡眠时相前移综合征。

睡眠时相延迟综合征

睡眠时相延迟综合征(DSPD)与睡眠时相前移综合征相反,特点是入睡和醒来时间比社会标准晚3小时(含)以上。由于需要工作,患者往往在工作日睡眠时间大为减少且白天嗜睡,然后在休息日睡懒觉补眠。睡眠时相前移综合征与睡眠时相延迟综合征可被视为早晨型（早鸟型）和夜晚型（夜猫子型）的极端情况（见附录一）。接受适时的光照能让上述症状得到明显改善（见第六章）。睡眠时相延迟综合征与驱动分子级别生物钟的基因发生重大变化存在联系。基因与环境的相互作用会导致青少年、抑郁症患者、精神疾病患者和神经发育障碍患者出现睡眠时相延迟综合征。

非 24 小时睡眠 / 觉醒障碍

此类患者的睡眠 / 觉醒周期每天都不一样，通常是一天比一天晚。也就是说，患者的生物钟与 24 小时昼夜周期不同步。这种症状常见于眼睛严重受损和失明的人，或者罹患精神分裂症、神经退行性疾病的人及脑损伤者。每天按照极度严格的时间表睡眠、锻炼和进食，适时接受适量光照，有助于患者的昼夜节律系统与 24 小时昼夜周期同步。不过，干预措施有时很难实施，无法获得百分之百的成效（见第十四章）。

睡眠片段化或节律缺失

这是一种罕见的病症，精神疾病患者或因创伤、脑卒中或肿瘤而脑损伤的人有时会出现这种情况。与非 24 小时睡眠 / 觉醒障碍一样，每天按照极度严格的时间表睡眠、锻炼和进食，在清晨接受光照，有助于患者的生物钟与 24 小时昼夜周期同步。但同理，干预措施很难实施，无法获得百分之百的成效（见第十四章）。

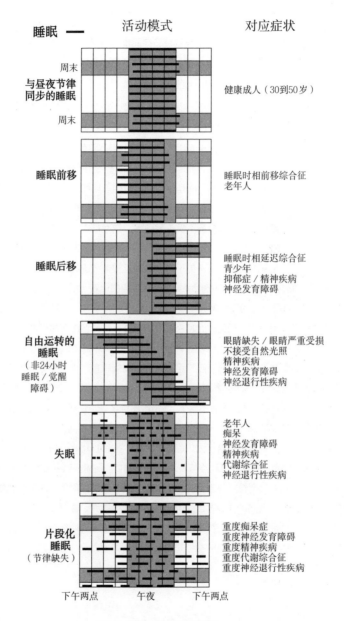

睡眠 ━━ 活动模式 对应症状

与昼夜节律
同步的睡眠 周末 健康成人（30到50岁）
  周末

睡眠前移 睡眠时相前移综合征
  老年人

睡眠后移 睡眠时相延迟综合征
  青少年
  抑郁症／精神疾病
  神经发育障碍

自由运转的
睡眠 眼睛缺失／眼睛严重受损
（非24小时 不接受自然光照
睡眠／觉醒 精神疾病
障碍） 神经发育障碍
  神经退行性疾病

失眠 老年人
  痴呆
  神经发育障碍
  精神疾病
  代谢综合征
  神经退行性疾病

片段化
睡眠 重度痴呆症
（节律缺失） 重度神经发育障碍
  重度精神疾病
  重度代谢综合征
  重度神经退行性疾病

下午两点 午夜 下午两点

图 4 睡眠／觉醒模式图示

睡眠／觉醒模式异常有多种成因，包括遗传因素和环境因素。黑色横杠代表工作日和周末的睡眠时间。**"正常"的与昼夜节律同步的睡眠**（对很多人来说可能并非常态）表现为稳定的单次睡眠，约持续8小时，每天入睡和醒来的时间大致相同。由于社会因素，人们在周末可能会稍微晚睡晚起。

睡眠时相前移综合征的特点是晚上难以保持清醒，清晨难以保持沉睡。通常情况下，患者入睡和起床的时间会比社会标准早3个小时（含）以上。睡眠时相前移综合征有家族遗传性，也常见于老年人。**睡眠时相延迟综合征**的特点是睡眠开始和结束的时间比社会标准晚3个小时（含）以上。这往往导致患者在工作日睡眠时间大大减少，在休息日睡眠时间延长。睡眠时相前移综合征和睡眠时相延迟综合征可被视为早晨型（早鸟型）和夜晚型（夜猫子型）的极端情况。睡眠时相前移综合征和睡眠时相延迟综合征不仅仅是睡眠／觉醒模式的转变，还会导致身心健康受损，因为它们会与社会压力或个人偏好的睡眠计划发生冲突。睡眠时相延迟综合征也具有家族遗传性，常见于青少年以及抑郁症患者、精神疾病患者、神经发育障碍患者。**非24小时睡眠／觉醒障碍（自由运转）**指一个人每天的睡眠时段持续提前或延迟。由于大多数人的生物钟都比24小时略长，因此这种病症通常的模式是每天的睡眠／觉醒时间越来越晚。不过，这种自由运转模式也可能与此恰恰相反——每天睡眠时间越来越早（尽管这相当罕见）。自由运转模式常见于以下个体：眼睛缺失者、自然光照不足者、精神疾病患者、神经发育障碍患者和神经退行性疾病患者。**失眠**指一个人即使有机会睡觉，也难以入睡或难以保持沉睡。失眠常常引起睡眠减少（睡眠不足），其诱因多种多样，包括昼夜节律紊乱。据报道，美国前总统比尔·克林顿患有失眠症，并将自己的心脏病发作部分归咎于失眠引起的疲乏。失眠常见于老年人、痴呆症患者、抑郁症患者、精神疾病患者、神经发育障碍患者［比如注意缺陷与多动障碍（ADHD，俗称多动症）患者］、神经退行性疾病患者和代谢综合征患者。**睡眠片段化或节律缺失**常见于缺少有效生物钟的个体，例如下丘脑肿瘤患者。这也是重度痴呆症患者、重度精神疾病患者、重度神经发育障碍患者、重度神经退行性疾病患者和重度代谢综合征患者的一大特征。了解上述昼夜节律异常的基础知识是开发新药物以治疗上述病症的基础（见第十四章）。

第三类：睡眠相关呼吸障碍

这是一系列可能引起失眠的呼吸问题，其中最为人熟知的是长期打鼾和阻塞性睡眠呼吸暂停（OSA）。这些病症可能酿成真正的大问题。正如英国当代著名作家安东尼·伯吉斯（Anthony Burgess）所说："你大笑，世界陪你欢笑；你打鼾，只好孤枕独眠。"

阻塞性睡眠呼吸暂停

阻塞性睡眠呼吸暂停相当常见，成因是喉部肌肉松弛，妨碍睡眠时的正常呼吸。这些喉部肌肉支撑口腔上壁（软腭）的后部，包括悬雍垂（俗称"小舌头"）、扁桃体和舌头。所谓的悬雍垂，就是悬在软腭上方的那块三角形组织（吞咽时悬雍垂会移动，有助于防止食物和液体进入鼻腔）。在阻塞性睡眠呼吸暂停发作期间，喉部肌肉会放松，导致吸气时呼吸道变窄或闭合，结果是呼吸中断10秒或更久。这时血液中的氧气浓度降低，二氧化碳积聚。对成年人来说，阻塞性睡眠呼吸暂停的常见原因是肥胖。也有证据表明，随着年龄的增长，我们的舌头会积聚更多脂肪。这使得舌头变重，更容易后翻并压住呼吸道。酒精也会放松喉部肌肉，增加阻塞性睡眠呼吸暂停发作的风险。男性罹患阻塞性睡眠呼吸暂停的概率比女性高出50%。肥胖引起的病症，例如甲状腺功能减退以及女性的多囊卵巢综合征，都与阻塞性睡眠呼吸暂停存在联系。阻塞性睡眠呼吸暂停的常见症状包括打鼾、睡眠时呼吸停止、夜间频繁醒来、醒来时口干或喉咙痛、晨起头疼和白天嗜睡。阻塞性睡眠呼吸暂停发作时，患者呼吸停止，血液中的二氧化碳浓度上升，大脑检测到氧气不够后触发唤醒，这时患者就会醒来并大口喘息。阻塞性睡眠呼吸暂停可能非常危险，尤其是会导致心脏和高血压问题恶化。一些研究表明，阻塞性睡眠呼吸暂停患者更容易出现眼部疾病（例如青光眼）和视神经损伤。阻塞性睡眠呼吸暂停也会提升脑卒中和心脏疾病发作的风险。这里说的心脏疾病包括：**心动过缓**，也就是心跳过慢；**室上性心动过速**，也就是心脏突然比正常情况下跳得快得多；**室性心动过速**，也就是心脏下腔（心室）跳得过快，无法有效泵血，身体得不到足够的氧气；以及**心房颤动**，也就是心律不齐，经常心跳过速。所有这些症状都会增加罹患痴呆症的风险。另一个问题是，全身麻醉和某些苯二氮䓬类安眠药（见第六章）会放松上呼吸道，可能导致阻塞性睡眠呼吸暂停恶化，增加全麻手术的风险。好消息是，在大多数情况下，用机器设备持续轻柔地将空气送进呼吸道，能够轻松治疗阻塞性睡眠呼吸暂停。这种设备称为"持续气道正压通气（CPAP）呼吸机"。对于一些人来说，使用这种设备可能需要一个适应过程。但对大多数人来说，它们可以解决阻塞性睡眠呼吸暂停引起的失眠问题。因此，如果你的鼾声大到干扰自己或别人睡觉，如果你醒来时大口喘息或感到窒息，如果枕边人注意到你睡觉时呼吸出现间歇性停顿，如果你会在工作甚至开车时睡着，那就请及时求医，接受正当的诊断和治疗。你不妨试着做一做爱泼沃斯嗜睡量表，这份简单的在线问卷能帮你评估白天的嗜睡程度。研究人员普遍认为，治疗阻塞性睡眠呼吸暂停能够预防许多严重的机动车事故。除了阻塞性睡眠呼吸暂停，还有许多与睡眠有关的呼吸障碍，请接着往下读。

中枢型睡眠呼吸暂停

中枢型睡眠呼吸暂停（CSA）类似于阻塞性睡眠呼吸暂停，但不是实实在在的障碍物阻挡了呼吸道，而是大脑停止向调节呼吸的肌肉发送信号，或者发送异常信号。脑卒中或影响后脑（对呼吸非常重要的脑部区域，见图2）的其他病症，例如交通事故造成的脑部创伤，都会引起中枢型睡眠呼吸暂停。

睡眠相关低通气疾病

这类病症的起因是肺泡通气量不足，导致血液中二氧化碳浓度上升。肥胖、基因变异、药物（例如阿片类药物和苯二氮䓬类药物）和感染都可能引起睡眠相关低通气疾病。肥胖低通气综合征（OHS）也称为"匹克威克综合征"，得名于英国作家查尔斯·狄更斯（Charles Dickens）1837年出版的小说《匹克威克外传》（*The Pickwick Papers*）中的人物乔。给疾病起刻薄的绰号一直是医学界的一大特色。你可以翻一翻《匹克威克外传》的原版插图，可怜的乔有许多后来被归为肥胖低通气综合征的症状，包括过度肥胖和睡眠呼吸暂停，白天感到困倦或疲乏，手指、脚趾或腿部肿胀或呈青紫色（也称为发绀），以及由于血液中二氧化碳浓度高而晨起头疼。匹克威克综合征患者也被称为"紫肿型"，指一个人脸色青紫、体重超标、呼吸急促并可能有慢性咳嗽。"紫肿型"往往与"红喘型"形成对照，后者指身体瘦弱、呼吸急促、脸色粉红的人。这是一个古老的说法，用来描述如今所说的重度肺气肿。归根结底，"紫肿型"和"红喘型"都属于慢性阻塞性肺疾病（COPD）患者，这些人的睡眠无一例外受到极大的干扰。

睡眠相关低氧血症

这类病症指睡眠期间血液中含氧量低于正常值，可能是若干种疾病（包括肺动脉高压，也就是肺动脉血压升高，或神经退行性疾病、脑卒中甚至癫痫）的一种症状。

第四类：中枢性发作性睡病

这是一类相当"有趣"的病症，患者即使夜间睡眠正常，并没有难以入睡或难以保持沉睡（没有失眠），也会出现严重的白天嗜睡，最常见的表现形式是**发作性睡病**。据估计，美国每 2 000 人中就有一人患有发作性睡病。因此，美国约有 20 万人患有发作性睡病，而全世界约有 300 万人。发作性睡病的严重程度不同，据估算，只有 25% 的发作性睡病患者得到了正式诊断，因为只有当病情非常严重的时候，人们才会选择求医。发作性睡病会导致一个人在不适当的时间突然入睡，因为大脑无法正常调节睡眠 / 觉醒周期。结果往往是白天过度嗜睡，一整天都感觉昏昏欲睡，难以集中注意力或保持清醒。有些发作性睡病患者可能在毫无预警的情况下突然睡着并伴有**猝倒**，即暂时失去对肌肉的控制，导致昏倒在地。大笑、愤怒等情绪都可能触发这种猝倒。不过，其他发作性睡病患者也可能出现**睡眠瘫痪症**，也就是在醒来或入睡时暂时无法移动或说话。发作性睡病还可能引起多梦，出现**入睡前幻觉**（入睡时多梦）或**醒后幻觉**（醒来前或醒来过程中多梦）。

发作性睡病的成因相当复杂。在某些情况下（我强调只是"某些"），发作性睡病是由于缺乏脑神经递质食欲肽（也称为下丘脑外侧区分泌素）引起的，食欲肽的作用通常是刺激觉醒状态。缺乏食欲肽似乎是由自身免疫引起的。免疫系统会攻击下丘脑中分泌食欲肽的细胞，甚至攻击对食欲肽做出反应的细胞。有研究人员提出，某些类型的发作性睡病源于自身免疫。支持这种说法的证据是，接种 Pandemrix 流感疫苗的人患发作性睡病的风险增加了。Pandemrix 是一种甲型 H1N1 流感病毒疫苗，针对 2009 年疫情开发生产，在欧洲若干个国家使用。该疫苗使用的佐剂（佐剂是添加进疫苗的物质，用于增强人体对该疫苗的免疫反应）似乎在少数人身上引起了过度的免疫反应，概率约为 1/52 000。这类佐剂目前已不再使用，其他 H1N1 流感疫苗则不会引起发作性睡病。这一出人意料的悲惨事件让我们汲取了经验，在研发新疫苗（例如新冠疫苗）时格外注意。虽然目前发作性睡病还无法治愈，但可以用莫达非尼等药物控制病情。这类药物属于处方药，用于提高白天的警觉性并减少白天嗜睡，效果非常显著。除了发作性睡病患者，希望"提高"警觉性的人也经常服用莫达非尼，它被称为"世界上第一款安全的健脑药"。目前尚不清楚短期或长期服用莫达非尼会有什么副作用，因此不建议为了提高警觉性而在网上购买这种药物。

第五类：睡眠异态

睡眠异态是一系列五花八门的睡眠障碍，涉及入睡、睡眠中或醒来时不愉快的体验。睡眠异态可能包含异常的动作、行为、情绪、感知或梦境。许多情况下，事件发生时你可能仍在睡眠之中，被人问及时往往对事件毫无记忆。睡眠异态有各种不同的类型，包括：

意识模糊性觉醒

这是指你在醒来时或醒来后不久表现得迷茫困惑。你可能会言语迟缓、思维混乱、记忆力差、头脑发蒙。当有人试图唤醒你，尤其是你从慢波睡眠中醒来时，很容易出现这种情况。

梦游

也称为"梦游症"，指你起床四处走动，与此同时仍在睡觉。你可能会说话，通常双眼睁开，表情困惑呆滞。梦游时的行为可能相当无礼或古怪，例如在妈妈的购物篮里小便，（显然）我小时候这么做过好几次！你可能会移动家具或爬出窗户。梦游最常发生在慢波睡眠期间。如果你遇到梦游的人，最好慢慢将其引回床上。梦游的人可能会自然醒来，发现自己身在陌生之处，也可能回到了床上，但完全不知道发生了什么事。

睡惊症

也称为"夜惊症"，典型症状是从床上坐起，尖叫或大喊，可能出言不逊，表情惊恐。睡惊症通常也在慢波睡眠期间发作。如果你的孩子或枕边人睡惊症发作，最好的处理方式是保持冷静（尽管眼前的一幕看起来很可怕），等他们平静下来。除非对方身处险境，否则不要与他们互动。对方睡惊症发作时，你不该试着唤醒他们。他们可能会认不出你，如果你试着安慰他们，他们反而会更加激动不安。第二天早上，对方可能想不起昨晚发生的事，但不妨跟他们聊一聊，弄清他们是不是在担忧什么，因为焦虑和压力会触发睡惊症。

睡眠相关进食障碍

睡眠相关进食障碍（SRED）表现为总是在夜间醒来后强迫性暴饮暴食，这个过程可能只会持续10分钟，但几乎每天晚上都会发作，一晚可能发生若干次。第二天早上，患者可能想不起暴饮暴食的事。患者在发作期间遭阻止往往会愤而反抗。

快速眼动睡眠行为障碍

快速眼动睡眠行为障碍指在快速眼动睡眠期间，你会将栩栩如生的梦境付诸实践。通常来说，身体在快速眼动睡眠期间处于肌肉麻痹状态（见第二章），但快速眼动睡眠行为障碍患者的这种肌肉麻痹状态会解除，因此患者做梦时伴随大量动作，甚至可能出现暴力行为。正如前面提到的，某个忠诚的丈夫在梦中误以为妻子是闯入者，攻击甚至杀死了妻子（见第二章）。如果谋杀发生在快速眼动睡眠行为障碍发作期间且犯人被诊断为快速眼动睡眠行为障碍，那他可能被无罪释放。快速眼动睡眠行为障碍不该与梦游混淆。梦游者通常处于慢波睡眠状态，不会将做的梦付诸实践。从快速眼动睡眠行为障碍发作中醒来时，患者往往能清晰回忆起梦中生动的细节。快速眼动睡眠行为障碍预示着更严重的病症。大约一半患者的快速眼动睡眠行为障碍在 10 年内会发展成帕金森病或痴呆症。这背后的机制可能是生成并释放多巴胺的神经元减少，导致大脑中的神经递质多巴胺水平发生改变。

睡眠瘫痪症

这是指在入睡或从睡眠中醒来时（后者更常见），你头脑清醒，但身体无法动弹。在快速眼动睡眠期间，身体处于肌肉麻痹状态，但睡眠瘫痪症发作时，肌肉麻痹状态在醒来后持续存在。你可能无法说话，或者无法移动胳膊、双腿或身体。你完全能意识到周围发生的事，一次发作可能持续几秒或几分钟。睡眠瘫痪症可能很吓人，但不会造成伤害，大多数人一生中只会发作一两次。不过，为了降低睡眠瘫痪症发生的概率，请确保你拥有足够的睡眠，并保持良好的睡眠习惯。对此，我将在第六章加以讨论。

磨牙症

这是指睡觉时不由自主地磨牙或咬紧牙关，通常与压力或焦虑有关。有些人会感觉面部疼痛、下颌疼痛或头痛。如果症状严重且持续时间长，牙齿可能遭到磨损。使用医用牙套是一种解决方法，它可以将上下牙隔开。

除此之外，睡眠异态还包括：**梦语症**；**睡眠相关幻觉**，即感觉非常真实的虚幻体验；频繁**做噩梦**，无法一夜好眠，往往会导致失眠；**尿床（夜间遗尿症）**，在儿童身上十分常见，也就是在睡眠过程中意外排尿。

这一系列不同的睡眠异态主要是神经性的（发生在脑内），许多因素都会增加这些症状出现的风险。有些人压力大的时候更容易梦游或出现其他睡眠异态。梦游或尿床往往发生在儿童时期，通常会随着年龄增长逐渐消失。如果患者有梦游或睡惊症的家族史，那也可以是遗传因素在发挥作用。大约80%的**创伤后应激障碍**（PTSD）患者在遭受创伤3个月内会做噩梦，梦中会出现创伤相关场景。做噩梦也是服用某些药物常见的副作用，例如抗抑郁药和某些降压药。因此，请注意查阅药物说明书。酗酒或服食麻醉药物的人也更容易出现梦游、睡惊症和其他睡眠异态。

第六类：睡眠相关运动障碍

睡眠相关运动障碍（SRMD）指一系列相对简单、刻板的运动，这些运动会干扰睡眠并引起失眠。最常见的是**不安腿综合征**（RLS），患者会出现难以克制的冲动，想要不停活动双腿，这种感觉在晚上或夜间会加剧。不安腿综合征还会引发腿部和手臂不自主抽动，这种症状被称为"**睡眠周期性肢体运动障碍**"。不安腿综合征的症状从中度到重度不等，可能每天都会发作，也可能不常发作。重度不安腿综合征令人非常痛苦，患者本人乃至枕边人都不堪其扰。大多数情况下，不安腿综合征并不存在明显成因，但一些神经科学家认为，神经递质多巴胺可能在其中发挥了作用。多巴胺也与快速眼动睡眠行为障碍有关。很多孕妇患有周期性肢体运动障碍，导致睡眠质量变得很差，但分娩后不久病症就会消失。一些研究表明，帕金森病（多巴胺缺乏引起的疾病）患者更有可能出现不安腿综合征。在某些情况下，不安腿综合征是由潜在的健康问题引起的，例如缺铁。研究证明，在某些情况下，服用各类补铁的保健品有助于减轻病情。肾衰竭也可能引起不安腿综合征。

第七类：其他睡眠障碍

为了完整起见，我加上了最后这一类。这些睡眠问题无法完美"归入"其他六类，归入这一类是没有办法的办法！例如，**环境性睡眠障碍**就属于这一类。它指的是由环境问题引起的睡眠障碍。所谓的"环境问题"，可以是飞机或道路交通噪声，甚至是烟草燃烧的烟雾等。这些环境因素会扰乱睡眠，可能导致失眠和白天嗜睡。这些睡眠异常也可能由未经诊断的神经系统疾病引起，这类疾病往往极其罕见或相关研究极少。

问答

1. 我怎么知道自己是不是有某种睡眠障碍?

从自己、伴侣或家庭成员身上,你最有可能发现如下症状:白天极度困倦或疲乏;早晨难以醒来;白天难以保持清醒,就连开车或工作时也昏昏欲睡;情绪多变或易怒;每周有若干次难以入睡;难以整夜保持沉睡;鼾声响亮,可能吵醒自己或枕边人;醒来时经常头痛或喉咙发干。利用上述信息和睡眠日记(见附录一),你可以更好地了解自己可能患有的睡眠及昼夜节律紊乱的类型。请以上述信息为基础,与医生进行讨论。

2. 我醒来时眼睛里的眼屎("沙子")是怎么回事?

睡魔(奥列·路却埃[1])是西欧和北欧民间传说中的人物,他会把神奇的沙子撒进人们眼睛里,让人们入睡并做美梦。世界上当然不存在睡魔,但我们早上醒来时,眼角经常会有"眼屎"或"沙子",医学术语是"水状分泌物"[2]。这种分泌物是一种混合物,包含黏液、眼球表面死去的细胞、油脂和睡眠过程中眼睛分泌的泪水。白天,我们会眨眼和分泌泪水,冲刷掉这些"碎屑"并润滑眼球。但我们睡觉的时候不眨眼,所以这种水状分泌物会聚在眼角,让你感觉就像眼睛里

1　奥列·路却埃(Ole Lukøje)是安徒生创作的文学童话故事中的睡魔,其中"Ole"是丹麦常见的男性名字,"Lukøje"在丹麦语中意为"闭上眼睛"。该故事源自一个民间传说,讲述了神秘的神话生物——睡魔。睡魔轻轻地把孩子哄睡着,并为好孩子和坏孩子展示不同的梦境。——编者注

2　原文为 rheum,来自希腊语,意为"流动",指身体分泌的稀薄黏液,暂无对应中文术语。——编者注

有沙子。也有研究人员推测，在快速眼动睡眠期间，眼球之所以来回摆动，就是因为在睡眠期间机体无法眨眼，于是通过这种方式让眼球保持润滑。这种水状分泌物如果呈黄绿色，那就可能是感染的迹象。如果这种情况持续出现，请及时求医。

3. 我觉得我有睡眠障碍，但医生只给我开安眠药，我该怎么做？

这个问题十分常见，它之所以出现，有三个关键因素。首先，你的医生可能没有接受过多少睡眠和昼夜节律医学方面的培训，不知该如何为你提供建议。其次，对你的医生来说，药物治疗的选择极其有限。在许多情况下，开安眠药是当前唯一的选择。安眠药在短期内可能很管用（见第六章）。最后，除了安眠药之外，其他可供选择的治疗方案，例如失眠症的认知行为疗法（CBTi），需要专业医师进行一对一的治疗。这类专家数量极少，许多医疗体系不具备治疗所需的条件。不过，我们可以采取一些措施改善自己的睡眠状况。就像饮食和锻炼能促进健康一样，良好的睡眠习惯也能改善睡眠状况，这是第六章的主题。

4. 很多人都说"卡瓦胡椒"能促进睡眠和放松。有什么证据能支持这个说法吗？

卡瓦胡椒广泛分布于太平洋群岛，波利尼西亚、夏威夷、瓦努阿图和美拉尼西亚等地的众多岛民都食用之。该植物的根茎被用于制造有镇静和麻醉作用的饮料，其中的活性成分称为"卡瓦内酯"。有趣的是，卡瓦内酯似乎能调节大脑中 γ - 氨基丁酸（一种抑制性神经递质）受体的活性，苯二氮䓬类药物和 Z 类药物也有类似功效。苯二氮䓬类药物包括地西泮，药品商标名称为"安定"（Valium）；氯氮卓，药品商标名称为"利眠宁"（Librium）；阿普唑仑，药品商标名称为"赞安诺"（Xanax）等。Z类药物包括佐匹克隆、扎来普隆和唑吡坦等[1]。关于这些药物和其功效，我具体将在下一章讨论。卡瓦胡椒提取物饮料在澳大利亚、新西兰、美国和欧洲都很流行，能够促进放松和睡眠。一份针对2003年前发表的论文的重要文献综述得出结论（尽管它年代有些久远）："与安慰剂相比，卡瓦胡椒提取物似乎是治疗焦虑症的有效选项。各项研究得出的数据表明，卡瓦胡椒提取物对短期治疗（1—24周）相对安全，不过还需要更多信息支持。有必要对卡瓦胡椒的安全性（尤其是长期服用）进行进一步的严格调查。"以大鼠为对象的研究也表明，卡瓦胡椒提取物能够改善睡眠紊乱的动物的睡眠状况。尽管这么说还为时尚早，但卡瓦内酯在不久的将来也许能对睡眠有所助益。

1　这类药物的英文名都是Z开头：佐匹克隆（zopiclone）、扎来普隆（zaleplon）和唑吡坦（zolpidem）。——编者注

第六章

回归节律：
睡眠及昼夜节律紊乱的解决方案

或许教育最有价值的结果是，

让你有能力逼自己去做必须做的事，不管你喜不喜欢那

么做。

——托马斯·亨利·赫胥黎（Thomas Henry Huxley），

英国著名博物学家、生物学家、教育家

很多人都认为自己对睡眠质量差无计可施，因为睡眠是"上天的安排"。直到最近，如果某人声称"我睡得不好"，医生唯一的反应就是开安眠药。其实，从 20 世纪 20 年代到 50 年代中期，唯一用作镇静剂和催眠剂（安眠药）的药物是巴比妥类药物，例如戊巴比妥，药品商标名称为"宁眠泰尔"（Nembutal）。巴比妥类药物通过增强大脑中 γ - 氨基丁酸受体的活性起到抑制神经系统的作用。这类药物在 20 世纪 60 年代至 70 年代中期被广泛使用，尽管它们极易上瘾且非常危险。它们之所以危险，是因为剂量很难把控，起到镇静效果的剂量与可能导致昏迷或死亡的剂量差别极小。后来，苯二氮䓬类药物逐渐取代了巴比妥类药物。

1955年，在罗氏制药公司从事研究工作的化学家莱奥·斯特恩巴赫（Leo Sternbach，1941年逃离纳粹占领下的波兰来到美国）发现了第一种苯二氮䓬类药物——氯氮卓，1960年以药品商标名"利眠宁"上市。1963年，莱奥又合成了一种活性更强的改良型氯氮卓——地西泮，以药品商标名"安定"上市。苯二氮䓬类药物比巴比妥类药物危险性低，因为它们成瘾性较低，而且不太可能因意外摄入过量致死。苯二氮䓬类药物与巴比妥类药物一样，主要通过促进抑制性神经递质 γ-氨基丁酸的分泌使人平静下来。在20世纪70年代中后期，苯二氮䓬类药物是医生最常开出的处方药。如果短期间歇性服用，它们能够促进睡眠。但人们花了15年时间才认识到，如果长期服用，它们也会上瘾，还会导致记忆力下降和抑郁症。因此，到20世纪80年代，苯二氮䓬类药物已不再受到青睐。获准用于治疗失眠的苯二氮䓬类药物包括艾司唑仑；氟西泮，药品商标名称为"带尔眠"（Dalmane）；替马西泮，药品商标名称为"雷斯托里尔"（Restoril）；夸西泮，药品商标名称为"多拉"（Doral）；三唑仑，药品商标名称为"醋乐欣"（Halcion）。

近年来，苯二氮䓬类药物已被另一类药物取代，那就是"非苯二氮䓬类药物"，或称为"Z类药物"，包括唑吡坦、扎来普隆和佐匹克隆。它们不是苯二氮䓬类药物，因为它们基于另一种化合物，但也能促进 γ-氨基丁酸分泌。最初，人们认为Z类药物比苯二氮䓬类药物安全，但现在我们知道，长期服用Z类药物也会引起一些问题，与苯二氮䓬类药物基本相同——成瘾、抑郁和记忆力下降，还有人出现过梦游甚至梦游驾驶[1]。

1　即在梦游时驾驶机动车。——编者注

苯二氮䓬类药物和Z类药物可以短期服用，能够有效治疗失眠等睡眠问题，但不应该长期服用。不过，在请医生开具此类药物之前，患者应该先尝试促进睡眠的替代医疗。如今，医学领域存在苯二氮䓬类药物和Z类药物的循证替代医疗[1]。这种替代性的"矫正行为"被称为"失眠症的认知行为疗法"。这种疗法倡导借助安眠药以外的手段治疗睡眠及昼夜节律紊乱，旨在改变不良睡眠习惯，鼓励人们养成良好习惯以促进入睡、保持睡眠、防止白天嗜睡。患者可以自行使用此疗法，也可以定期（通常是每周一次）拜访医疗专家，或使用一些辅助的应用程序（例如Sleepstation或Sleepio），它们可以将这种疗法数字化。如果你决定接受某种形式的失眠症认知行为疗法，那写睡眠日记会相当管用。这么一来，你就能评估改变行为习惯是否真的改善了睡眠状况。写睡眠日记其实很简单，本书附录一为你提供了可供参考的例子。记录自己的睡眠状况确实值得一试，因为很多人都低估了自己的睡眠质量，认为它比实际情况更糟糕。

我在下面列出了一些能够减轻或缓解睡眠及昼夜节律紊乱的建议，供各位读者参考。我想强调的是，并不存在放之四海而皆准的"完美解决方案"。这有点儿像锻炼——你可以采取各种不同做法，只要适合自己就行！而且，就像锻炼一样，你必须坚持下去。不幸的是，它通常并不会"立竿见影"。以下建议基于目前学界的观点，回答我最常被人问到的问题。这些问题被归纳为四个部分：白天我该做些什么？睡前我可以做些什么？如何把卧室变得适宜睡眠？我上床后

1　替代医疗指任何声称产生医疗效果，但并非源于科学方法及循证医学收集据据的医疗实践。著名临床流行病学家戴维·萨科特（David Sackett）教授将循证医学定义为"慎重、准确和明智地应用所能获得的最佳研究依据来确定患者的治疗措施"，其核心思想是"医疗决策应尽量以客观研究结果为依据"。循证替代医疗则指将科学严谨性应用于替代医疗的研究。——编者注

该做些什么？表2是上述信息的汇总。在探讨过这些问题之后，本章最后一部分将讨论雇主可以做些什么，以帮助员工应对工作引发的问题，包括睡眠及昼夜节律紊乱。首先，让我们从可以采取的措施说起。

白天我该做些什么？

清晨光照

大多数人都应该尽可能多地接受清晨的自然光照。正如第三章提过的，研究证明晨光可以把生物钟往前拨（让生物钟提前），这会让你更早犯困，而较早入睡有助于你睡得更久。有一小部分人（约占人口的10%）属于生物钟极早的早晨型（早鸟型），入睡和起床时间都很早。在傍晚／黄昏接受光照对这类人大有好处（如果你想评估自己的睡眠时型，请见附录一），能起到推迟生物钟的作用（让你晚睡晚起），使他们的生活节奏与其他人更接近。研究证明，在缺少自然光照的情况下，用灯箱模拟清晨的光照也有助于校准生物钟。市面上有很多种灯箱，选购时主要看它们的灯光够不够亮，能否达到2 000勒克斯或以上（见图3）。关键的一点是，你如果是个夜猫子，又想变成能够早起的人，那就请在清晨接受光照（能让生物钟提前），但要避免在黄昏接受光照（会推迟生物钟）。

小睡或午睡

午后短暂小睡或午睡的习惯在地中海沿岸、欧洲南部和中国中部自古有之。许多曾被西班牙殖民的国家也习惯午睡，例如菲律宾和使用西班牙语的美洲国家。这些地方的共同特点是气候温暖、午餐丰盛。事实证明，不管是在西班牙还是在其他国家，将午睡纳入工业社会的日程表都难上加难，各政府和企业也多次呼吁彻底放弃午睡。但在西班牙农村等地，午睡仍然是每天日程的一部分，你若生活在这些地方，那就接受它吧！只可惜，我们大多数人都没有这个福气。北美、北欧和说英语的国家大多接受以下观点：午后一两个小时的午睡是不合时宜的，无法纳入现代工作日程表。我似乎感觉到了一丝清教徒的卑劣气息……那么，如果你不是生活在温暖地带的农村，但在午后犯困，想要小睡片刻，那该怎么办呢？首先要说明的是，想睡午觉可能说明你头天晚上睡眠不足，这需要加以关注。不过，如果你喜欢午睡，那么偶尔小睡片刻（不超过 20 分钟）不会有什么问题。研究证明，对于昏昏欲睡的人来说，这种短暂小睡能提高下午的警觉性和表现。长时间小睡则会适得其反，因为从这样的午睡中醒来后，你可能会在一段时间内头昏脑涨，警觉性降低。这种现象被称为"睡眠惰性"。此外，临近睡前（6 小时左右）小睡会减少睡眠压力（见第二章），可能导致晚上的入睡时间推迟。这对某些青少年来说是个大问题。他们睡得晚，第二天起床后疲惫不堪，一整天在学校里都很难熬。最近一项针对美国青少年的研究显示，大约 24% 的学生出现了睡眠及昼夜节律紊乱。英国学生的比例也相近。下午放学后，很多学生回到家会睡上几个小时。这会减少睡眠压力，推迟当晚的睡眠，进而形成恶性循环：晚上睡得越来越迟，第二天傍晚小睡得越来越久。归根结底，对我们大多数人来说，偶尔小睡并没有什么问题，但要注意，不要在白天长时间小睡成瘾。这会推迟晚上的入睡时间，导致夜间睡眠时间缩短，工作日尤其要避免这种问题，因为第二天早上没法睡懒觉。并非所有人都必须遵循传统的北欧工作／睡眠制度。英国前首相温斯顿·丘吉尔（Winston Churchill）就遵循了西班牙的午睡习惯。在吃完丰盛的午餐后，他会从下午 4 点半左右开始午睡。整个第二次世界大战期间，他每天在这个时间脱掉衣服，上床睡 2 小时。他在下午 6 点半醒来，然后洗一天中第二个澡，为耗时良久的晚餐做准备。晚上 11 点左右，他会工作几个小时，然后上床睡觉。丘吉尔是个不折不扣的夜猫子，而作为当时的英国首相，他可以自行决定何时工作。

锻炼

锻炼与睡眠的关系相当复杂，但总的来说，锻炼对睡眠有好处。对我们大多数人来说，某种形式的锻炼，尤其是清晨在室外自然光下锻炼，有助于校准睡眠／觉醒时间和减少失眠，这或许是因为锻炼与光照相结合起到了改善睡眠状况和调节睡眠／觉醒时间的作用。不过，在临睡前 1—2 小时内锻炼可能会引起问题。机体从清醒过渡到睡眠的过程中，核心体温需要小幅下降。中等强度或剧烈的运动可能会颠覆这种受昼夜节律驱动的体温变化，导致一些人入睡时间延迟（但并非所有人都如此）。此外，剧烈运动还可能引起"跑步者高潮"。研究人员将"跑步者高潮"描述为"纯粹的快乐，情绪高涨，与自我或自然融为一体的感觉，无尽平和，内心和谐，精力无限，疼痛减少"，不跑步的人（比如我）可以通过这些描述理解这个概念。我向一位朋友提起"跑步者高潮"时，她完全没抓住重点，说："这不就是我刚吃完巧克力的感觉吗？"话说回来，睡前锻炼引起的"情绪高涨"与"精力无限"可能对睡眠毫无帮助，但"无尽平和"与"内心和谐"可能对睡眠有好处。最初，人们认为这种亢奋源于垂体分泌的内啡肽。不过最近有研究指出，另一类称为"内源性大麻素"的天然化合物可能是原因所在。它们是人体自然分泌的物质，化学结构类似于植物大麻素，在血液中的浓度会因锻炼而上升。有趣的是，黑巧克力也会刺激内源性大麻素分泌。归根结底，锻炼对人体健康大有好处，但经验法则表明，临睡前锻炼可能导致一些人延迟入睡。我将在第十三章详细讨论锻炼以及定时锻炼对调节人体代谢的作用。

进食时间

我将在第十三章详细讨论进食时间。简而言之，研究证明，夜间进食会提升体重增加的风险，并使人更容易出现 2 型糖尿病等代谢问题。正如第五章提过的，体重增加还会引起阻塞性睡眠呼吸暂停和相关问题。此外，消化过程在临睡前会放缓，所以一天中的正餐如果安排在睡前，就会导致消化系统出现健康问题，例如胃酸过多，使人更容易罹患消化性溃疡。消化性溃疡引起的胃痛会扰乱睡眠，而睡眠及昼夜节律紊乱又会提升罹患消化性溃疡的风险，这是一个恶性循环。

咖啡与茶

茶（无论红茶还是绿茶）与咖啡中的咖啡因会提高大脑的警觉性，因为它会阻断大脑中的腺苷受体发挥作用。正如第二章中提过的，腺苷浓度越高，睡眠压力越大。此外，咖啡因还会促进肾上腺素分泌，引起"战斗或逃跑反应"（见第四章），提升心率，加快呼吸，提高警觉性。不同个体对咖啡因的反应存在极大差异，取决于体重、怀孕状况、服用药物状况、肝脏健康状况和此前的咖啡因饮用史。但就健康的成年人而言，在饮用后 5—6 小时内，大量咖啡因仍处于体循环之中。因此，下午喝浓咖啡或浓茶可能会推迟晚上的睡眠。你最好注意自己摄入了多少咖啡因。早上起来可以喝最浓的含咖啡因饮料，午餐后逐渐减少咖啡因摄入量，到下午／傍晚则最好改喝无咖啡因饮料。令人惊讶的是，我们饮用的饮料中含有大量咖啡因。一杯普通的咖啡（240毫升）含有约100毫克或更多咖啡因，一杯浓缩咖啡含有约75毫克，一杯红茶（240毫升）含有40到50毫克，一杯绿茶（240毫升）含有20到30毫克，一罐330毫升装可口可乐或零度可口可乐含有32毫克。因此，在傍晚和夜间请只喝无咖啡因饮料或花草茶。我的家人很爱喝茶和咖啡，但几年前改成在傍晚和夜间喝无咖啡因饮料。如今，我们都能更迅速地入睡。

压力

正如第四章提过的，不要让压力在一天中不断积累。如果你发现自己背负着无法承受的压力，不妨试试压力管理技巧或正念技巧。白天活动造成的短期情绪压力会大大干扰睡眠。但请尽可能避免服用安眠药（具体请见下文）。

睡前我可以做些什么？

光照亮度与电脑屏幕

正如第三章提过的，昼夜节律系统受光照驱动，要想显著调节生物钟，机体必须在较长的一段时间内持续接受高强度光照（100—1 000勒克斯，持续30分钟或更长，请见第三章及图3）。因此，在正常情况下，亮度较低的家居照明（100—200勒克斯）或大多数屏幕发出的低于100勒克斯的光只会稍稍改变昼夜节律，甚至对此毫无影响。不过，除了调节生物钟，光（尤其是蓝光）还会提高大脑的警觉性，而其最低的照度临界值似乎低于调节生物钟所需的。睡前接受光照引起的警觉会导致入睡时间延迟，但不同亮度和颜色的光对警觉性的影响相当复杂，目前尚无定论。尽管缺少精确数据，但我认为最好在睡前约2小时内减少光照，无论是整体室内光照还是特定环境设置（例如直视电脑屏幕）。值得注意的是，对我们大多数人来说，睡前做的最后一件事都是在卫生间待上一段时间，一边洗漱一边直视闪闪发亮的镜子，而卫生间往往是家里光线最亮的房间。除了降低警觉性，睡前降低光照强度还能让你做好"睡前心理准备"，它是睡前程序的一部分，可以与其他方法（具体见下文）并用，让你更好地入睡。

安眠药与镇静剂

正如我在本章开头提到的，服用处方镇静剂来辅助睡眠，在短期内对调整睡眠模式能起到一定的作用。然而，长期服用镇静剂的人（尤其是夜班工作者）可能面临药物副作用引起的问题。例如，长期服用苯二氮䓬类药物——例如赞安诺、安定、阿蒂凡（Ativan）和利眠宁，它们都是抗焦虑药物——会使人嗜睡，可能导致药物依赖、记忆形成受损、白天注意力下降和警觉性降低。也有一种观点认为，长期（超过3年）服用此类药物可能会提升罹患痴呆症的风险。不过，另一项研究并没有发现服用苯二氮䓬类药物和Z类药物与罹患痴呆症存在上述联系。请尽量避免服用抗组胺药（例如苯海拉明和多西拉敏等非处方镇静剂）和摄入酒精，它们（尤其是酒精）存在副作用，会对人体健康乃至白天的活动能力产生不良影响。因此，在理想情况下不应该服用安眠药。不过，安眠药可能有助于短期矫正睡眠，只需避免长期服用即可。

艰难的讨论

我明白，也许你每天只有在睡前有空跟伴侣讨论紧迫问题。不过，睡前请避免讨论或思考让人焦虑的话题，这一点真的很重要。皮质醇和肾上腺素飙升会提高警觉性，导致睡眠时间延迟（见第四章）。请尽量避免讨论个人财务问题或新闻报道中的悲惨话题。你可以问问伴侣今天身边发生了什么好事，或者聊聊你今天读到或听到的趣事，再或者提起对方做的哪件事是你喜欢或赞赏的。态度要好！我们家有一则古老的家训："如果你没有好话可说，那就什么也别说！"此外，我一直很喜欢这则家训的修改版："如果你对任何人都没好话可说，那就坐到我身边来吧。"我原本以为这话是美国女诗人多萝西·帕克（Dorothy Parker）说的，但其实它出自华盛顿社交名媛爱丽丝·罗斯福·朗沃斯（Alice Roosevelt Longworth）。

洗澡

能让人放松下来的做法，例如泡澡、淋浴或温暖手脚，在睡前都非常管用。同样，它们也可以成为你"睡前准备"的一环。温暖皮肤有助于扩张皮肤中的血管（末梢血管[1]舒张），促使血液从身体核心流向皮肤，让热量从皮肤向外界流失。为什么这一点很重要？一些有趣的研究显示，皮肤血管舒张会导致热量流失，进而缩短入睡时间。因此，上床后请保持手脚温暖，尤其是罹患雷诺综合征[2]等疾病的人。几年前，一位患有雷诺综合征的朋友抱怨难以入睡，在听取我的建议戴手套、穿袜子上床后，她的睡眠质量大有改善。我预测，在不久的

---

1 位于体表或肢体表面大血管的终末分支。主要指组织内的小动脉和与组织发生物质交换的毛细血管。——编者注
2 寒冷或情绪变化等因素诱发的肢端动脉痉挛病，发作时手足冷而麻木。——编者注

将来，市面上会推出豪华版助眠手套与睡袜套装。它们应该厚到能为手脚保暖，但又不会厚到阻止热量流失。

如何把卧室变得适宜睡眠？

卧室

如果你希望获得理想的睡眠质量，那就请把卧室或睡眠空间变得适宜睡眠。这一点至关重要，但常常被人忽视。卧室温度太高会影响核心体温降低，导致入睡时间延迟。从理论上来讲，卧室里吸引注意力、令人警觉的刺激物越少越好，以便主人能更快入睡。睡眠空间应该静谧且黑暗，不要摆设电视、电脑和智能手机等电子设备。如今，智能手机常被用作闹钟，因此我们很难不带手机进卧室。不过，如果手机会让你分心，那不妨改用普通闹钟。然而，事情并没有这么简单。许多人担心剩余的睡眠时间不足，为此焦虑不已，于是反复确认时间，进而变得更焦虑。如果是这样，你可以设置闹钟，同时有意识地遮住钟面不看。床头灯的亮度应该足以阅读，但不足以提高警觉性。

睡眠应用程序

睡眠应用程序能记录大致的入睡时间、起床时间、总睡眠时间和夜间起床次数，从这个角度来看确实很管用。大多数应用程序的记录都相当准确。不过，目前市面上的设备很难评估快速眼动睡眠、非快速眼动睡眠和"深度睡眠"，而且容易引起误解。从理论上来说，这类监测系统是管用的，能向使用者展示行为习惯的改变确实能影响并改善睡眠状况。但市面上大多数商业应用程序都无法准确监测整体睡眠状况，如果设备误报"深度睡眠不足"或"快速眼动睡眠较少"，使用者就会焦虑不安。值得注意的是，目前没有任何睡眠应用程序得到过国家睡眠学会或睡眠专家的认可。因此，明智且谨慎的做法是，对睡眠应用程序不必太较真儿。许多焦虑的听众在听完讲座后找到我，称担心睡眠应用程序给出的报告。有人告诉我，应用程序说他"深度睡眠过少"。于是，他把闹钟设成了凌晨3点响，以便醒来查看应用程序，看看自己经历了多少"深度睡眠"。我花了不少时间向他解释为什么这么做是个坏主意。

我上床后该做些什么？

作息习惯

保持良好的睡眠习惯，每天同一时间上床和起床，会对你大有助益。如果某种作息习惯最能满足你的睡眠需求，那就再好不过了。这种作息时间表会让你更好地接收到能让昼夜节律系统与外界同步的环境信号，尤其是光照（见第三章），还有进食和锻炼（见第十三章）。你可能觉得在周六或周日早上多睡几个小时能补上工作日缺的觉，可惜，这通常并不能帮助你偿还积累的"睡眠债"（睡眠需求）。当然，你在当天白天不会那么瞌睡，甚至压力也能得到缓解。因此，这么做在短期内会对你有所帮助。但周末睡懒觉并不能消除睡眠不足对人体健康持续造成的负面影响。此外，睡懒觉会使你无法获得必要的清晨光照，进而难以使你的昼夜节律与外界同步。有些人属于"长睡眠者"，每晚需要睡9个小时甚至更长时间，这些人会遇到真正的问题。由于上下班通勤、家庭需求和其他众多社会压力，他们在工作日可能无法获得9小时睡眠。目前我们尚不清楚周末睡懒觉对这些人是否有帮助。有些睡眠专家推测，补觉对这些长睡眠者有好处。

两相欢好

"欢爱对睡眠有帮助吗？"很多人都想问我这个问题，但通常不敢在公共场合提出。通常来说，这个问题都是我做在线讲座时，人们在"聊天室"里匿名提出的。有趣的是，在新冠期间，这是网上特别常见的问题。有些英语国家甚至用法语"小小的死亡"（la petite mort）来形容男人高潮后迅速进入梦乡。那么，有哪些证据？简短的回答是：没错，睡眠对欢爱有好处，欢爱也对睡眠有好处。最近的一项研究对若干妇女进行了为期两周的调查，结果显示，睡眠时间每增加 1 小时，与伴侣进行两相情愿性行为的概率就会增加 14%。没错，良好的睡眠似乎会活跃性生活，但性生活能促进良好的睡眠吗？乍看起来，这似乎存在一个问题：至少对大多数人来说，欢爱是一种唤起行为，它怎么能促进睡眠呢？最近的一项大型研究考察了成年人性行为与随后睡眠之间的感知关系。共有 778 名参与者（442 名女性，336 名男性，年龄在 35 岁左右）填写了在线匿名调查问卷。结果显示，和伴侣达到性高潮与感知到良好睡眠存在联系。此外，通过自慰达到性高潮也与更好的睡眠与入睡存在联系。该研究的几位发起者总结说："对于促进睡眠而言，睡前安全的性行为也许是一种新颖的行为策略。"有趣的是，虽然我并不认为这种策略"新颖"，但他们提出的观点确实值得关注。

两相欢好后容易犯困，这似乎与一组特定的激素分泌存在联系，这组激素会对男性和女性发挥类似的作用。性行为会促使垂体后叶分泌催产素。催产素有多种作用，具体取决于你在做什么。在性爱和睡眠这方面，它会使你感觉与伴侣关系更亲密，还能降低皮质醇水平，从而缓解压力。此外，达到性高潮后，垂体前叶还会释放一种叫作催乳素的激素，这种激素在高潮后至少1小时内持续居高不下，让你感到放松且嗜睡。催产素和催乳素同时作用于男性和女性，这意味着你更愿意与伴侣相拥进入梦乡。

床垫

直观来看，质量上佳的床垫、枕头和其他床上用品有助于睡眠。针对床垫类型与睡眠质量的对照研究相对较少，但研究表明，床垫和床上用品能帮助人体散热，从而降低核心体温，缩短入睡时间，增加慢波睡眠。可供挑选的床垫和床上用品种类繁多，让人感到舒适的床垫和床上用品类型也存在差异。最简单的做法是判断你是否需要新床垫。如果你对以下几个问题的回答是肯定的，那么你也许要考虑更换床垫、枕头和床上用品。你是否感觉床垫松松垮垮，起不到支撑作用？你醒来时是否感到背部疼痛或四肢酸疼？你是否感觉到枕边人在夜里翻来覆去？你现在用的床垫是不是购买于7年以前？你在床上是否更容易过敏或出现哮喘症状？你享受鱼水之欢时是否感到不舒服？你在床上会不会觉得太热，而卧室本身却很凉爽？你的睡眠质量不好吗？最好跟你的枕边人讨论一下上述问题。我们一生中约三分之一的时间在床上度过，因此找到适合自己和枕边人的床上用品真的很重要。不妨请朋友推荐床垫，然后去各种体验店亲自试一试，但千万要顾及其他顾客的感受。

薰衣草与舒缓精油

人们经常提议使用舒缓精油促进睡眠。然而，并没有充分的证据表明这类精油确实有益睡眠，有人怀疑可能是安慰剂效应在起作用。不过，有一些证据表明，薰衣草对促进睡眠确实有"超出安慰剂"的效果。而且，说句公道话，"没有证据证明如此，并不代表能证明并非如此"。具体结论还需要进一步研究。但对一些人来说，舒缓精油确实能促进睡眠，也许是因为它们独特的气味（例如薰衣草味）有"氛围感"，成了睡前惯例的一部分，让你为入睡做好心理准备。出门在外的时候，伴侣的香水或须后水气味也会让你想起家，帮助你入睡。在被问及睡觉穿什么时，著名影星玛丽莲·梦露（Marilyn Monroe）给出了经典回答："我只'穿'香奈儿5号。"只可惜，帮助梦露女士入眠的并不是香奈儿5号，而是长期服用巴比妥类药物，而这也酿成了悲剧。

耳塞

如果你的枕边人打鼾，或者外界有噪声，那么耳塞（包括蜡质耳塞）能助你入眠。如果伴侣的鼾声实在太响，你也可以考虑去另一个房间睡觉。分房睡并不会降低亲密关系的牢固程度，甚至可能通过改善睡眠状况增强伴侣之间的纽带，使你更有同理心，更善解人意，过得更幸福！正如我在前面提过的，请让你的伴侣去看医生，确保没有患阻塞性睡眠呼吸暂停（见第五章）。

醒来后躺在床上

我将在本书中多次提到，半夜醒来可能存在多种原因（见第八章），但这并不一定意味着睡眠结束。遇到这种情况时，最重要的是不要躺在床上闷闷不乐，以免激活应激反应。你不妨先下床，把灯光调暗，做些放松的活动，例如阅读或听音乐。我在前面也提过，两相情愿的欢好同样是可选项。

为梦担忧

从历史记载来看，我们人类一直痴迷于梦及其可能代表的东西。最初，人们认为梦与灵界有关，直到古希腊哲学家亚里士多德、柏拉图和19世纪至20世纪的欧洲精神分析学家们提出这样的理论：做梦是在安全环境中将潜意识的欲望付诸实践，那些欲望在其他环境下是不被接受的。但令人沮丧的是，如今我们仍然不确定人为什么会做梦（见第二章）。从某种程度上来说，梦也许能帮助我们处理与记忆形成有关的信息，或试图解决我们的情绪问题。这种处理过程可能涉及清理和清除"垃圾"，也许会削弱而不是强化记忆，而这会引起奇怪的联想。我们知道，焦虑程度提升会使梦中图景更加栩栩如生。例如，在高度焦虑的情况下，许多人表示自己做的梦更可怕、更现实也更生动。纽约双子大厦在"9·11"恐怖袭击中坍塌后，许多纽约人表示梦见了被潮水淹没或遭到抢劫，但涉及飞机或高楼的梦境并没有增加。尽管电视上反复播出"9·11"恐怖袭击的画面，但人们并没有以梦的形式"精确重播"相关事件。作者从研究结果中得出结论：梦中意象来自个人的潜在情绪状态。事实上，有些梦可能会模拟对做梦者构成威胁的事件，允许当事人做出与当时不同的反应，寻找更有创意的解决方法。请不要为自己做的梦而担忧。你应该感到欣慰，因为你的大脑在做它该做的事——试图理解极其复杂的世界。最后，尽管许多人都认为梦能预测未来，但这从未得到科学验证。我只想强调一句：快速眼动睡眠和梦能做到的事，是帮我们厘清和应对某些情绪和压力问题。据估计，我们对95%以上的梦毫无记忆。如果梦真的至关重要，能在清醒状态下指导我们，那我们为什么会不记得呢？

创伤后应激障碍与噩梦

噩梦是栩栩如生的梦境，研究人员认为这是大脑在处理激烈的情绪体验。有些噩梦会导致睡梦者惊醒。不过，噩梦与创伤后应激障碍有所不同。噩梦通常是抽象化的，创伤后应激障碍则是在特定创伤性事件后形成的，患者会不由自主地回忆起事件本身，事件要么是在白天以闪回形式出现，要么是在睡眠过程中以噩梦形式具象化，对生活造成严重干扰。据说，在经历过创伤性事件的人中，只有不到10%的人患上了创伤后应激障碍。然而，"创伤后应激障碍"越来越多地被用来描述创伤性事件后出现的各类情绪障碍，这就削弱了创伤后应激障碍症状的严重性。睡眠会巩固记忆（见第十章），快速眼动睡眠更是与大脑巩固情感记忆有关，因此有个问题目前还存在争议：患者在经历过创伤性事件后，医生是该鼓励他睡觉，还是该让他保持清醒？有一些研究表明，剥夺经历过创伤性事件的患者的睡眠可能有助于减少闪回，但能否将这种方法引入临床实践还需要进一步研究。不过，如果创伤后应激障碍持续存在，还请尽快求医。

前面已经讨论过多种有助于改善睡眠状况的做法，但有一点必须强调：在睡眠时长、入睡时间和睡眠模式等方面，个体之间存在巨大差异，相同个体的不同年龄段也存在显著差别（见第八章）。这就意味着，你必须弄清哪些做法对自己最管用，然后坚持下去！

表 2　能够缓解睡眠及昼夜节律紊乱的做法汇总

白天	睡前	卧室	床上
大多数人需要尽可能多地接受清晨的自然光照，早上使用灯箱也有助于调节睡眠	睡前约 2 小时减少光照	不要太热（18~22 摄氏度）	尽量保持规律作息，每天同一时间睡觉和起床，包括周末和休息日
小睡不要超过 20 分钟，且不要在睡前 6 小时内小睡	睡前约 30 分钟停止使用电子设备	保持安静，可以播放"白噪声"或舒缓的声音，例如海浪声	确保床够大，床垫和枕头质量够好
锻炼，但不要离睡觉时间太近	最好避免服用处方镇静剂／安眠药	保持黑暗。如果路灯太亮，请使用遮光窗帘	把床头灯调暗
集中在上午或中午摄入食物	不要摄入酒精、抗组胺药或别人的镇静剂	挪走电视、电脑、拿走平板电脑、智能手机	可以考虑使用舒缓精油，例如薰衣草精油
避免过多饮用富含咖啡因的饮料，尤其是在下午和晚上	避免在睡前讨论或思考让人紧张的话题	不要"看钟"。可以考虑把会发光的闹钟拿开	如果你的伴侣打鼾，请使用耳塞或另找地方睡觉。确保打鼾不是源于睡眠呼吸暂停
从压力情境中抽离，不要积攒压力。工作结束后立刻运用放松技巧	上床前先"放松"。做些能让自己放松的事，听音乐、阅读、正念或泡澡都会有所帮助	别把监测"快速眼动"与"非快速眼动"睡眠的应用程序太当回事。目前没有任何软件得到睡眠协会的认可	如果你半夜醒来，请保持冷静。不妨先下床，把灯调暗，做些让人放松的事，等困了再上床
最重要的是弄清最适合自己的方式，保持作息规律			

工作场所的睡眠及昼夜节律紊乱：若干简单解决方案

雇主可以在工作场所采取一些简单措施，帮助员工应对睡眠及昼夜节律紊乱引发的问题。如今，每8个英国工人中就有一个上夜班。在过去5年中，夜班工作者的数量增加了25万，总数达到300多万，且预计会进一步增加。那么，我们可以采取哪些"最佳做法"缓解睡眠及昼夜节律紊乱，确保员工的安全与身心健康？接下来，我将提出一些易于付诸实践的建议。

防范下班开车时丧失警觉

夜班工作及相关的昼夜节律失调与睡眠不足会引起警觉性下降和嗜睡，酿成真正的大问题。但引起问题的不仅仅是上夜班，许多员工会在朝九晚五的工作时段之外加班，此外还要满足家庭生活的需求。工作和家庭生活中，疲乏、丧失警觉和频繁微睡眠（无法控制地打瞌睡）时常如影随形，这在工作环境中相当危险。如果你的工作需要开车，那就更危险了。长期以来，疲劳驾驶一直被视为交通事故的主要原因。美国国家公路交通安全管理局最近的一份报告指出，每年警方通报的交通事故中约有10万起涉及疲劳驾驶，这些车祸导致1 550多人死亡，71 000多人受伤。不过，真实数据可能要多得多，因为很难确定司机在事故发生时是否真的昏昏欲睡。事实上，美国汽车协会交通安全基金会委托进行的另一项研究也有力地证明了这一点。该组织估算，每年疲劳驾驶导致的车祸高达328 000起，是警方通报数字的3倍之多。其中109 000起事故致人受伤，约6 400起事故致人死亡。出于上述原因，德国巴伐利亚自由州的一些汽车制造厂提供班车，将夜班工作者安全送回家中。多年来，铁路行业一直使用某种"紧急制动手柄"，或称为"驾驶员安全装置"（DSD），提醒驾驶员他们已经丧失警觉或者快睡着了。然而,商用货车开始普遍采用类似的预防措施还是前不久的事。部分问题在于缺少非侵入性的驾驶员瞌睡检测技术,不过目前市面上已经推出了一系列设备,包括转向模式监控、车辆位置监控和驾驶员眼睛／脸部监控,用于检测驾驶员打瞌睡的状况,新型车辆也越来越多地配备了上述设备。雇主可以购入这类设备,或者提供补贴,让员工自行购买。

防范在工作场所丧失警觉

晚班或夜班期间,员工容易在工作场所感到疲劳和丧失警觉,这与事故的增加密不可分。一项研究显示,与连续上4天白班的员工相比,连续上4天夜班的员工平均受伤风险要高出36%。另一项研究则显示,与第一天上夜班的员工相比,连续上两天夜班的员工受伤风险提升了15%,而连续上3天夜班的员工受伤风险提升了30%。受伤风险也会随休息时间减少而提升。同样地,某种形式的瞌睡检测技术(例如识别驾驶员点头)可以用来警告驾驶员他们已经快睡着了。此外,研究证明,在工作场所使用足够明亮的照明,可以提高工人的警觉性。大多数建议都指出300勒克斯的室内照明足以满足视觉需求,与微弱的光照相比,这种程度的照明确实足以提高人们的警觉性,但还不足以使警觉性达到最高——那需要1 000勒克斯甚至照度更高的光照才行。我们还需要进一步的研究才能确定不同环境下何时需要多少光照,但雇主应该意识到光照强度会影响员工的警觉性,并确保工作场所的光照强度更接近1 000勒克斯,而不是300勒克斯。综上所述,连续上多天夜班、中途休息时间过少和昏暗的工作环境毫无疑问都会导致工作表现不佳,增加事故发生的风险。

预防疾病

睡眠及昼夜节律紊乱会引起一系列躯体和精神问题（见表1），及早发现这些问题有助于当事人采取干预措施，以防发展成慢性疾病。因此，睡眠及昼夜节律紊乱的高风险人群应该更频繁地接受体检。如果癌症在初期就被发现，那治疗效果和存活概率会大大提升。同样，及早发现并治疗2型糖尿病或抑郁症也能防止这些疾病急剧恶化。

我们知道，睡眠及昼夜节律紊乱者易患代谢异常和心脑血管疾病。为减少员工罹患此类疾病的风险，雇主应帮其方便摄入适当的营养。然而，自动售货机和食堂提供的通常是高糖高脂食品。正如第十二章所说，这些食品对预防疾病有害无益。上夜班前摄入高糖食物或饮料会引起血糖飙升，随后胰岛素分泌会使血糖迅速降低（见图9），而这会增加疲乏感。因此，开工前请不要在食堂或快餐店大吃大喝。原则上，食堂应该提供易消化的零食和高蛋白食品以帮助员工保持理想的工作状态，例如汤羹、坚果、花生酱、白煮蛋、鸡肉和鱼肉。我知道这些东西"淡而无味"，但你面前只有两个选项——要么吃得无味，要么早升极乐。

对亲密关系的影响

多项研究表明，夜班工作者离婚率较高。美国的一项调查发现，上夜班且有孩子的男性在婚后头5年内分居或离婚的概率比白班工人高6倍。新冠疫情之前，美国一家律师事务所宣称过去3年中夜班工作者的离婚比例上升了35%。这反映了问题的严重性。问题可能在于夜班工作者的伴侣未能意识到睡眠及昼夜节律紊乱造成的破坏性影响，尤其是对行为的影响。如果雇主能为夜班工作者及其家人提供相关信息和资料，也许会大有帮助。

睡眠时型与最佳工作时段

就睡眠时型而言，人与人之间存在巨大的差异（见第一章）。我想提醒你一句，睡眠时型是指某人更愿意在一天中的某个特定时间入睡，分为早晨型（或称"早鸟型"，占总人口的10%）、夜晚型（或称"夜猫子型"，占总人口的25%）以及中间型（或称"鸽子型"，占总人口的65%）。研究表明，受昼夜节律驱动的睡眠／觉醒时间与所需工作时间越不匹配，个人出现健康问题的风险就越高。正如第四章提到的，为了描述这种不匹配现象，我的老朋友蒂尔·伦内伯格创造了一个朗朗上口的说法——"社会时差"。简单来说，雇主可以将个人睡眠时型与特定工作时间表匹配起来。早鸟型的人更适合上早班，夜猫子型的人则更适合上夜班。这并不能彻底解决上夜班带来的问题，但至少能减少社会时差，以及跟体内生物钟"对着干"可能造成的重大问题。

为什么社会不重视睡眠及昼夜节律紊乱？

我发现有一件事着实令人担忧：我们尽管意识到了睡眠的重要性，也加深了对睡眠及昼夜节律紊乱后果的认知，但在应对这些问题上基本毫无作为。从社会层面上来看，这个重要医学领域的医疗保健专业人士并没有得到充分的培训。英国保险公司英杰华集团最近的一项调查报告显示，多达31%的英国人称自己失眠，67%的英国成年人有睡眠中断问题，23%的人每晚睡眠时间不足5小时。这显然是个问题，但在长达5年的基础培训中，医学生最多听到一两场关于睡眠的讲座，讲座中还可能根本不会提到昼夜节律。许多医务人员缺乏睡眠相关培训，不了解昼夜节律对人体生理机能的重要意义。由于培训机会非常有限，因此在睡眠及昼夜节律医学领域拥有临床从业资格的人极少。世界各国政府表面上似乎意识到了这些问题，却没有立法或颁布明确的指南以应对睡眠及昼夜节律紊乱这一广泛存在的问题。资助机构也不愿意提供资金供研究人员进行长期系统的研究，以增进对睡眠及昼夜节律紊乱的了解，甚至也不愿意运用目前掌握的知识改善社会各界的健康和财富状况。

尽管目前社会忽视睡眠及昼夜节律紊乱，也不关注昼夜节律的重要性，但我仍然持乐观态度。毕竟在30年前的英国，饮食和锻炼也被认为是"健康狂热分子"的专利，医疗从业人员甚至政府都很少讨论相关话题。而如今，这些话题在英国国家医疗服务体系的建议和实践中占据了很大比例。我认为，社会对睡眠及昼夜节律紊乱的态度也会发生类似的转变，每个人也将更能采取实际行动改善自身健康状况。不断深入了解昼夜节律相关科学有利于人类在许多健康领域做出真正的改变。在以下各章中，我将强调这些知识，并鼓励大家采纳这些信息。

问答

1. 书上说"人体内的生物钟能逐渐改变以适应夜班工作，就好比机体能适应跨时区旅行"。这是真的吗？

很可惜，这不是真的。只有少数特殊情况例外，例如北海石油钻井平台上的夜班工作者（见第三章）。一项针对夜班工作者的研究表明，97% 的人无法适应夜间工作的要求。唯一的解决方法是在白天避免自然光照，在上夜班时增加光照。但对大多数人来说，这根本行不通。

2. 我应该扔掉闹钟吗？

理想情况下，我们不该依赖闹钟，而应该像祖先一样，从快速眼动睡眠中自然醒来。人类祖先的生活节奏是"日出而作，日落而息"，但这对如今的上班族来说并不现实。等退休以后（如果我真的会退休的话），我可能会把闹钟送给某个青少年！

3. 我喜欢上完夜班后赶着做杂事，这是个好主意吗？

上完夜班回家后最好马上睡觉。上完夜班后，你的睡眠压力很大，让你保持清醒的昼夜节律驱动力较弱，不过它会在一天中逐渐增强，导致你在晚些时候更难入睡。上完"大夜班"[1]（这个叫法可不是白来的，见表1）之后，身边人都睡醒了，你可能很想加入他们的行列，比如做些杂事，补看提前录制的电视节目，或者给朋友打个电话。请尽量不要这么做，因为这些活动会提升警觉性，使你更难入睡。

4. 作为夜班工作者，我怎么才能维持亲密关系？

夜班工作者离婚率较高，维持亲密关系更困难。不过，你不妨试试以下做法。

1　大夜班（graveyard shift）指从深夜到早晨的工作班次，通常是从午夜到早上 8 点，直译为"墓地轮班"。——编者注

· 说话前请三思——疲乏会使人烦躁、冲动、缺乏同理心。了解这一点后，说话就不要不过脑子。等双方都充分休息之后，再处理严重的家庭问题。

· 疲乏时请讨论积极正向的话题，而不是消极负面的问题。

· 有意创造二人世界——两个人如果工作都是朝九晚五，那夜晚就可以一起度过了。但你们如果有一方上夜班或都上夜班，那这就不可能做到了。因此，请算好两个人都休息的时间，安排一些双方都喜欢的活动。

· 安排做家务——这也是一个大问题。每周的购物、大扫除、做饭，乃至给汽车加油，都应该提前安排好，免得发生摩擦，或者到最后一刻才手忙脚乱去做。

· 保持沟通渠道畅通——你们可能没法经常见面，因此请通过适当的社交媒体保持联络，并保持轻松愉快的交流。

· 保持身体健康——夜班工作者更容易生病，这可能会影响亲密关系。

· 尽可能找机会一起锻炼——如果没法跟伴侣一起锻炼，就给自己安排锻炼时间。这也有助于放松身心。

· 安排定期休假——换个轻松无压力的环境，与伴侣共度时光。提前做计划相当重要，因为这么一来双方都能心存期待。

5. 什么是"清醒梦"，我应该为此担忧吗？

"清醒梦"是指一个人能意识到自己在做梦，有时能控制梦中人物、梦的形式或梦中环境等。清醒梦似乎最常发生在快速眼动睡眠阶段，有人认为它们代表某种"中间状态"，也就是既没有完全清醒，也没有完全睡着。有些人鼓励做清醒梦，具体做法是：从快速眼动睡眠中醒来，把注意力放在梦中经历上，然后再回去睡觉，力求重新进入快速眼动睡眠。目前科学研究尚不清楚做清醒梦是否有好处，只能确定它存在潜在危险：如果你患有精神疾病，例如精神分裂症，那么清醒梦可能会模糊现实与梦境的界限，使你的头脑更加混乱。最近的研究表明，清醒梦是由大脑前额叶皮质的活动（见图2）引起的。

第七章

生命节律：昼夜节律与性

物理就像性，

它当然会带来某些实际结果，

但我们投身其中并不是为了这个。

——理查德·费曼（Richard Feynman），

美国犹太裔物理学家

你可能觉得求爱对人类来说很麻烦，然而这对雄螳螂来说显然更艰难。想要吸引配偶时，雄螳螂会跳求偶"舞步"，包括用力振翅和摇晃身体。吸引来雌螳螂后，雌螳螂会允许它与自己交配。到目前为止一切都好。不过，雄螳螂的成功可谓好坏参半。坏处在于，在交配过程中，雌螳螂会咬掉雄螳螂的脑袋。哪怕是少了脑袋，雄螳螂也会继续交配。但等到雌螳螂觉得受够了时，它就会吃掉仍在交配的伴侣的残躯。受孕是孕育后代的行为，放眼整个生物界，这种行为都是错综复杂甚至危险的。关键在于要在适当的时间为适当的部位摄入适量的适当物质。受孕乃是协调精妙的绝佳范例。想一想父母为了让我们降临人世而不得不做的事，我们不免大受震撼。可是……他们究竟做了什么呢？我默认你早已熟知生命形成的基本事实。因此，我会跳过那些基本知识，直接说月经周期与排卵——也就是卵子从卵巢排出，进入输卵管并有可能（也有可能不会）在此受精。

何时欢好

排卵是指卵子从卵巢排出。排卵的时机极为巧妙，涉及昼夜节律与多种激素系统相互作用，刺激卵巢分泌雌性激素和黄体酮。月经周期始于出血的第一天，来月经是因为子宫内膜脱落——子宫内膜已经为孕育受精卵做好了准备，但受精卵却没有到来（见图5）。

月经周期从21天到40天不等，只有大约15%的女性拥有28天的所谓"正常"周期（见图5）。这是一个很好的例子，它说明了为什么"平均值"容易引起误导，甚至会令人担忧。事实上，"月经周期不等于28天"是正常现象。受一系列因素的影响，大约20%的女性月经周期不规律。但正如下面将要讨论的，这种不规律可能与睡眠及昼夜节律紊乱存在联系。月经出血持续3—7天，平均时间为5天。月经周期（见图5）包括3个阶段：卵泡期、排卵期、黄体期。在**卵泡期**，卵巢和子宫为卵子排出做好准备；在**排卵期**，成熟的卵子排出，随后在输卵管内由精子受精。排卵后4天内，精子能在人类女性生殖管道（输卵管）中使卵子受精。不过，若排卵时精子已经在输卵管内，则受精概率最大。也就是说，在排卵前3天左右欢好女方最有可能怀孕。顺便说一句，没有任何证据表明与排卵有关的欢好时机会影响婴儿的性别。因此，我想说明的第一个关键点是，受精概率最高的时间段相当短暂，只有短短几天。理想情况下，精子应该在排卵前3天进入女性生殖管道。接下来是**黄体期**，子宫在这个阶段准备好接收受精卵——当然，也有可能接收不到。如果卵子受精，受精卵就会在子宫壁（子宫内膜）着床并开始发育。如果卵子没有受精，子宫内膜就会脱落，发生月经出血，开始新的月经周期。如果受精卵着床，胚胎周围的细胞就会分泌一种叫作"人绒毛膜促性腺激素"（HCG）的激素。早孕测试就是检测人绒毛膜促性腺激素的浓度。

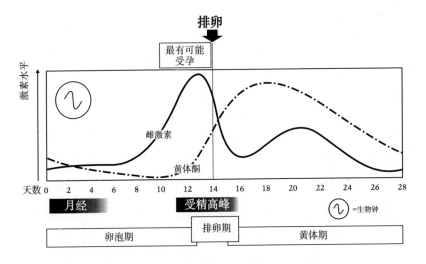

图 5　女性月经周期中排卵前后雌性激素与黄体酮的变化

排卵（排出可能受精的成熟卵子）时机是一系列复杂相互作用的结果，涉及下丘脑、垂体、卵巢以及这些组织和器官中的生物钟。这些外周生物钟的活动由位于视交叉上核的"主生物钟"协调。这些复杂系统实现同步是成功繁衍后代的关键。受孕（卵子受精）最有可能发生在排卵前3—4天。女性昼夜节律紊乱（例如夜班工作导致的）会引起月经周期不规律与月经周期延长，导致生育能力下降，流产风险增加。

　　昼夜节律系统参与上述过程的每个阶段，影响所有关键激素的分泌时机，以及卵巢等身体器官对上述激素的反应。视交叉上核中的主生物钟与下丘脑分泌的促性腺激素释放激素（GnRH）之间存在同步，促性腺激素释放激素会刺激垂体分泌促黄体生成素（LH）和促卵泡生成素（FSH）。促黄体生成素和促卵泡生成素通过血液到达卵巢，刺激卵巢分泌雌性激素和黄体酮。在这里要注意一个问题，下丘脑、垂体或卵巢内不同生物钟之间同步紊乱或缺乏同步会引起生殖系统疾病。以"生物钟突变体小鼠"为对象进行的试验已经证明了昼夜节律系统对生殖的重要性。那些小鼠的生物钟要么不运作，要么与外界不同步（见第一章）。它们的排卵和生殖周期明显紊乱，生育能力下降，幼崽减少。研究人员在小鼠身上的这一发现可能有助于解释某些女性身上出现的问题。她们因夜班工作或反复经历时差而出现了睡眠及昼夜节律紊乱，导致月经周期不规律、月经周期延长、生殖激素水平异常、生育能力下降等情况明显增加。例如，长期上夜班的女性月经周期不规律且时间延长（超过40天），同时怀孕概率降低。我们必须关注这样一个问题：上夜班对生育能力的影响虽然因人而异，但夜班工作和时差给某些女性生育能力带来的潜在风险依然是不可忽视的。许多医务人员不建议做试管婴儿［体外受精（IVF）］的人上夜班或经常长途飞行。

要谈怀孕，就必须先谈月亮对月经周期的影响，这是我最常被问到的问题。在民间传说中，女性月经周期与月相变化周期不无关系。这可能是因为月经周期平均是28天，而月相变化周期大约是29.53天。但正如前面提到的，月经周期从21天到40天不等，只有约15%的女性月经周期是28天。作为一名实用主义者，我想说如果月相变化真的对月经影响很大，那么不是该有更多女性月经周期接近29天吗？此外，民间传说称月经周期与月相变化同步，但事实并非如此。最早否认月相变化与月经周期存在联系的研究可追溯到1806年，但现如今仍然偶有论文声称"证明两者之间存在联系"。例如，20世纪80年代的一项研究指出女性在满月时更容易来月经，而另一项研究认为女性在新月时更容易排卵！然而更为详尽的长期研究并未发现两者之间存在任何关联。2013 年发表的一篇论文展示了对 74 名女性为期一年的研究结果，发现她们的月经周期与月相变化没有任何关联。应用程序 Clue 最近进行的一项研究也没有发现两者的相关性。Clue 是德国柏林一家科技公司 Biowink GmbH 开发的月经健康应用程序，Clue 团队分析了使用该程序记录月经的 150 万名女性的 750 万个周期，发现"月相与月经周期或月经开始日期没有关联"。月经开始日期随机分布在整个月中，与月相无关。只可惜这项重大研究结果只发布在了博客上，尚未经过同行评审。不过总的来说，月相变化周期对月经周期并没有可预测的影响。但最近的一份报告与上述研究矛盾，它指出月经周期超过 27 天的女性可能与月相存在"间歇性同步"。或许事实确实如此，或许这只是又一个月亮与人类生理机能之间所谓的"联系"，会随着同行评审和更多统计数据的涌现而渐渐消弭。月相与分娩频率、分娩期并发症和婴儿性别也不存在任何联系。既然谈到了月亮，我想再多说一句，月相与现代人的睡眠也没有明确关联。但正如本章接下来会讨论的，月经周期对睡眠有所影响。

没有充分证据表明人类繁衍受月亮影响，但其他动物不一样。绿矶沙蚕或许是有记载的最佳例证。它们生活在珊瑚礁的缝隙和孔洞中，在萨摩亚群岛和斐济群岛附近的几个珊瑚岛上都有分布。每年 10 月和 11 月出现特定月相时，绿矶沙蚕就会群聚繁殖后代。出现下弦月时，绿矶沙蚕会断成两截，包含卵子和精子的细长尾部（生殖节）浮上海面（可能是被月光吸引上去的），然后在海面排出卵子和精子。成千上万的绿矶沙蚕同一时间在海面上集结，它们的前半段（无性节）则继续过着穴居生活，等待来年长出新的生殖节。几个世纪以来，萨摩亚群岛上的土著摸清了绿矶沙蚕的习性，他们会预测绿矶沙蚕出现的日期和时间，捕捞它们的尾部作为佳肴享用。即使与外部环境和月亮隔绝，绿矶沙蚕仍会表现出与月相有关的行为节律。这表明它们体内有生物钟，能够预测月相变化的时间，就像我们人类拥有生物钟，能预测每天的时间一样。事实上，科学家从许多生活在海边潮间带的生物身上都发现过这种月相周期生物钟。

再说回我们人类。要想成功怀孕，时机极为关键。在适当时机排出成熟卵子固然是必不可少的，但这还远远不够，卵子还需要受精——这就回到了"受孕"这个问题上。受孕的最佳时机是性行为发生在排卵前不久（见图 5），排卵前 3 天左右性交最有可能怀孕。许多生理活动的目的是促成机体在适当时机排卵，那么问题来了：性生活时机也是为了尽可能提高受精概率吗？有两项研究考察了人类什么时候发生性行为，以及为什么发生性行为。其中一项研究是 1982 年进行的，调查了 48 对年轻夫妇；另一项研究是 2005 年进行的，调查了 38 名大学生。两项研究尽管规模都不大，但结果很类似：性行为会发生在一天中的任何时候，但集中发生在睡前（晚上 11 点至凌晨 1 点），早晨醒来时还会出现小高峰。2005 年的研究还问了参与者这样一个问题：你为什么在这些时间发生性行为？参与者的回答如下：23% 的人说是因为伴侣正好在身边，33% 的人说是因为工作日程正好空出了这段时间，16% 的人说是因为"反正也躺在床上了"，只有 28% 的人说是因为自己当时有"性致"。1982 年的研究显示，周末是夫妻发生性行为最多的时候，周末晚间和晨间性行为频率都有所增加。上述研究结果表明，促成性行为的主要是环境因素，例如工作日程安排和伴侣是否在身边，而不是内在的生理驱动力。

上述发现得出的结论如下：性生活在任何时候都有可能进行，与排卵无关。不过，这个结论有些过于简化了。再重申一遍，性爱发生在排卵前 3 天左右时女方最有可能怀孕，而排卵后 12—24 小时内卵子受精的可能性不大。成功受精的时间段如此短暂，如果生理机制没有在某种程度上为性行动做好准备，那就太令人惊讶了。事实上，如今有充分的证据表明，人类的性行为在受孕高峰期前后确实会发生变化。无论是异性恋男性对女性的吸引力，还是异性恋女性对男性的吸引力，在整个月经周期内都会不由自主地发生变化。对此，研究人员大胆地拿出了相关证据。一项研究显示，异性恋女性在受孕高峰期更容易被强烈的男性特征吸引，包括显著的男性面部特征、低沉的嗓音、明显的支配行为和鹤立鸡群的身高。女性在受孕高峰期性欲会增强，也更可能有外遇。这些变化的生理基础目前尚不明确。不过，异性恋男性似乎会受女性分泌的一种有气味的物质影响，这种物质被称为"交配信息素"。交配信息素在卵泡期（预排卵期）分泌增加，在黄体期分泌减少（见图5）。男性闻到交配信息素后会分泌更多睾酮，变得不那么在意女性面孔的迷人度（不那么挑剔），行为也更加粗鲁。这种影响虽然不大，但相当明显。例如，研究人员请异性恋男性嗅闻月经周期不同阶段的女性穿过的T恤，然后要求这些男性为对方的性吸引力和气味浓烈度打分。结果显示，女性在月经周期中期穿过的T恤的气味被男性评为最具吸引力，因为此时女性的生育能力最强。这项研究的对照组是异性恋女性，她们闻过T恤后表示气味的吸引力没有变化。研究结果表明，异性恋男性可以利用气味线索区分排卵期和非排卵期女性，这可能会改变他们的行为。这些观察结果并不新鲜，早在1975年就有一项研究表明，与黄体期的阴道分泌物气味相比，排卵前和排卵期的阴道分泌物气味不那么难闻。所以说，排卵时机确实会影响人类的异性恋行为。不过到目前为止，还没有研究考察过同性恋受到的影响。

　　除了行为改变，受孕高峰期还会出现促成受精的生理变化。宫颈黏液在月经周期中会发生变化。排卵前，宫颈黏液类似生鸡蛋清，这时是性交怀孕的最佳时机。这个阶段的宫颈黏液似乎有助于精子通过宫颈，使卵子受精。它还能使精子在漫长的旅途中保持健康——也就是说，它有点儿像高强度徒步之旅中的丰盛盒饭。女性排卵的另一个生理指标是排卵时体温会上升约0.5摄氏度，这是卵巢分泌的黄体酮的增加促成的。至于这种体温上升是否有助于受精，目前尚无定论。不过，人们利用它来追踪排卵，从而安排性生活，以促进受孕。然而各项研究都表明这并非确定排卵的可靠方式，其可靠性低至22%。

有趣的是，男性睾丸分泌睾酮也存在昼夜节律。睾酮水平从午夜开始升高，在早晨醒来前达到高峰（见图1），此时年轻男性的睾酮水平比一天中其他时间高出25%—50%。男性性欲与睾酮水平存在联系，而睾酮在早晨达到峰值，这或许能解释研究观察到的晨间性行为小高峰。另一项研究显示，与一天中的其他时间相比，清晨7:30之前收集到的精液中精子浓度最高。上述发现表明，男性可能会在一天中的某个特定时间产生质量最高的精子，以此提升卵子受精的概率。因此，性爱（我是说成功的受精）其实跟其他东西一样，关键在于在适当的时间为适当的部位摄入适量的适当物质。请为我们的父母鼓掌——他们的生理机能显然大获成功！

出生时间

分娩时婴儿的死亡概率相对较高，因此生日被称为"一生中最危险的一天"。我很理解这种说法背后的逻辑，但仍然觉得有必要指出一个事实：从统计学上来说，我们一生中最危险的一天实际上是撒手人寰的那天。言归正传，世界各地的自然分娩（没有通过药物或手术诱导的分娩）高峰期分布在深夜 1 点到上午 7 点，在凌晨 4 点到 5 点相对集中。显然，婴儿可以在白天或晚上的任何时间出生，但这种在清晨集中出生的现象强有力地说明了出生时间在某种程度上受昼夜节律调节。我们不禁思考：为什么会这样？从进化的角度来看，这种时机安排有什么好处？一种学说认为，在狩猎采集型社会里，夜间分娩对母亲有好处，因为族群在晚上聚在一处，可提供保护和社会支持，而白天族群分散觅食，此时分娩则没有这些好处。此外，夜间温度降低，捕食者活动也会减少。因此，人类在清晨的出生高峰期可能是进化的遗存，因为在这个时候出生生存概率会大大提高。

上述从进化角度做出的解释也与激素水平变化存在联系。松果体在夜间分泌褪黑素（见图 1），褪黑素会发出夜间信号，让身体分泌促进子宫收缩的激素，例如催产素。支持这一观点的研究显示，孕晚期褪黑素水平较高，褪黑素可能会使子宫对催产素更敏感，催产素反过来又会触发强有力的宫缩，使婴儿向下移动并离开产道。现代人类在凌晨分娩的进化选择压力已经消失，但促成在此时分娩的生理机能仍然存在。如果说褪黑素最初的作用是充当"夜间的生物标记"，那么现代人分娩可能仍然受这种夜间信号影响。

上述一切都说得通，但我在牛津大学的同事阿拉斯泰尔·布坎（Alastair Buchan）教授（他帮我进行了本书的"事实查证"）并不接受这些观点。他提出，出生时缺氧，也就是所谓的新生儿缺血缺氧性脑病，才是人类婴儿最常见的致死致残原因。因此，我们应该研究夜间分娩与可能存在的保护机制之间的联系，从而降低新生儿缺氧的风险。这真是个有趣的想法。也许夜间温度降低会使新生儿缺氧风险下降？

昼夜节律上的两性差异

从生理角度来看，男性和女性可谓截然不同。男女之间普遍存在"两性异形"[1]，在昼夜节律系统这方面也存在显著差异。下面我们将讨论异性恋男女的不同昼夜节律模式。我要提前向性少数群体（LGBTQ）道歉，因为目前还缺少对这部分人群昼夜节律行为模式的科学研究。科学家通过研究人类和动物得到的第一个明确证据是"睡眠时型"的差异，即个体是偏向早睡早起的"早晨型"还是偏向晚睡晚起的"夜晚型"（见第一章）。男性和女性的睡眠时型不同这一发现源于对啮齿类动物的研究。最初的研究对象是雌雄仓鼠，它们被放在单独的笼子里，笼子里设有跑轮。室内灯光关闭，没有明暗周期，仓鼠不可能与外界同步。在上述条件下，研究人员记录了仓鼠自由运转的活动／休息昼夜节律。与雄性仓鼠相比，雌性仓鼠的自由运转周期较短，也就是说生物钟"走得比较快"。针对啮齿类动物的其他研究也验证了这一发现。值得注意的是，人类身上也有类似现象。有一项研究比较了男女核心体温、睡眠／觉醒与警觉性的昼夜节律，结果发现女性的上述节律都快于男性。2003 年至 2014 年"美国人时间使用情况调查"数据显示，男性的睡眠时型通常较晚，15—25 岁的男女差异最大。40 岁以后，男性与女性的睡眠时型更相近，但男性之间差异更大。最近一项针对 53 000 人进行的调查研究也证实了这一点。平均来看，女性更可能是早晨型，男性则更可能是夜晚型。这种睡眠时型上的两性差异与两种性激素——雌性激素和睾酮——存在联系，这也许并不令人惊讶。目前尚不清楚为什么会存在这种睡眠时型上的

---

1 两性异形（Sexual Dimorphism），指同一物种的不同性别在外表上存在显著分别，包括体形、颜色、用作求偶或打斗的身体器官（如羽毛、犄角和獠牙等）。——译者注

差异，总而言之，女性往往比男性起得更早。

雌性激素与睾酮不仅仅影响睡眠时型，女性的雌性激素还使得昼夜节律更稳定、振幅更大（从峰值到谷值的波动幅度更明显）。总而言之，雌性激素会带来更明显的昼夜节律。有趣的是，女性随着年龄增长，雌性激素水平会下降。这也许能说明为什么许多女性都表示"随着年龄增长失眠情况有所增加"（见第八章）。

以雄性小鼠和男性人类为对象的研究发现，昼夜节律同步的光敏感度降低与睾酮有关。例如，与雄性小鼠相比，雌性小鼠能更快地适应模拟时差（明暗周期偏移8个小时）：雌性小鼠6天就能适应，雄性小鼠则需要10天。这种昼夜节律上的两性差异或许可以这么解释：雌性激素和睾酮受体在大脑中的分布，尤其是在视交叉上核中的分布，在雄性和雌性身上存在差异。视交叉上核分为两个区：腹外侧区与背外侧区。视交叉上核的腹外侧区接收来自眼睛（视网膜下丘脑束）的主要投影，使视交叉上核与明暗周期同步（见第三章）。雄性视交叉上核的腹外侧区有大量睾酮受体，或许这些受体的作用是使雄性的生物钟对光不敏感。而雌性的视交叉上核中缺少这些睾酮检测机制，加之雌性分泌的睾酮少得多，因此雌性可以更快地对光做出反应。此外，视交叉上核的背外侧区向身体其他部位发送昼夜节律的"输出信号"。雌性大脑的这个区域有许多雌性激素受体。雌性激素会让昼夜节律波动幅度更大，这或许是因为视交叉上核背外侧区的雌性激素受体会促进神经元更紧密地耦合，使得生物钟发送出更强劲的输出信号。这套机制也许能解释为什么雌性激素使女性的昼夜节律更明显。

月经周期的影响

根据研究报告，女性一生中罹患情绪障碍（例如抑郁症）的风险是男性的 2 倍，罹患睡眠及昼夜节律紊乱的概率比男性高 25%。对此，研究人员提出如下假设：女性生殖激素（主要是雌性激素和黄体酮）在整个月经周期（见图 5）和绝经期的变化是两性情绪和抑郁差异的原因。这种看法可能源于"民间智慧"或父权制的偏见，但如今有越来越多的证据表明，女性生殖激素的变化确实是导致睡眠及昼夜节律紊乱、情绪变化与抑郁症的重要因素。让我们从整个月经周期中的情绪变化说起。

情绪变化

据估计，在月经周期中的经前期（黄体期后期，月经出血之前），20%—80% 的女性会出现某种形式的情绪变化，例如情绪波动或易怒，同时睡眠质量变差。这些变化会在月经出血（月经期）开始后逐渐消失。这些令人不适的情绪变化被归类为"经前期综合征"（PMS）。关于经前期综合征的成因目前尚无定论，不过与情感和情绪有关的脑部结构，包括下丘脑、杏仁核和海马体（见图 2），都存在检测雌性激素和黄体酮的受体。总的来说，雌性激素会带来更积极正向的情绪。雌性激素的一大作用就是提高大脑中 5- 羟色胺的水平，5- 羟色胺是一种让人感到快乐的激素。黄体酮水平高能起到抗焦虑作用，还会使人嗜睡。雌性激素和黄体酮的这些作用及其在整个月经周期中的动态变化与经前期综合征发作的时间完全合乎逻辑（见图 5）。排卵前的卵泡期，机体雌性激素水平上升，情绪更为积极向上。排卵后的黄体期前半段，黄体酮水平较高，能够促进睡眠并减少焦虑。但黄体期后半段（经前期）黄体酮水平下降，外加雌性激素水平也降至最低，造成情绪较差、睡眠减少，也就是所谓的"经前期综合征"。

昼夜节律与睡眠变化

有充分的证据表明，女性在月经周期中的经前期不仅情绪会发生变化，昼夜节律也会直接发生改变。正如前面提到的，雌性激素会带来更明显的昼夜节律。而且经前期雌性激素水平低（见图5），可能导致机体对睡眠的昼夜节律驱动力减弱，引起睡眠质量下降。有趣的是，有研究报告指出，经前期女性的昼夜节律受清晨光照影响较小。目前尚不清楚这是不是黄体酮或雌性激素水平发生变化导致的，但其最终结果确切无疑：昼夜节律同步信号较弱会使女性更容易出现睡眠／觉醒节律紊乱，尤其是在缺少自然光照的情况下（见第三章）。经前期睡眠及昼夜节律紊乱的另一个因素是黄体酮水平低。黄体酮水平高能减少焦虑并促进睡眠，而经前期黄体酮水平低则会带来相反的效果。

情绪、昼夜节律与睡眠的相互作用

3%—8%的女性的经前期综合征严重到足以被诊断为"经前焦虑症"（PMDD），她们会感到烦躁、愤怒、抑郁、焦虑，出现明显的失眠。事实上，失眠和白天嗜睡与经前焦虑症患者的经前期情绪变化存在密切联系。失眠越严重，情绪变化就越剧烈。显然，在月经周期中的黄体期晚期，睡眠及昼夜节律紊乱与情绪息息相关。此外，睡眠及昼夜节律紊乱还会激活应激中枢（前文提到的下丘脑—垂体—肾上腺轴）。应激反应越大，出现睡眠及昼夜节律紊乱的风险就越大。简而言之，睡眠及昼夜节律紊乱会引起不良情绪和抑郁症；经前期黄体酮和雌性激素水平低，可能共同诱发睡眠及昼夜节律紊乱和不良情绪；睡眠及昼夜节律紊乱会激活应激中枢，从而加剧不良情绪和睡眠及昼夜节律紊乱。激素、压力与睡眠及昼夜节律紊乱在经前期的相互作用或许能解释为什么许多女性在月经周期中的黄体期后期苦不堪言。月经周期停止后，女性就会进入更年期，而它是睡眠及昼夜节律紊乱的另一个潜在诱因。

更年期的影响

对女性来说，更年期（又名绝经期）代表月经和月经周期的结束（见图5）。不过，这种变化并非突如其来。月经停止前4—6年内，女性会经历"绝经过渡期"。绝经过渡期的平均起始年龄是51岁。这种过渡与卵巢分泌的雌性激素和黄体酮水平波动有关。雌性激素、黄体酮和其他激素水平的变化又与各种症状存在联系，包括睡眠障碍、更年期潮热和情绪波动。目前尚不清楚激素水平与睡眠障碍之间的具体联系，但许多研究显示，雌性激素和黄体酮水平低与睡眠障碍密切相关。此外，有睡眠障碍史的女性在更年期更容易出现睡眠及昼夜节律紊乱。许多女性会出现严重的睡眠紊乱，伴有白天嗜睡和情绪波动。在绝经过渡期，40%—56%的女性表示出现了睡眠问题，而绝经前的这一比例是31%。这种睡眠问题最常表现为夜间多次醒来、入睡困难和早醒，而这也是失眠的典型症状（见图4）。

更年期潮热是绝经过渡期的一大独特特征。根据研究报告，多达80%的更年期女性会出现潮热，具体症状是不分白天黑夜的燥热、出汗并伴有焦虑，然后浑身发冷，可持续3—10分钟不等。更年期潮热与雌性激素水平降低有关，但这并不是唯一原因。最近的研究表明，下丘脑分泌的神经递质（包括去甲肾上腺素和5-羟色胺）的变化也可能与更年期潮热存在联系。问题在于，夜间发作的更年期潮热几乎总是伴随失眠症状，尤以夜间醒来最为常见。值得注意的是，用激素替代疗法（HRT）治疗更年期潮热能够改善睡眠状况，这种疗法通常是同时补充雌性激素和黄体酮。这些数据资料有力地证明了雌性激素和黄体酮水平降低、更年期潮热与睡眠不佳存在明确联系。在整个绝经过渡期，每位女性出现的睡眠及昼夜节律紊乱状况差异很大，而长期失眠会引起抑郁、焦虑和健康状况不佳，甚至导致认知能力下降。

遗憾的是，潮热引起的失眠只是问题的一部分。本书第五章讨论过睡眠呼吸障碍（SDB），它在绝经过渡期更容易发作，周期性肢体运动障碍和阻塞性睡眠呼吸暂停（见第五章）也是如此。53%存在睡眠问题的女性都患有睡眠呼吸障碍或周期性肢体运动障碍。雌性激素和黄体酮水平下降也与睡眠呼吸障碍存在联系，这两种激素都有助于改善睡眠期间的呼吸状况。这提醒我们，很多激素的作用不止一种，而是有很多种，我们往往只熟知其主要作用。绝经过渡期失眠的原因相当复杂，但用激素替代疗法缓解更年期潮热对一些人来说很管用。在咨询过医生后，激素替代疗法可被视为一种选择，但它应该与失眠症的认知行为疗法（见第六章）同时使用。事实上研究已经证明，单独采用失眠症的认知行为疗法也能有效缓解绝经过渡期的睡眠及昼夜节律紊乱。

让我们回到前文提出的问题上：女性一生中罹患抑郁和失眠的风险较高，这是否与月经期和更年期的激素水平变化存在联系？上述证据似乎表明答案是肯定的，而以下发现也支持这一结论。研究发现，女性易患失眠和抑郁是从青春期开始的，这表明雌性激素和黄体酮水平的动态变化导致女性的抑郁和睡眠问题发生率高于男性。为了照顾男性读者的感受，我想在此补充一句：睾酮水平随着年龄的增长而下降，这也与睡眠问题存在联系，例如夜间醒来、睡眠不佳和出现抑郁症状，不过我们尚未厘清其中的因果关系。

研究男女的昼夜节律生理机制

研究昼夜节律和睡眠的学者已经认识到男女在昼夜节律上存在两性差异，但当下这一领域的研究还很薄弱。大多数以小鼠为研究对象的昼夜节律实验只研究雄鼠，因为在小鼠为期 4 天的发情（生殖）周期中，雌鼠体内的雌性激素和黄体酮水平发生改变，导致其活动的昼夜节律时间发生细微变化，进而加大了研究药物或其他制剂如何影响昼夜节律系统的难度，在药物影响较小的情况下尤为如此。对人类的研究也是同样的道理。研究人员有时很难判断女性昼夜节律系统的微妙变化是不是受了月经周期的影响。不过，人们越来越认识到，单纯以男性（通常是年轻的男大学生）为对象的研究得出的有关人类生理机制的结论可能有失偏颇，而且很可能引起误导。在设计实验时将女性复杂的生理机制纳入考量无疑是一大难题，但这么做很有必要。事实上，如今一些资助机构明确要求人类昼夜节律研究必须同时涵盖男性和女性。值得一提的是，尽管研究人员正在探索昼夜节律上的性别差异（男性和女性），但关于昼夜节律对性别认同或性取向的影响目前还缺乏行为层面（例如睡眠时型，请见附录一）上的研究，已有的研究主要是大脑解剖学层面上的，例如科学家研究同性恋男性死后的大脑样本发现，其视交叉上核内的细胞数量是异性恋男性的两倍。然而，这些研究存在许多问题，尤其是在界定同性恋这个问题上——那些男性之所以被归类为同性恋，依据是他们死于艾滋病。此外，这些"同性恋"男性的视交叉上核尺寸差异极大，但与异性恋男性存在非常明显的共通之处。

怀孕与初为父母

请记住,新生命的到来与睡眠及昼夜节律紊乱密切相关,情况严重时甚至会导致重度抑郁症。从怀孕的头三个月起,40%的孕妇就会出现某种形式的失眠。到怀孕的最后三个月,这个比例会增加到60%。分娩之后(无论是哪种类型的分娩),产妇的睡眠状况都会进一步恶化,因为新生儿的进食和睡眠模式让母亲在夜间睡眠不足。白天小睡可以增加总睡眠时长,但夜间的片段化睡眠几乎总会导致白天嗜睡。产后三个月,母亲的睡眠质量会逐渐提升,但通常无法恢复到怀孕之前。

接下来我提出的观点并没有数据支持,仅供大家讨论。当今社会的家庭形态已经普遍从大家庭转变成了核心家庭,也就是说,家里只有父母双方加上孩子。这种转变之所以发生,是因为随着经济财富的增加我们能够自由选择如何安排生活。但这也带来了一个意想不到的后果:产妇的睡眠质量变差。过去,众多家庭成员共享同一空间,育儿工作可以由全家人共同完成,产妇补起觉来更容易。如今,产妇们常常感到内疚,因为她们"无法应付"睡眠不足这个问题。但是,人类这个物种还没有进化到能靠父母中的某一方承包所有育儿工作。人类的育儿工作通常由众多家庭成员共同承担,我们的近亲猿猴也是如此。因此小宝宝呱呱坠地后,产妇向别人求助绝不代表"我是个不合格的妈妈"。研究报告显示,产妇容易患抑郁症、狂躁症、焦虑症、思觉失调和强迫症(OCD),甚至会出现自杀念头。产后三个月,有抑郁症状的母亲会出现严重的睡眠障碍、入睡困难、早醒和白天嗜睡。新生儿的需求是原因之一,此外,产妇的激素水平在产后急剧变化,以黄体酮水平的变化最为显著,这可能是上述病症的重要诱因。

黄体酮有助于保胎，对孕妇有轻微的放松作用，还能促进睡眠。正常情况下，催乳素水平上升可以"补偿"黄体酮水平下降带来的不利影响。哺乳期女性会分泌催乳素，这种激素可能有助于促进睡眠。研究表明，纯母乳喂养的女性比用奶粉喂养的女性平均每晚多睡30分钟。母亲的睡眠及昼夜节律紊乱固然更严重，但父亲也会受到影响。研究报告显示，新生儿出生后的头一个月里，爸爸们在白天更加嗜睡。父母双方如果睡眠时型不同（例如一方是早鸟型，另一方是夜猫子型），那么在新生儿出生的头几个月乃至头几年里就会轻松一些。

　　睡眠及昼夜节律紊乱和抑郁症在产妇身上十分常见，但治疗这些疾病的循证方法相当有限。正如前面提到的，母乳喂养似乎有助于促进睡眠，失眠症的认知行为疗法也能起到作用，白天趁宝宝睡觉时小睡片刻同样有所助益。一份研究报告显示，易患抑郁症的女性若在分娩后多住院5天，白天提前储存母乳，夜间由护士给婴儿喂奶，那么其产后抑郁症发病率会降低。研究证明，在分娩前接受相关教育，提升对"初为人母后睡眠不足"的认识，也对产妇有所帮助。在一些开明的社会中，真正能共同分担产后育儿工作的夫妻越来越多。事先确定谁做什么事、多久轮换一次、如何做家务、还有哪些人能帮忙照顾婴儿，都有助于减少焦虑和减轻压力。但我们仍然要面对一个事实：新生儿降生后，父母睡眠不足和罹患精神疾病的风险随之提升，这对许多人来说都是个大问题。目前切实管用的治疗方案少之又少，在这段关键时期，千万别怕向别人寻求帮助，尤其是年轻的母亲们。

问答

1. 孕妇睡觉时应该左侧卧吗？

我经常被问到这个问题，给出的建议也总是变来变去。最近的一项研究得出结论：就造成死胎的风险而言，左侧卧和右侧卧同样安全。不过，平躺是导致怀孕后期出现死胎的一大因素。具体来说，怀孕超过 28 周的孕妇如果采用侧卧而不是仰卧，那么流产率会降低 5.8%。

2. 人类存在季节性繁殖吗？

人类的生理机制确实在很多方面呈现出年度节律，包括自杀、心脏病发作、某些癌症发病率和出生率。进入工业化社会之前，人口出生率最高和最低的季节可相差 60% 甚至更高。如今两者的差异远没有那么明显，可能低至 5%，甚至没有统计学意义。我们尚不清楚过去存在这种季节性差异的生理机制，也不明白为什么如今出生率的季节性差异明显减少。社会习俗的变迁、当地经济的发展、季节性周期的缺失（例如感受不到白昼长短变化），加上近些年有效的避孕措施，似乎都对此发挥了重要影响。

3. 服用避孕药是否有助于缓解经前期综合征？

你也许认为答案是肯定的，因为含有雌性激素和黄体酮（或只含有黄体酮）的避孕药能预防与排卵有关的激素水平变化。但研究报告显示，有些女性服用避孕药后经前期综合征会加重，有些女性则会缓解。经常有报告指出女性停止服用避孕药的一大原因是"出现不良情绪",目前学界对此尚无定论,不过这种不良情绪可能与服用人工合成的黄体酮类避孕药存在联系。这种避孕药不但无法促进睡眠和放松,反而可能加剧抑郁,导致情绪恶化。

4. 男女睡眠时型不同,男性通常晚于女性,这会不会影响伴侣之间的关系?

最近的一项研究表明,性交频率通常与伴侣的睡眠时型无关。但参与这项研究的女性表示,与伴侣拥有同样的睡眠时型时,她们在亲密关系中感觉更快乐。不过,睡眠时型、性关系与婚姻之间的关系极其复杂且充满变数,取决于社会、经济和双方性格因素的相互作用。

5. 女性的月经周期与其他哺乳动物(如小鼠)的发情周期有什么区别?

发情周期得名于性活动(发情)的周期性发生。除了高等灵长类动物,所有哺乳动物都有发情周期。只有高等灵长类动物有月经周期,这得名于子宫内膜脱落导致的定期月经出血。有发情周期的哺乳动物的子宫内膜则会被身体吸收,而不会脱落。大多数哺乳动物都有发情周期,雌性一般只在排卵前后准备交配,这有时也被称为"发春"。相比之下,高等灵长类动物的雌性,包括我们人类在内,可以在任何时候进行性活动。在最佳受孕时间之外性交,还有助于强化伴侣之间的纽带。

6. 男人会分泌雌性激素吗?

睾酮一直被视为男性的性激素,雌性激素则被视为女性的性激素，但这并不正确。有一种雌性激素（雌二醇）由睾酮转化而成，男性的大脑、阴茎和睾丸中富含将睾酮转化为雌二醇的酶。与性唤起有关的脑部区域中，由睾酮转化而成的雌二醇较多。雌二醇有助于调节性欲（性冲动）、阴茎勃起和精子生成。也就是说，睾丸分泌的睾酮在大脑、阴茎和睾丸中被转化为雌二醇之后，才会对男性生理和行为的重要方面起到促进作用——这可能让你惊讶不已。曾几何时，男同性恋者还需要接受治疗，用人工合成的雌性激素己烯雌酚抑制性欲——这被称为"化学阉割"。这种人工合成的雌性激素作用于垂体，抑制通常会刺激睾丸分泌睾酮的激素（促黄体生成素和促卵泡生成素）。服用己烯雌酚后，男性的性欲、阴茎勃起或精子生成都会受到抑制，同时还会出现一系列令人不快的副作用，包括乳房增大。

7. 昼夜节律对女性的排卵时机很重要，它对精子生成是否同样重要？

有一项重要研究调查了 7 068 名男性的 12 245 份精液样本，检查了样本的精子浓度、总精子数、精子活力和形态。结果显示，上午7:30 之前收集到的精液样本精子浓度最高，但精子活力并没有呈现出昼夜节律。目前尚不清楚为什么精子生成会在清晨达到高峰。

第八章

七个年龄段的睡眠：
昼夜节律与睡眠如何随年龄增长而变化

变化是不可避免的，一成不变的只有自动售货机。

——罗伯特·C. 加拉格（Robert C. Gallagher），

美国心外科医生

南极的玻璃海绵即使拥有人类等级的意识（我相信并没有），也不用担心变老这个问题。它们被认为是世界上"现存最古老的动物"，据推测其寿命可长达 15 000 年。早在撒哈拉沙漠还是湿润沃土的时候，如今还存活的一些玻璃海绵就已经在世了。即便如此，这种海绵没有免于变化。它们生活在南极水深不到 300 米的浅海区，如今那里依旧有大量季节性海冰遮挡阳光。玻璃海绵从周围海水中过滤出细菌和浮游生物并以此为食。

最近的一项研究显示，这种古老的海绵可能是少数从全球变暖中受益的物种。近年来，南极部分地区变暖，冰架崩塌，大片海底暴露在阳光下，导致藻类数量剧增。藻类是南极生态系统的主要食物来源。在长达 4 年的研究期间，科学家发现南极冰层消失地区的玻璃海绵数量增加了 2—3 倍。它们之所以长势良好，可能是因为藻类数量急剧增加。与南极玻璃海绵相比，人类的寿命要短得多。玛士撒拉是宗教传说中的人物，据说活了 969 岁。至少根据《圣经》第一卷《创世记》的记载，他是世上最长寿的人。只可惜，这个传闻并没有得到专门验证。根据 2021 年 7 月的维基百科（我知道，有些人可能觉得《创世记》比维基百科更权威），有记录的最长寿的人是法国人雅娜·卡尔曼特（Jeanne Calment，1875—1997），终年 122 岁；最长寿的男性是日本人木村次郎右卫门（Jiroemon Kimura，1897—2013），终年 116 岁。归根结底，大多数生活在发达经济体中的人都希望（甚至可以指望）活到 100 岁左右。但有一点确切无疑：我们会经历种种变化，包括社会、政治、环境变化，当然还有生理变化。

随着年龄增长，昼夜节律和睡眠会发生重大变化。在这个问题上，人与人之间的差异可能相当明显，但一些趋势确实普遍存在。随着年纪越来越大，我们花在睡眠上的时间会缩短；昼夜节律会变得不那么"显著"，以 24 小时为周期的生理机能（包括睡眠）的驱动力不足，导致睡眠变得片段化；生物钟也会发生变化（从青少年期到青年时期，睡眠时型会变得越来越晚；从 20 多岁起一直到老年，睡眠时型则会变得越来越早）。随着年龄的增长，许多人会感觉得不到理想的睡眠。

与年龄有关的睡眠及昼夜节律变化不可避免，但模式改变并不意味着情况恶化。一切都在于调整个人的期待值。了解可能发生的事并提前做好（身体和情绪上的）准备是至关重要的。本章讲的就是如何将这些理论付诸实践。为了便于阅读，我将本章分成了"易于消化"的三小节。第一节名为"幼儿时期的睡眠（婴儿到青少年）"，说的是睡眠和昼夜节律的变化在出生到青春期这一阶段最为明显也最为迅速，这些变化也会对教育和健康产生重大影响。第二节名为"青春期后的睡眠（成年到健康老年）"，说的是人类在度过青春期后睡眠会出现明显变化。这些变化往往发生得比较缓慢，是生理机制、工作、压力、为人父母和潜在疾病相互作用的复杂产物。第三节名为"睡眠与神经退行性疾病的影响"，说的是随着年龄的增长，我们更容易罹患重大疾病，例如阿尔茨海默病和帕金森病。这些疾病并非无法避免，而老年人的发病率更高，这会极大影响患者和家人的睡眠状况。

幼儿时期的睡眠（婴儿到青少年）

胎儿和孕妇的睡眠

据我所知，胎儿在子宫里大部分时间都在睡觉。母亲怀孕 38 周到 40 周的时候（约 40 周时分娩），胎儿有 95% 的时间在睡觉。相比之下，孕妇可能睡眠质量变差，尤其是在怀孕的最后 3 个月。激素水平变化、胎儿压迫膀胱导致的起夜、腿抽筋、胃反酸、胎动和其他身体不适都会导致孕妇失眠增加（见第五章）。妊娠期前 3 个月，准妈妈们可能睡得更久。不过，母体对睡眠的感知并没有因此受到太大影响——准妈妈们都表示嗜睡和疲乏加重了。为了维持妊娠，机体内人绒毛膜促性腺激素（见第七章）和黄体酮需要保持高水平，而这会诱发轻度嗜睡。然而，人绒毛膜促性腺激素和黄体酮也可能引起体温略微上升，这通常不利于睡眠。在妊娠期的中间三个月到最后三个月，近 50% 的女性表示睡眠不佳。有上述病症的孕妇更容易出现打鼾和阻塞性睡眠呼吸暂停（见第五章），鉴于存在潜在风险，相关孕妇应该接受治疗。妊娠期间，不安腿综合征和周期性肢体运动障碍的患病风险也会增加，约 20% 的孕妇出现了这两种病症。在咨询过全科医生的前提下，孕妇可以通过服用补铁保健品来治疗不安腿综合征和周期性肢体运动障碍（见第五章）。我母亲怀孕的时候，医生让她每天喝吉尼斯黑啤酒，以便补充铁元素。但事实证明，吉尼斯黑啤酒的含铁量极低，发挥作用的其实是酒精。如今，医生已不建议孕妇喝酒。我很幸运，我母亲说吉尼斯黑啤酒让她犯恶心，她才不喝呢。

婴儿（0—1 岁）与父母的睡眠

正如第七章中提过的，在核心家庭出现之前，育儿工作是由全家人共同分担的。如今，这些责任通常压在了母亲的肩头，而伴侣也会提供不同程度的帮助。人们都默认长期处于困倦状态的母亲应付得过来。但事实上，人类还没进化到能独自承担这些责任，母亲应该在需要的时候寻求帮助。孩子出生后，睡眠就成了家庭生活的"重头戏"。新生儿的昼夜节律还不稳定，会在白天和晚上断断续续地睡觉，这可能与其需要频繁进食有关。出生 10—12 周后，婴儿开始出现昼夜节律的迹象，夜间睡眠时间逐渐增加。在这段时期，孩子的睡眠时间会逐渐减少——出生后不久为 16—17 小时，16 周大时减少到 14—15 小时，6 个月大时再减少到 13—14 小时。出生后的头一年中，孩子白天的睡眠需求减少，夜间睡眠增加。满 1 岁时，孩子主要在夜间睡觉，白天睡眠很少。不过，20%—30% 不满两岁的孩子会在夜间醒来。稳健的 24 小时睡眠／觉醒模式需要 6—12 个月才能完全形成，但监护人从一开始就应该营造良好的睡眠环境，鼓励孩子入睡，最终帮助其昼夜节律系统与外界同步。婴儿应该接受稳定、充足的光照，暴露在固定的明暗周期之下。根据我小时候的照片推测来看，那个年代的婴儿经常在屋外的婴儿车里一待就是一整天！晚上，卧室应该使用遮光窗帘，尽可能保持室内黑暗且安静。在婴儿渐渐长大的过程中，监护人要确保其拥有固定的进餐时间表和稳健的 24 小时昼夜模式，白天接受光照，晚上保持黑暗。其中的因果关系尚不明确，但研究表明，在孩子的早期发育阶段，良好的睡眠与认知和身体发育存在重要联系。不过我还得强调一点：人类和其他大多数动物一样表现出明显的"发展可塑性"，其发展可以是各式各样的。因此，婴儿时期睡眠不佳并不一定意味着此人在长大成人后会出现永久性的认知或成长问题。婴儿睡眠严重紊乱可能是神经系统疾病的征兆。你如果为此担忧，可以向医生寻求建议。

家人、朋友和媒体会"轰炸式"地给予新手爸妈大量建议，教他们如何帮婴儿入睡和保持沉睡。事实上对父母来说，管用的方法才是最好的，他们可能需要尝试各种不同的做法。我有3个孩子，孩子长到4—6个月时，我们夫妇就开始采用"自我安抚法"，即孩子开始哭闹时父母不立刻跑过去，而是让其在一段时间内自我安抚。这段时间最开始是几分钟，后来渐渐延长。朋友告诉我们，这对父母和孩子来说压力太大，我们不该采用"自我安抚法"，而应该采用"父母安抚法"，也就是当孩子醒来时轻轻摇晃他们，或者哼歌哄他们重新入睡。关键在于，你应该采取对你来说管用的方法，促进自己和孩子的睡眠。当然，这些做法是有底线的。18世纪，人们会让孩子吸吮"泡过杜松子酒的抹布"。在现代人看来，这显然不是个好主意。

新生儿的父母会出现严重的睡眠及昼夜节律紊乱，他们要认识到这个事实，尤其要考虑到在家中和工作中发生事故的潜在风险。如果你很困，就不要开车。让家人和朋友来探望你，并且选在你觉得合适的时间！失眠也会影响情绪反应，给亲密关系带来压力。此外，认知能力和决策能力也会受影响（见第九章）。在上述情况下，新生儿父母的应对策略可参考如下：有规律地早睡，不要因早睡而感到愧疚；在婴儿午睡时小睡片刻，请亲戚或朋友在你睡觉时照看孩子几个小时。简而言之，新生儿父母无论何时何地都要把睡眠摆在第一位。父母可以在孩子出生前就先讨论好睡眠问题和各种应对策略，因为在疲乏困倦时制定策略会困难得多。

儿童（1—10岁）

许多父母忧心忡忡，不知道孩子该睡多久。答案是"孩子需要睡多久就睡多久"。再次重申，睡眠应该摆在第一位。研究报告显示，在出生后的头5年里，15%—35%的儿童会出现某种类型的睡眠障碍，但通常会随年龄增长而消失。与成年人一样，睡眠对儿童的健康与认知非常重要。例如，儿童的睡眠问题与学习成绩差明显相关，还与肥胖症存在密切联系。儿童时期睡眠不足从长远来看会导致什么后果至今备受争议，目前我们尚不清楚这类孩子长大后会出现什么问题。在整个童年时期，孩子的总睡眠时间会逐渐减少，从幼儿时期的16小时左右减少到青少年期的平均8—9小时。快速眼动／非快速眼动周期（见第二章）的持续时间也有所变化，新生儿是60分钟左右，2岁时增加到75分钟，到6岁左右达到约90分钟，这已经跟大多数成年人差不多了。快速眼动／非快速眼动睡眠的这种变化意味着什么目前同样尚无定论。我们处理信息和巩固记忆所需的时间之所以随着年龄的增长而减少或许是因为新鲜经历变少了，这乍看起来似乎说得通，但仍未得到验证。

入睡困难和不愿意上床睡觉对孩子和监护人来说都是个大问题。良好的睡眠习惯至关重要。睡前的例行公事，例如洗澡、讲故事、哼歌（唱摇篮曲）和拥抱（摇晃），能让孩子在心理层面上为入睡做好准备。睡前和睡眠过程中的光线也很重要。睡前光线过亮会提高大脑的警觉性，可能导致昼夜节律系统延迟，这些因素都会使孩子更难入睡。睡前仪式应该在昏暗环境中进行，睡觉时最好关闭所有光源。如果孩子怕黑，而 5 勒克斯或照度更低的小夜灯能起到安慰作用，那留一盏小夜灯也没问题。和成年人一样，孩子睡前应该避免摄入咖啡因，同时避免进行其他会提高警觉性的活动。

怎么才能知道孩子睡得够不够？可靠的衡量标准是看孩子是否不守规矩、冥顽不灵或反复无常，也许还有其他一些信号。过去 20 年内儿童的肥胖症和阻塞性睡眠呼吸暂停发病率上升就与儿童失眠存在联系。正如前面提过的，失眠会引起白天嗜睡，而白天嗜睡会导致暴力倾向增加，引发焦虑、抑郁、多动，还会造成学习和记忆困难。这些都是潜在睡眠问题的重要征兆。

青少年（10—18 岁）

青少年期从青春期开始，到成年期结束。话虽如此，但发生变化的年龄因人而异，甚至"青少年期"这个概念也因文化而异。正如前面提过的，从童年时期到青春末期，人类的夜间睡眠时长会减少，但目前尚不清楚睡眠需求是否会同步降低。因此，青少年虽然睡眠时长减少了，但睡眠需求可能仍然和进入青春期前一样高。如今的青少年似乎比前几代人睡得少。过去 20 年到 30 年内，青少年睡眠时长明显下降，每晚或许要比 100 年前的青少年少睡 1 小时。但青少年究竟需要多少睡眠？这存在个体差异（见第五章），不过美国国家睡眠基金会建议 14—17 岁的青少年每晚睡 8—10 小时。美国睡眠医学学会还得出结论，对 13—18 岁的青少年来说，每晚最佳睡眠时长是 8—10 小时。然而，许多青少年的睡眠时间比上述建议少得多。例如，一项关于青少年睡眠的重要调查得出结论，在学校有课的日子里，青少年通常晚上睡眠时间明显少于 8 小时，在某些情况下甚至只有不到 5

小时。

　　青少年睡眠不足在美国被视为"流行病"，在英国则是公众关注的问题。这个问题之所以如此受重视，是因为青少年睡眠不足会带来严重后果，导致身体和心理健康状况变差。在上学日晚上睡眠不足 8 小时会引起各种不良行为，包括吸烟或吸食大麻，以及饮酒、打架、陷入悲伤，甚至出现自杀念头。睡眠不足也与肥胖风险增加存在联系（见第十二章和第十三章）。大量研究发现，睡眠时间缩短会导致学习成绩差和在校表现不佳。一项实验室研究比较了两组青少年的学习成绩，一组人连续 5 个晚上每晚睡 10 小时，另一组人则只睡 6.5 小时。结果显示，后一组人学习成绩明显较差。重要的是，青少年普遍意识到睡眠不足会导致情绪变差、注意力涣散和决策能力下降。最近的一次调查显示，75% 被诊断为睡眠及昼夜节律紊乱的青少年存在心理健康问题。对于父母、监护人和整个社会来说，重点显然在于让青少年意识到他们需要采取措施改善睡眠状况（见第十四章）。但首先，我们来看一看青少年出现睡眠问题的若干原因。

青少年睡眠的生理驱动因素

　　睡眠的生理驱动因素发生变化，导致青少年睡眠／觉醒周期延迟（睡眠时型变晚）。结果就是，他们上床睡觉的时间更晚，而醒来的时间更是推迟到了接近中午甚至下午（休息日尤为如此）。女性在 19.5 岁上下晚睡晚起最为严重，男性则是在 21 岁上下[1]，这些青少年入睡和起床的时间比 55—60 岁的人晚大约 2 小时。这种行为往往与父母和社会的期望发生冲突，还会被指责为"懒惰"。正如本书前三章中

1　原文如此。——编者注

提到的，睡眠时型取决于遗传基因、成长发育和接受光照的时机。傍晚接受更多光照能延迟生物钟，使睡眠时型变晚。有充分证据表明，睡眠时型较晚的青少年接受了更多傍晚的光照，而不是清晨的光照。当然，这可以通过接受更多清晨的光照加以矫正（见第三章）。此外，青少年睡眠时型逐渐变晚也与青春期激素变化密切相关。性激素（雌性激素、黄体酮和睾酮）可能会在某种程度上与视交叉上核的主生物钟发生相互作用，改变睡眠时间。正如第七章提过的，有证据表明，在整个月经期和妊娠期，雌性激素和黄体酮会与昼夜节律系统发生相互作用。这些激素似乎会影响青春期女性的生物钟。最近的研究也提供了充分的证据，证明睾酮水平导致男性睡眠时型较晚。

在青春期，除了昼夜节律会变化，睡眠压力（见第二章）也会发生改变。与尚未进入青春期和青春早期的孩子比起来，青春末期的孩子睡眠压力积累较慢。这表明青春末期的孩子能较长时间保持清醒，而不感到困倦。一项研究的成果也支持上述发现，该研究测量了受试者在保持14.5小时、16.5小时和18.5小时的清醒后入睡所需的时间。尚未进入青春期的孩子比正处于青春期的青少年入睡快得多。这再次证明，在青春期这个阶段，青少年对睡眠压力不那么敏感。综上所述，从生理层面来看，青春末期的青少年更能熬夜。不过，睡眠压力和青春期睡眠的昼夜节律驱动因素并非独立起作用。这种睡眠时型趋向晚睡晚起的"生理倾向"必须与睡眠的各种环境调节因素放在一起考虑。下面列举了其中一些因素。

青少年睡眠的环境调节因素

许多关键因素都能改变青少年的睡眠状况，具体包括：

咖啡因的影响。正如第二章提过的，咖啡因是腺苷受体的拮抗剂，经常用来提神醒脑。咖啡因会阻断腺苷受体发挥作用，腺苷是一种神经递质，主要在清醒状态下产生。咖啡等饮料中的咖啡因进入体内后，要经过相当长的时间才会被分解。因此，在下午或傍晚摄入咖啡因会起到延迟睡眠的作用。青少年是能量饮料宣传广告的目标受众，这类饮料通常每标准杯含有 70—240 毫克的咖啡因。调查显示，70% 以上 10—17 岁的英国青少年饮用能量饮料。据推断，青少年饮用富含咖啡因的饮料是为了提高警觉性，消除白天的倦意。情况可能确实如此。但咖啡因可以在人体内滞留数小时，下午或傍晚饮用含咖啡因的饮料会使人警觉，导致睡眠延迟。这种咖啡因引起的睡眠延迟会促使生物钟延迟。

使用社交媒体。频繁使用电子设备成了晚睡的一大因素（见图 4），这也是近年来的热点问题。研究人员认为，电子设备既会挤占可用于睡眠的时间，又会作为认知和情绪的一种唤醒机制导致睡眠延迟。上述担忧也得到了研究数据的支持。例如，美国进行了一项大型调查，考察青少年睡眠时间缩短是否与使用电子设备、登录社交媒体和屏幕使用时间存在联系。另一项调查显示，青少年就寝时间显著延迟与玩游戏和手机、电脑、互联网的使用存在联系。研究还证明，单纯使用手机足以引起不良睡眠行为，包括睡眠时间延迟和情绪唤醒度升高。

上学时间。大多数学校在安排课程时并没有考虑到青少年睡眠时型较晚。为了准时到校上课，许多青少年不得不在生物钟开启新的一天之前就起床。这种生物节律与社会需求不匹配的现象，被称为"社会时差"。具体来说，此处的社会时差代表青少年希望起床的时间（例如休息日）与不得不起床的时间（例如上学日）存在差异。睡眠需求在上学的一周内不断累积，导致青少年在周末睡得更久，起得更晚。这让睡眠时间进一步错后（缺少清晨光照让问题更加严重），致使青少年在下周一就睡眠不足。学校规定的上学时间对睡眠时型较晚的孩子不利，而对睡眠时型较早的孩子有利。那么后者学习成绩更好，上课时注意力也更集中，就毫不奇怪了。

推迟上学时间可以应对青少年睡眠时型偏晚这个问题，消除社会时差带来的影响。在"晚点上学"（Start School Later）等游说组织的推动下，推迟上学时间的做法在美国受到了热烈欢迎。该组织建议初中和高中的上学时间不应早于8点30分。请注意，美国大多数初中和高中的上学时间远远早于8点30分，更接近7点。美国的研究结果显示，推迟上学时间能增加学生的睡眠时间，他们白天嗜睡和抑郁的状况有所改善，咖啡因摄入量更少，更加守时，旷课率下降，成绩提高，机动车碰撞事故也减少了。美国、新加坡和德国等国家的上学时间通常定在8点30分之前，这些国家推迟上学时间似乎大有好处。然而，许多国家的传统上学时间比7点晚得多，更接近9点（例如英国）。这些国家推迟上学时间是否同样有益目前尚不清楚，加强睡眠相关教育是不是解决问题的答案也未可知。有趣的是，英国许多私立学校已经决定把上课时间改到10点甚至更晚。

睡眠教育与失眠症的认知行为疗法。睡眠教育旨在消除导致睡眠时间推迟的社会和生活方式因素。睡眠教育大有裨益，可以让青少年养成良好的睡眠习惯。如果能说服青少年践行之，养成规律的作息时间，每晚睡前做一些促进睡眠的事，清晨起床接受光照，他们会十分受用（见第六章）。然而，青少年是出了名的叛逆，不肯按大人说的做。睡眠教育计划显示，睡眠知识有所增加并不意味着睡眠行为一定会随之改变。不过，家长可以营造一个好的家庭环境，把睡眠放在第一位，相互讨论并鼓励养成良好的睡眠习惯，这对青少年的身心健康大有助益。许多简单的做法都能有效促进青少年的睡眠，例如提早上床。要解决青少年的睡眠问题，青少年本身必须配合学校的睡眠教育，父母或其他监护人也要在家中敦促，二者缺一不可。只可惜，这样的合作关系并不多见，而且目前还没有标准化的青少年睡眠行为指南，相关信息也不容易获取。本书第十四章将进一步探讨这个话题。

青春期后的睡眠（成年到健康老年）

美国政治家、科学家本杰明·富兰克林（Benjamin Franklin）说过："在这个世界上，除了死亡和税收，没有什么是确定不变的。"然而，生命中还有一个确定不变的事实——每个人都会老去。度过青春期后，随着年龄的增长，我们的睡眠模式和昼夜节律会再次发生变化。这些变化令许多人忧心忡忡。不过，变化并不总是意味着变糟，关键在于你如何应对睡眠／觉醒模式的变化。全球范围内人口老龄化现象不断加剧。根据世界卫生组织预测，到2050年，60岁以上的人口将翻一番，80岁以上的人口将达到4亿。人口平均预期寿命延长导致了"中年"和"老年"的定义悄然改变。最近，顶尖医学期刊《柳叶刀》将"中年"定义为45—65岁。根据这个定义，超过65岁才属于"老年"。调查显示，目前有一半的中老年人出现了睡眠模式改变或紊乱。我想说的是，未来世界上很多人都会经历睡眠及昼夜节律的显著变化，我们每个人都需要了解将来可能遇到的情况。

随着从青年进入中年再迈向老年，我们的睡眠会发生以下变化：

·夜间睡眠时间缩短（总睡眠时间减少）

·快速眼动睡眠时长减少

·浅睡眠（非快速眼动睡眠的前两个阶段）增加

·深睡眠（非快速眼动睡眠的第三个阶段，即慢波睡眠）相应

减少

·入睡时间变长（睡眠潜伏时间变长）

·夜间频繁醒来，白天过度嗜睡

调查显示，三成老年人经常（每周若干次）早醒或难以入睡。睡眠发生变化是老年人安眠药使用量增加的一个重要原因。2003年美国国家睡眠基金会进行的"美国睡眠"调查发现，55岁以上的人中有15%表示自己每周有几天会白天嗜睡，严重到足以影响白天的正常活动。这项调查还发现了一个令人震惊的事实：在55—64岁的受访者中，有27%的人表示过去一年中曾疲劳驾驶，8%的人表示自己在开车时睡着，1%的人表示开车睡着后发生了交通事故。这就引出了一个重要观点：年龄增加导致睡眠及昼夜节律紊乱加重，这不但影响个人健康和生活质量，还会影响社会安全。

睡眠的昼夜节律驱动力和睡眠压力的改变正是睡眠模式随年龄增长而改变的关键驱动因素。这些因素列举如下。

昼夜节律

随着年龄的增长，昼夜节律系统最明显的变化是睡眠／觉醒周期提前，这也是中老年人入睡时间提前的原因。与年轻人（20—30岁）相比，中老年人核心体温变化的昼夜节律更早。褪黑素分泌的昼夜节律似乎也随年龄增长而提前，皮质醇分泌的昼夜节律也是如此（见图1）。然而，这些昼夜节律提前的速度并不一致。核心体温变化和褪黑素分泌的节律滞后于睡眠／觉醒周期。这意味着老年人"内部失调"的趋势更明显，即"在一天中适当的时间为适当的部位摄入适量的适当物质"变得不那么精准。对大多数老年人来说，睡眠／觉醒周期提前是一种糟糕的体验。

昼夜节律的振幅

有充分的证据表明昼夜节律的振幅会随年龄增长而变小。例如，随着年龄的增长，体温变化与激素分泌的昼夜节律波形都趋于平缓，但两者都存在明显的个体差异。正如第七章提过的，女性体温升高可能是雌性激素减少引起的，男性的这种变化则是因为睾酮减少。也有证据表明，视交叉上核的活动可能随年龄增长而改变，这也许是因为视交叉上核的各个生物钟细胞不再紧密连接（耦合），导致昼夜节律信号输出趋于平缓。视交叉上核的神经元也可能有所减少，因此无法维持适当的昼夜节律驱动力。

很多引人入胜的新研究考察了皮肤细胞的昼夜节律（外周生物钟）特性。研究人员从年轻和年长的受试者身上采集皮肤细胞，放入新鲜的培养基中进行研究。研究显示，两组人的生物钟细胞的昼夜节律振幅和波形完全相同，但研究人员实际记录下来的睡眠／觉醒周期截然不同，老年人的生物钟起始时间较早，波形较平缓。这表明外周生物钟的基本特性并不随年龄增长而改变，因为单独置于培养基中的年轻人和老年人的细胞昼夜节律一致。值得注意的是，如果将年轻人的细胞置于老年人的血清中培养，而不是置于新鲜的人工血清中培养，皮肤细胞的生物钟就会更像老年人的生物钟，起始时间较早，振幅较小。这些发现表明，老年人血液中的某些东西会改变细胞的昼夜节律特性。这一发现非同小可，我不禁想起了伊丽莎白·巴托里伯爵夫人（Countess Elizabeth Báthory de Ecsed，1560—1614）。她是一位匈牙利女贵族，据说喜欢饮用处女的鲜血，认为这样能让自己永葆青春。在此，我要表明立场：这是个糟糕的主意。

昼夜节律对光的敏感度改变

有证据表明，青少年对傍晚光照更敏感，这有助于将生物钟调成晚睡晚起。相比之下，老年人对黄昏光照的昼夜节律敏感度降低，这导致了他们的生物钟提前。关于这种对光的敏感度降低的现象，有一种假说认为可能是眼部疾病导致的，例如白内障。白内障眼的晶状体会过滤光线，尤其会过滤掉用于同步昼夜节律的蓝光（见第三章）。为了验证这一假说，我们考察了白内障患者在接受手术前后的睡眠／觉醒周期，其中一组受试者通过手术更换了仅阻隔紫外线的透明人工晶状体，另一组受试者更换了阻隔蓝光的人工晶状体。接受手术6个月后，两组患者的睡眠质量都得到了提升。以上研究结果表明，白内障导致透过晶状体的光线减少，确实可能降低昼夜节律对光的敏感度。不过，阻隔蓝光的人工晶状体虽然能减少进入眼睛的蓝光，却不足以影响昼夜节律。因此，不用过于在意媒体报道的那些令人震惊的故事，如果你做了白内障手术，至少在昼夜节律系统这方面不用担心换的是哪种人工晶状体。

调节睡眠的昼夜节律驱动力

正如第二章提过的，睡眠时间取决于昼夜节律系统与"睡眠稳态驱动力"（睡眠压力）的相互作用。这两种"生物定时器"需要适当校准，以便形成稳定的睡眠／觉醒模式。正常情况下，睡眠压力在一天之中不断累积，而让人保持清醒的昼夜节律驱动力也在不断增加，在晚间达到最大值，此时睡眠压力也达到峰值。睡前这段2—3小时的清醒期叫作"清醒维持区"，此时昼夜节律驱动力和睡眠压力相互作用，让机体保持清醒。昼夜节律系统不仅使我们在晚上保持清醒，还为我们提供了夜间睡眠的正向驱动力，这种驱动力在我们清晨醒来前达到高峰，此时睡眠压力很小。理想情况下，昼夜节律系统与睡眠压力相互作用，促成稳定的睡眠／觉醒模式。但随着年龄增长，昼夜节律系统的变化似乎导致这种相互作用的稳健性减弱了。例如，生物钟随年龄增长而提前，清晨时分昼夜节律系统维持睡眠的驱动力减少，导致早醒。同理，到了晚上，让人保持清醒的昼夜节律驱动力也减弱，使人更早入睡。此外，睡眠与觉醒的昼夜节律驱动力如果随着年龄的增长而波形趋于平缓，那么维持睡眠和觉醒的效果就会减弱，导致人们更容易白天嗜睡（打瞌睡）和夜间醒来。最后，研究人员还认为昼夜节律系统也会影响快速眼动和非快速眼动睡眠的发生和持续时间。这有助于解释为什么快速眼动／非快速眼动睡眠模式会随着年龄增长发生改变。

了解上述驱动因素和生理机制之后，让我们来看一看青少年期过后睡眠的变化，以及它们与睡眠及昼夜节律紊乱的关系。总的来说，睡眠及昼夜节律紊乱程度越低，年纪大了以后保持认知能力和身心健康的概率就越大。

成年／中年（19—65 岁）

睡眠及昼夜节律紊乱的出现有多种社会和生理因素，但需要强调的是，成年期和中年期存在一些特殊的驱动因素。这个年龄段的人们忙着平衡家庭与工作，往往不会把睡眠摆在第一位，他们罹患临床睡眠障碍的风险也会增加，尤其是与体重增加（阻塞性睡眠呼吸暂停）、压力增加或长期压力有关的睡眠障碍。随着年龄的增长，我们的睡眠时型会越来越早，睡眠时间也会减少。睡眠的昼夜节律驱动力和提供睡眠压力的生理过程似乎变得"草率"了，无法精确控制睡眠／觉醒周期。随着年龄的增长，睡眠方面的性别差异也越发明显。尤其是更年期，它会对睡眠造成极大的影响（见第七章），引起盗汗、情绪变化和入睡困难。调查报告显示，更年期后女性的失眠率几乎比更年期前翻了一番。不过，对睡眠状况的客观测量显示，更年期前女性的睡眠质量似乎更差。这使得一些人认为激素水平变化可能影响机体对睡眠的感知。更年期后，人们罹患阻塞性睡眠呼吸暂停的风险会高3倍。部分原因在于更年期的激素水平变化会导致脂肪重新分布。值得注意的是，有些女性表示，在接受激素替代疗法后，阻塞性睡眠呼吸暂停有所缓解。

健康老年（65—100岁）与睡眠中断

随着年龄的增长，许多人的睡眠模式出现了明显改变。他们视其为"睡眠质量下降"，认为是年龄增长的必然结果。然而，睡眠模式不复往常并不一定是坏事。在摆脱工作束缚后，在从其他压力中解放出来后，老年人完全可以放松下来，不再担心睡眠时间，充分享受睡眠。我认识好几位80多岁的老年人，他们觉得自己从来没有睡得这么好过。他们还告诉亲戚朋友，千万别在中午前打电话过来。中午成了他们吃早餐的时间！有人提出假设，认为老年人需要的睡眠较少，或者没有能力获得良好的睡眠。不过，这两种假设都是错误的。老年人通常需要更长时间才能入睡，容易睡眠中断，夜间睡眠时间较短，这些都导致他们白天更有可能小睡。不过，这并不是问题，除非它会影响白天的正常活动。老年人通常存在更多的睡眠问题，因为他们松果体分泌的褪黑素较少。随着年龄的增长，我们分泌的褪黑素确实会减少，但褪黑素"替代疗法"（也就是让老年人服用褪黑素作为助眠剂）的促眠效果并不显著。这表明褪黑素水平随年龄增长而降低并不是睡眠变化的原因，也印证了褪黑素并不是"睡眠激素"（见第二章）。健康老年人的另一个潜在问题是体温调节。核心体温略微下降能促进睡眠。如果手脚冰凉，血液循环不畅，四肢就无法散失足够多的热量。请让手脚暖和起来以促进血管舒张，进而增加身体热量流失，这能够增加困意，提高入睡的可能性。所以说，我奶奶罗丝说得很对：睡袜和手套能助你一夜好眠！

需要起夜

我给老年人做演讲谈到睡眠时，最常被问到的问题是："为什么我晚上要起来小便？"这种症状更正式的说法是"夜尿症"。通常来说，肾脏一晚上能产生 250—300 毫升尿液，而正常的膀胱能够储存 350 毫升尿液。因此在理想情况下，睡前排空膀胱就不需要起夜。只可惜，随着年龄的增长，肾脏的储尿能力会逐渐下降。长期以来，人们一直认为夜尿症是男性专属问题，是前列腺增生肥大［良性前列腺肥大（BPH）］引起的。然而，最近的几项研究表明，男性和女性都会出现夜尿症。就年龄来看，只有不到 5% 的年轻人表示有起夜问题，而这一比例在 60 多岁的人当中上升到了 50%，在 70 多岁的人当中则占 80%，而且起夜被视为睡眠中断和白天嗜睡的主要原因。

随着年龄的增长，我们不再睡得那么深沉，更有可能出现睡眠障碍。醒来后，我们更有可能意识到自己膀胱的"状况"，得到需要去小便的"提示"。睡眠较浅也会使人更清晰地意识到膀胱发出的信号，促使人从睡梦中醒来。事实上，如果给老年人服用助眠药物，起夜就会减少。除了睡眠较浅，夜尿症还有另外几个原因，具体如下。

膀胱容量变小

一项研究显示，老年人的膀胱容量仅为年轻人的一半。这可能有各种原因，包括梗阻、炎症或癌症。但正如前面提到的，膀胱涨满也许并不是醒来的直接原因，夜尿症是睡眠中断后决定起床小便的间接后果。

良性前列腺肥大

20 年前，良性前列腺肥大被视为夜尿症的主要原因，但如今只被视为男性夜尿症的诱因之一。男性之所以会出现良性前列腺肥大，是因为前列腺会随着年龄增长而逐渐增大。许多男性的前列腺持续增大，大到严重阻碍尿液流动。前列腺位于膀胱下方，将尿液从膀胱输出去的管道（尿道）经过前列腺，前列腺增大会阻碍尿液流动。尿道受到挤压后，膀胱需要施加更多压力才能将尿液排出。这会导致膀胱壁增厚且弹性降低，进而导致膀胱收缩和彻底排空的能力降低。

抗利尿激素的昼夜节律

在受控的实验室条件下，老年人夜间产生的尿液比年轻人多，而且尿液生成的昼夜节律波形较为平缓。尿液生成受两种关键激素驱动：抗利尿激素（AVP）和心房钠尿肽（ANP）。我们先来看一看抗利尿激素。它也被称为"精氨酸加压素"，由垂体后叶分泌后进入体循环，一大关键作用是使肾脏重新吸收血液中的水分，将水分送回体循环。这会使尿液浓缩并减少，避免身体在睡眠期间脱水。人长到 5 岁的时候，尿量的昼夜节律就已形成，也就是夜间（晚上 10 点至早上 8 点）尿量少，白天（早上 8 点至晚上 10 点）尿量多。青年人体内的抗利尿激素分泌呈现出昼夜节律，其分泌量在夜间达到高峰，导致生成的尿液最少。不过有一些迹象表明，老年人的抗利尿激素分泌要么是不存在昼夜节律，要么是昼夜节律的波形趋于平缓。去氨加压素（DDAVP）是一种人工合成的抗利尿激素，可以在睡前服用，用来治疗夜尿症。研究表明，它能有效减少夜间尿液生成和睡眠中断。由此可见，抗利尿激素分泌的波形变平缓可能是夜尿症的另一个诱因。

尿液生成与心房钠尿肽

参与尿液生成的第二个关键激素是心房钠尿肽。心房钠尿肽由心肌细胞分泌，心肌细胞可以检测出血容量增加（血压升高）引起的心壁张力增加。心房钠尿肽作用于身体各个系统，促使钠和水分从肾脏渗出。这会增加尿量（利尿），从而降低血容量和血压。白天缺乏活动时，体液会积聚在腿部和脚踝。晚上躺下睡觉时，积聚在腿部和脚踝的水分重新进入体循环，血压随之升高。心肌细胞随即分泌心房钠尿肽，促使尿液生成。有些人躺下后一晚上能产生超过 1 000 毫升尿液，而正常的膀胱只能储存约 350 毫升，这会促成夜尿症。阻塞性睡眠呼吸暂停会引起高血压，这类患者的夜尿症也与血压问题存在联系。随着夜间呼吸暂停现象不断出现，心房钠尿肽的分泌也会增加，引起尿量增加与夜尿症。研究证明，使用持续气道正压通气治疗阻塞性睡眠呼吸暂停（见第五章）可以缓解夜尿症。从这个角度来看，是否患有阻塞性睡眠呼吸暂停应该成为夜尿症的一个诊断标准，治疗阻塞性睡眠呼吸暂停也应该成为治疗夜尿症的一环。

尿液生成、心房钠尿肽与醛固酮

心房钠尿肽的一大重要作用是抑制肾上腺皮质分泌醛固酮。醛固酮主要作用于肾脏，促进钠离子的重吸收，使钠离子进入血液，导致血压升高。正常情况下，醛固酮的分泌与睡眠／觉醒周期密切相关，睡眠期间醛固酮水平高，使尿液生成减少。这种昼夜差异似乎主要由睡眠本身促成，而不是由昼夜节律系统促成，因为睡眠不足会导致醛固酮分泌的昼夜节律波形变平缓。因此，心房钠尿肽、醛固酮、高血压和睡眠中断都会促进夜尿症。夜尿症无论原因如何，都会对个人实际和感知到的健康状况与生活质量造成深远影响。夜尿症与白天过度嗜睡、夜间跌倒受伤风险增加、抑郁症甚至早逝高度相关。值得一提的是，市面上有许多种男性或女性专用的"尿壶"，可以放在床边，减少夜间惊醒后去洗手间的次数。如果你家里有花园，请不要把尿液直接倒掉。尿液可以倒入堆肥，经稀释后洒入土壤，为植物提供氮等营养物质。你可以从网上找到更多具体建议。令我相当惊讶的是，竟然还有相关的俱乐部可以加入。

降压药与尿液生成

　　第十章将会讨论睡前服用降压药有助于降低脑卒中概率。不过这么做也有坏处，有些降压药会增加尿量。利尿剂会刺激肾脏，促进血液中的水分和盐分通过尿液排出，这能减少血容量，从而降低血压。但睡前服用呋塞米等利尿剂会导致尿量增加。氨氯地平等钙拮抗剂也会增加夜尿。钙拮抗剂会舒张血管，降低血压，但也会抑制膀胱收缩和排空，使人需要在夜间频繁小便。

睡眠与神经退行性疾病的影响

老年、痴呆症与阿尔茨海默病（65—100 岁）

痴呆症是一类疾病的总称，指心智功能严重衰退，以致于影响日常生活。最常见的痴呆症是阿尔茨海默病（具体请见下文）。痴呆症并不是衰老的必然结果，但半数 85 岁以上老年人的痴呆症在某种程度上和高龄有关。就痴呆症与睡眠及昼夜节律紊乱的联系而言，事实非常残酷。根据调查报告，至少 70% 的早期痴呆症患者存在某种形式的睡眠及昼夜节律紊乱，而痴呆症患者出现睡眠及昼夜节律紊乱则预示着更糟糕的后果，例如发展出更严重的认知障碍与神经精神症状，以及生活质量进一步下降。值得注意的是，据估计，70%—80%的痴呆症患者存在睡眠相关呼吸障碍（SBD），例如阻塞性睡眠呼吸暂停（见第五章）。而睡眠相关呼吸障碍越严重，痴呆症就越严重。也就是说，睡眠相关呼吸障碍可能会加速痴呆症发展，痴呆症也可能反过来加剧睡眠相关呼吸障碍，因为睡眠相关呼吸障碍似乎与注意力不集中、认知能力下降、反应速度变慢等都存在联系。就出现轻度认知障碍与早期痴呆症发作的风险而言，睡眠相关呼吸障碍患者要比普通人高出 2—6 倍。至于睡眠相关呼吸障碍是如何导致痴呆症的，目前尚无定论。不过，大脑缺氧似乎是一大诱因，甚至是主要驱动因素。同样不可忽视的一点是，睡眠相关呼吸障碍和睡眠时间缩短一般都与大脑皮层变薄和脑室扩张存在联系，后两者都是认知能力下降和罹患痴呆症的特征。我们必须认识到，许多睡眠相关呼吸障碍都可治愈，检测和治疗阻塞性睡眠呼吸暂停等疾病对于治疗老年人的认知能力下降和痴呆症意义重大。此外，轻度痴呆症和睡眠相关呼吸障碍患者对持续气道正压通气治疗的耐受性与非痴呆睡眠相关呼吸障碍患者并没有太大差异。因此，这种治疗方法应该广为推行。不过，持续气道正压通气治疗不适用于伴有神经精神症状的重度痴呆症患者。

阿尔茨海默病

正如前面提到的，阿尔茨海默病是目前最常见的痴呆症，约占所有病例的80%。2020年，约有550万美国公民被诊断为阿尔茨海默病；估计到2050年，这一数字将上升到1 380万。仅在美国，家庭和国家为照料阿尔茨海默病患者付出的经济成本就高达数千亿美元。阿尔茨海默病的确切成因仍存在争议，患者大脑的特点是分布有大量斑块和神经纤维缠结，前者由淀粉样蛋白形成，后者由Tau蛋白形成。这些蛋白质影响脑细胞发挥功能，最终导致脑细胞死亡。基底前脑中生成乙酰胆碱的神经元坏死就是结果之一。这些神经元通常负责向海马体和大脑皮质（见图2）传递信息，后两者接受刺激，参与记忆和认知的生成。这一观察结果符合阿尔茨海默病的特征，即乙酰胆碱缺失。具体症状包括：记不住最近发生的事，但能记起过去发生的事；注意力不集中；难以识别人或物品；组织能力差；思维混乱；出现定向障碍；说话缓慢、糊涂或重复；疏远家人和朋友；制定决策、解决问题、制订计划和安排任务等出现问题。此外，乙酰胆碱是促进觉醒的关键神经递质，乙酰胆碱缺失会导致白天嗜睡，伴随认知能力下降。多奈哌齐、卡巴拉汀和加兰他敏等药物都能阻断乙酰胆碱酯酶分解大脑中的乙酰胆碱，维持乙酰胆碱水平，明显缓解认知能力下降和睡眠／觉醒周期紊乱。服用乙酰胆碱酯酶抑制剂后，一些患者的认知能力在数月内得到改善。不过，人们常常忽视这类药物存在的一个大问题：它们会使阿尔茨海默病患者的快速眼动睡眠和噩梦增加。因此，这类药物必须在早上服用，而不能在晚上服用。只可惜这一点往往不受重视，医生经常嘱咐患者在睡前服用这类药物，致使患者出现严重的睡眠中断，还会做栩栩如生的噩梦，常有患者因多梦和做噩梦等副作用停止服药。

研究报告显示，约70%的阿尔茨海默病患者出现昼夜节律紊乱，伴随夜间清醒、昼夜节律延迟、核心体温节律紊乱和白天嗜睡（见图4）。许多人还会出现日落综合征，特点是在傍晚或夜间烦躁不安，甚至出现破坏性行为（见图8）。昼夜节律紊乱是阿尔茨海默病的早期病症之一，其严重程度会不断加剧，直至死亡。这种重度睡眠及昼夜节律紊乱与白天认知能力较差、攻击性较强和烦躁存在联系。以上病症皆与阿尔茨海默病患者的视交叉上核萎缩有关，这表明视交叉上核萎缩可能直接导致睡眠及昼夜节律紊乱。

年轻时有睡眠及昼夜节律紊乱的人老后罹患阿尔茨海默病的风险似乎更高，因此睡眠及昼夜节律紊乱可能是阿尔茨海默病的一个较为可靠的预测指标。一项研究显示，睡眠时间少于5小时或多于9小时都会增加罹患老年痴呆症的风险。另一项研究显示，睡眠/觉醒的昼夜节律严重紊乱会使罹患阿尔茨海默病的风险增加50%。但直到最近，两者的因果关系尚无定论。阿尔茨海默病患者通常在临床确诊前就已经出现了睡眠及昼夜节律紊乱，因此很难区分究竟是睡眠及昼夜节律紊乱加快了阿尔茨海默病的发展，还是阿尔茨海默病的早期病症之一是睡眠及昼夜节律紊乱。最近的研究发现，睡眠及昼夜节律紊乱与脑脊液和大脑中β－淀粉样蛋白（Aβ）增多密切相关。这些错误折叠的蛋白质聚集起来，沉积在神经元之间，形成斑块。睡眠及昼夜节律紊乱与最近发现的胶质淋巴系统紊乱存在联系。胶质淋巴系统是一种废物清理系统，能清除脑脊液中的有毒物质，其中就包括β－淀粉样蛋白。要知道，胶质淋巴系统在睡眠期间最为活跃，这表明睡眠实际上可能有助于防止β-淀粉样蛋白堆积，进而预防阿尔茨海默病。最近有项研究采用了脑扫描技术，发现健康人被剥夺睡眠仅仅一个晚上后，其脑部沉积的β-淀粉样蛋白就显著增加了。近期的另一项研究表明，阻塞性睡眠呼吸暂停与大脑中β-淀粉样蛋白较多不无关系。还有一点值得注意，以小鼠为研究对象的阿尔茨海默病实验发现，产生分子级别生物钟的一些关键基因异常会导致β-淀粉样蛋白增多和认知障碍。由此可见，睡眠及昼夜节律紊乱、胶质淋巴系统紊乱、分子级别生物钟异常都与痴呆症息息相关。待到科学研究有充足的证据证明上述联系背后的具体机制，睡眠及昼夜节律紊乱的早发现、早治疗就该提上日程，以减缓阿尔茨海默病的病情进展。

帕金森病

帕金森病是一种神经退行性疾病，由脑神经递质多巴胺缺乏引起。帕金森病的主要症状是身体部位不自主颤抖（震颤），同时动作缓慢，肌肉僵硬不灵活。帕金森病患者还可能出现其他症状，包括抑郁、焦虑、失衡、嗅觉丧失、记忆力下降，以及睡眠及昼夜节律紊乱（普遍存在，60%—95% 的患者受其影响）。大多数帕金森病患者在50 岁后开始发病，65 岁以上的成年人约 2% 罹患这种疾病。帕金森病会发展为痴呆症，诱因是α-突触核蛋白的堆积。这也是一种折叠错误的蛋白质，它们会形成"路易体"，这是脑退化的一大病理性因素。此外，β-淀粉样蛋白沉积形成斑块（阿尔茨海默病的病理学特征）与帕金森病患者的认知能力下降也存在联系。

帕金森病患者的睡眠及昼夜节律紊乱有一系列的特征，包括白天嗜睡、失眠和快速眼动睡眠行为障碍。与痴呆症一样，睡眠及昼夜节律紊乱会使帕金森病恶化，而帕金森病的主要症状也会导致睡眠及昼夜节律紊乱更加严重。多巴胺是一种重要的神经递质，在维持睡眠／觉醒周期方面起着关键作用。因此几乎可以肯定，帕金森病患者的多巴胺水平下降导致了与帕金森病相关的众多睡眠问题。快速眼动睡眠行为障碍（见第五章）与帕金森病和痴呆症密切相关。在快速眼动睡眠期间，颈部以下的肌肉正常来说应处于麻痹状态（见第二章），但帕金森病受试者的肌肉麻痹状态异常，导致睡眠期间出现大量肢体活动，例如在快速眼动睡眠期间将暴力梦境付诸实践。快速眼动睡眠行为障碍可以作为早期"生物标志物"[1]，用来预测帕金森病的发病。这一点非常重要，因为未来用于预防这种神经退行性疾病的药物需要在症状出现之前先行服用。病人确诊快速眼动睡眠行为障碍5年后，帕金森病等神经退行性疾病的发病率为20%，10年后发病率为40%，12年后发病率为52%。已有研究表明，视交叉上核中路易体的形成可能会削弱视交叉上核的昼夜节律驱动力，使其难以调节睡眠的方方面面，其中就包括快速眼动睡眠。

对于痴呆症与帕金森病患者的睡眠及昼夜节律紊乱，我可以做些什么？

睡眠及昼夜节律紊乱会加剧痴呆症和帕金森病的症状，因此稳定睡眠及昼夜节律是治疗的重中之重。本书第六章简要讨论过如何应对睡眠及昼夜节律紊乱，接下来我们再看看针对神经退行性疾病患者的睡眠及昼夜节律紊乱可以采取哪些具体做法。与普通人群（包括健康老年人）一样，痴呆症患者可以通过户外运动（例如散步）来缓解睡

1　生物标志物（biomarker），指可以标记系统、器官、组织、细胞及亚细胞结构或功能的改变（或可能发生的改变）的生化指标，可用于诊断疾病、判断疾病分期，以及评价新药或新疗法对目标人群的安全性及有效性。——译者注

眠及昼夜节律紊乱的症状和白天嗜睡。随着病程的发展，患者的运动能力最先退化，直至丧失。值得一提的是，为了便于护理，护理院的医护人员大多让病人白天卧床，这会导致后者缺乏运动，也使得能够缓解睡眠及昼夜节律紊乱的干预措施无法介入。减少咖啡因和酒精的摄入也有助于改善症状，特别是避免在睡前摄入咖啡因。此外，以下两个方面也值得一提。

痴呆症与帕金森病的助眠药物

理想情况下，安眠药等药物不应是痴呆症患者睡眠及昼夜节律紊乱的治疗首选。痴呆症或帕金森病患者不适合服用苯二氮䓬类药物，因为它会加剧认知衰退和情绪消沉，让白天嗜睡更严重，增加跌倒的风险。此外，药物治疗还存在药物依赖性和药物相互作用等问题。最近的一项研究考察了新型 Z 类药物（佐匹克隆、扎来普隆、唑吡坦等）治疗痴呆症患者失眠的情况，结论是风险大大超过好处。小剂量的抗抑郁药，例如选择性 5- 羟色胺再吸收抑制剂（SSRI）或曲唑酮，也常被用于治疗神经退行性疾病患者的失眠，但支持使用这些药物的研究数据极少，而且它们同样有白天嗜睡、头晕、体重增加等副作用，体重增加还可能引起阻塞性睡眠呼吸暂停。许多非处方助眠药（例如苯海拉明）都含抗组胺剂，阿尔茨海默病患者应避免服用，因为它们会降低大脑中乙酰胆碱的水平，加剧认知障碍。褪黑素也被用于改善痴呆症患者的睡眠状况，但要么效果不明显，要么根本没效果。鉴于迄今为止的研究成果，医生或许应该避免使用现有的助眠药物来治疗痴呆症和帕金森病患者的睡眠及昼夜节律紊乱，或者说，应将其视为不得已的最后手段。

痴呆症与帕金森病的光照疗法

接受自然光照或使用强光疗法（见第六章）似乎特别管用，原因有二：首先，老年人昼夜节律对光照的敏感度降低；其次，痴呆症或帕金森病患者不经常外出，因此接受的自然光照极少，护理院的患者尤其如此。一项早期研究发现，护理院里的老年人平均每天接受的光照强度只有54勒克斯，一天之中暴露在1000勒克斯以上强光下的时间只有10.5分钟。你只需简单浏览图3，就能了解自然光的强度。最近的一份研究报告比较了护理院中的老年人与不在护理院中的老年人。护理院中的老年人总体睡眠更差，白天更加嗜睡，抑郁症状也更明显。另一项重要研究对比了强光治疗（约1000勒克斯）和弱光治疗（约300勒克斯）对护理院中的患者起到的作用，光照治疗每天进行，持续数年。研究结果表明，强光能巩固睡眠／觉醒周期，减少白天嗜睡，缓解痴呆症患者的认知能力衰退和抑郁症状。综上所述，如今的研究已经证明某些强光疗法能巩固睡眠／觉醒周期，增加日间清醒度，减少夜间躁动，提升认知能力。与药物治疗相比，强光疗法是一种潜力巨大的治疗干预措施，能够提升老年人和痴呆症患者的身心健康。新一代养老院应该将这种治疗理念纳入设计与建设的考量之中。

问答

1. 儿童应该白天小睡吗?

像成年人一样,儿童在白天小睡可能会使夜间睡眠减少,但这似乎并不会对大多数儿童造成困扰,因为儿童需要更多的睡眠。如果孩子的夜间睡眠需求没有得到满足,那么白天小睡就能让他们补充急需的恢复性睡眠,不让孩子白天小睡则起不到补救效果。话虽如此,白天是否该小睡片刻还是要看年龄。你如果在夜间难以入睡,那或许就有必要减少白天的小睡。

2. 夜间光照与近视有什么联系?

这是一个颇具争议的话题。近视在许多发达国家和发展中国家都是备受关注的公共健康问题。据估计,到 2050 年,全世界约 50% 的人口将患有近视。针对近视儿童和未近视儿童的比较研究发现,缺少户外活动和明亮的自然光照都可能增加近视的风险。那么,能带给孩子额外安全感的小夜灯会导致近视吗?据报道,两岁前在夜间接受人工照明的孩子更可能得近视。不过,这个说法并没有强有力的数据作为支撑。一项大型研究显示,0—2 岁的儿童在黑暗或有小夜灯的卧室里睡觉,近视率并不存在明显差异。后来的研究也证实了这一点。目前学界的共识是,使用小夜灯并不会导致近视,但年幼时未能在白天接受明亮的自然光照可能会增加近视的风险。

3. 重力毯能否促进孤独症儿童的睡眠?

孤独症是一种复杂的神经发育疾病,临床表现包括沟通能力反常、社交互动能力差、信息处理能力和运动能力受损,而且往往睡眠质量低下。据估计,44%—83% 的孤独症患者(包括成人和儿童)存在睡眠障碍。重力毯一直被用于改善孤独症儿童的睡眠状况。不过,最近的一项研究印证了早期的研究结果,即使用重力毯对孤独症儿童的睡眠影响不大。

4. 上年纪后,我醒来时枕头上经常会有一块湿痕。我该为此担忧吗?

睡觉时流口水(流涎)是很常见的现象。睡觉的时候,唾液会在口腔内积聚。通常情况下,唾液会聚集在喉部,触发自动吞咽反应。但如果你睡觉时侧卧,唾液就会从嘴角淌出,流到枕头上。这也许有点儿令人不快,但并没有什么害处。

第九章

被遗忘的时光：
时间对认知、情绪和精神疾病的影响

大脑如冷掉的麦片粥般稠密，我们对这个事实并不感兴趣。

——艾伦·图灵（Alan Turing），

英国逻辑学家、数学家

阿尔伯特·爱因斯坦（Albert Einstein）是天才与睡眠这两个话题的教科书式人物。我经常在讲座中举他的例子，以说明有规律的长时间睡眠对智力有益。爱因斯坦每晚要睡 10 小时，然后度过井井有条的一天，结果提出了广义相对论，获得了诺贝尔物理学奖。通常我讲到这里的时候，都会有人举手发问："那西班牙画家萨尔瓦多·达利（Salvador Dalí）呢？他根本不睡觉。你总不能说他不是天才吧？"我的回答是："说得好！"据说，达利会坐在椅子上，一只手拿着一把钥匙或勺子，正下方的地板上放一只金属盘子。他睡着后手一松，钥匙或勺子掉下来砸到盘子上，他就会被撞击声吵醒。达利觉得睡觉纯属浪费时间。对他来说，尤其是对他的艺术创作来说，事实可能如此，因为持续睡眠不足会诱发妄想症，让人产生幻觉，出现意识障碍。发作时，患者通常可以感知到生动的抽象画面或声音（也可能是气味或味道）。幻觉让患者进入幻想的世界，达利声称自己的名画《记忆的永恒》（*The Persistence of Memory*）中融化的钟表就来自睡眠不足诱发的幻觉。与达利相反，爱因斯坦需要以批判性思维、鉴别性思维来理解宇宙的本质，睡眠有助于他清晰明了地认识现实。达利想要拥有超现实主义的宇宙观，睡眠剥夺和意识障碍的扭曲透镜让他拥有了独特的视角。如果时间允许的话，我会这样解答"天才达利为何不睡觉"这个问题。不过，如果时间不够，我就可能会引用英国小说家、社会评论家乔治·奥威尔（George Orwell）的说法。奥威尔曾在1944 年表示，达利的艺术作品"让人恶心"，达利本人"残忍又令人反感"。的确，达利自传的阅读体验是无比令人震惊的。

意识的定义相当宽泛，包括我们对自身独特思想、记忆、感受、感觉和环境的觉察。从本质上来说，意识就是我们对自己和周遭世界的觉察。爱因斯坦和达利在意识层面是两个极端，我们大多数人的意识都处于两者中间。更确切地说，我们的意识在极大程度上受昼夜时间和睡眠及昼夜节律紊乱的影响。以下讨论分为两部分，先探讨"认知、昼夜时间与睡眠及昼夜节律紊乱"，接着探讨"情绪、精神疾病与睡眠及昼夜节律紊乱"。我的目的是让你洞察自己和他人的意识，并让你了解如何在意识层面做出改善。

认知、昼夜时间与睡眠及昼夜节律紊乱

"认知"这个词使用相当广泛（例如用在"你的认知能力"这个短语里），但人们对此知之甚少。就让我们从这个词的定义说起吧。当然，认知对我们的意识颇有贡献。认知指大脑运作的众多过程，包括收集、理解、存储信息并做出适当的反应。许多情况下，我们的

行为会借鉴记忆和过往经验。认知有三个关键因素：一是**注意力**，也就是我们注意到环境中的关键特征并过滤掉"不相关"的信息；二是**记忆力**，它指我们存储和检索信息的能力，短期记忆最先形成，随后"沉淀"为长期记忆；三是**执行功能**，它与大脑计划、监控并控制复杂行为的能力有关，这些复杂行为是为了实现特定目标，或者完成特定任务。从本质上来说，"执行功能"是大脑解决问题的过程，例如爱因斯坦提出著名方程式 $E=mc^2$，或者对我们大多数人来说，"如何把冰箱里的食材做成晚餐"这个例子更加合适。总的来说，认知过程可以是有意识的，例如刻意解决某个问题；也可以是无意识的，例如大脑关注环境特征或利用记忆解决问题，而我们却没有意识到，直到解决方案以"灵光乍现"或"洞见"的形式突然浮现（具体请见下文）。

首先要说明的是，我们的整体认知能力（可以用一大堆不同的测试加以评估）在一天 24 小时内存在明显变化。这种每日变化取决于昼夜节律系统、睡眠时型、睡眠需求与年龄等因素之间的相互作用。这些因素各自发挥了什么作用通常很难区分，但最终结果是确切无疑的：大多数成年人的认知能力在醒来后迅速提升，在中午前后达到高峰（见图 6）。澳大利亚研究者德鲁·道森（Drew Dawson）进行的一项著名研究显示，在凌晨 4 点到 6 点，我们的认知能力比醉酒后出现认知障碍时还要糟糕。这种时间效应使得人们在清晨进行任何活动（尤其是驾车）都极为危险——要知道，酒驾已经违法了。但对青少年和青年人来说，这种认知能力在一天中的变化略有不同。青少年和青年人的睡眠时型往往偏晚，认知能力通常在晚些时候上升并达到顶峰。它们平均推迟了两个小时，在下午达到高峰（见图 6）。上述发现被用来论证"青少年（尤其是睡眠时型特别晚的青少年）的考试应安排在下午，而不是大清早"。不过，种种发现也让一个有趣的问题浮出水面：鉴于年龄对认知能力的影响，青少年的老师通常在上午认知能力最强，而那时青少年学生的警觉性却差得多；到了下午，老师的认知能力会下降，学生的认知能力则会达到顶峰。这种不匹配现象导致大多数老师和学生无法取得最佳课堂体验，除非老师的年纪特别轻，或者睡眠时型比较晚。这一切都说明了一个问题：我们的认知能力并不固定，在一天之中会发生变化。更要紧的是，我们在生活中有时需要动用大脑能调动的全部认知资源。每个人都必须做出选择，成年人可能更适合在上午做出选择，而不是在傍晚。

说完了认知能力在一天中的变化，接下来我们把重点转移到睡眠及昼夜节律紊乱对认知三大关键因素（注意力、记忆力和执行功能）的影响上来。

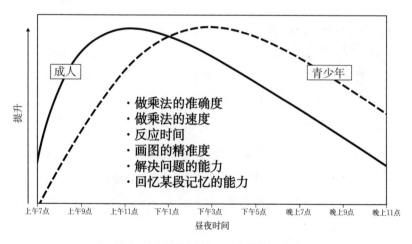

图 6　成人和青少年在一天中的认知表现

平均来看，成人的认知能力从醒来后急剧上升，到中午前后达到顶峰，青少年的认知能力则在下午达到顶峰。除非长期睡眠不足，否则在整个下午，青少年的认知能力通常都比成人更高。认知能力由一系列不同的测试来衡量，包括做乘法的速度和准确度、对提示信号的反应速度、临摹一幅图所需的时间、解决诸如"将图形重新排列，组成新图形"等问题，以及回忆某段记忆。有趣的是，我们一天中的情绪变化也呈现出类似的模式。

注意力与睡眠及昼夜节律紊乱

注意力特别容易受到睡眠不足的影响。1986 年的切尔诺贝利核电站泄漏事故发生在凌晨 1 点 23 分，完全是人为失误引起的。事后发现，操作人员在工作时睡眠严重不足，没有意识到核电站即将面临的灾难。随着时间的推移，睡眠不足会使我们的注意力、警觉性和"执行任务"的能力大大降低。例如，连续一周每晚都能睡满 9 个小时的人在随后的研究期间没有出现注意力下降的问题；连续一周每晚睡 7 个小时的人出现了 5 次注意力不集中；连续一周每晚睡 5 个小时的人出现了 7 次注意力不集中；连续一周每晚睡 3 个小时的人则出现了 17 次注意力不集中。上述发现表明，睡眠时间哪怕只比最佳睡眠时间略有减少，也会随着时间推移导致注意力出现问题。1986 年"挑战者号"航天飞机爆炸就是"难以集中注意力解决复杂问题"的典型案例。灾难发生后的调查表明，夜班工作造成的累积性睡眠不足和睡眠剥夺（引起注意力不集中和执行功能受损）导致工作人员在航天飞机升空时误判。"埃克森·瓦尔迪兹号"油轮泄漏事故也是一系列类似问题导致的。阿拉斯加石油泄漏委员会 1990 年发布的最终报告指出，工作人员过度疲乏和长期睡眠不足是 1989 年"埃克森·瓦尔迪兹号"油轮在威廉王子湾搁浅的主要原因，这次搁浅导致了大规模的石油泄漏。

睡眠不足会严重影响需要持续保持警觉的简单重复工作。多项研究表明，与执行较为复杂的任务相比，人们在执行单调任务时更常出现注意力不集中。这种警觉性降低可能源于不自觉的短暂"微睡眠"发作，也就是持续3—30秒的意识中断。在此期间，当事者基本毫无反应，也意识不到自己经历了微睡眠。我读本科时，学校里一位名叫托马斯·汤普森（Thomas Thompson）的教授就因在回家的高速公路上出现微睡眠而不幸丧生。全世界许多与睡眠有关的高速公路事故和伤亡可能都是睡眠不足和单调任务引发的微睡眠导致的。例如，2001年英国塞尔比发生的火车相撞事故就证明了微睡眠的危险之大。加里·哈特（Gary Hart）驾驶着自己的路虎车睡着了，在北约克郡塞尔比附近的大赫克偏离高速公路，冲上了铁轨。这场微睡眠导致一辆时速125英里（约201千米）的伦敦特快列车与一辆重达1 800吨的货运列车相撞，造成6名乘客和4名铁路工作人员丧生，另有80多人受伤。哈特本人睡眠严重不足。车祸是早晨发生的，而他头天晚上几乎没合眼。他被认定犯有危险驾驶导致死亡等10项罪行，被判5年有期徒刑。微睡眠出现前，人们几乎总是"频频点头""眼皮耷拉"，一些"眼部检测"设备可检测这些动作，警告司机他们将进入微睡眠。在未来几年里，大多数新车可能都会纳入这项技术。

大脑的注意力机制与我们的警觉性密切相关，警觉性源于大脑分泌的兴奋性神经递质。警觉性是衡量大脑清醒程度的一大标准。通常情况下，昼夜节律系统在白天会让大脑分泌更多兴奋性神经递质，为机体在一天中保持清醒提供越来越强的驱动力。与这种让人保持清醒的昼夜节律驱动力相对的，是睡眠驱动力和逐渐累积的睡眠压力，而睡眠压力本身就会降低警觉性并促进睡眠（见第二章）。正常情况下，上述两种驱动力保持平衡，促使形成睡眠/觉醒周期。然而，失眠会增加睡眠压力，使睡眠压力不断累积，"抵消"让人保持清醒的昼夜节律驱动力，导致警觉性明显下降。总而言之，睡眠不足会使注意力下降、警觉性降低，还会引起认知障碍。

除了降低注意力、警觉性和整体警惕性，睡眠不足还会使认知表现变得不稳定。而越接近夜晚和正常睡眠时间，认知表现越不稳定。机体感到困倦，试图激活应激中枢，同时增加脑内兴奋性神经递质的分泌，以保持警觉性。然而，晚上的睡眠压力很大，机体会更快地从清醒状态进入睡眠状态，这种不稳定十分危险。我们在上一刻注意力似乎还很集中，自欺欺人地认为能熬过去，下一刻注意力却突然涣散了，这可能会酿成灾难。1979 年美国宾夕法尼亚州的三里岛核电站事故似乎就是这样发生的。在凌晨 4 点到 6 点工作的夜班员工没有注意到核电站的一个重大变化，导致发生了部分堆芯熔毁事故。

记忆力与睡眠及昼夜节律紊乱

记忆力是大脑识记并在一段时间内（几天、几个月、几年）存储信息的能力。睡眠对于巩固新记忆至关重要，而研究证明，大脑中的海马体（见图 2）对新记忆最初的形成极为重要。大脑获取信息后，海马体出现神经活动；睡眠期间，海马体神经活动的模式和顺序发生部分"回放"。这种回放能增强神经元之间的连接，巩固记忆。睡眠不足会使海马体活动减弱，这与次日回想不起新记忆有直接关系。相比之下，睡眠会促进海马体活动和记忆形成（见第二章）。

记忆分三个阶段：第一阶段是**编码**，即获取信息后形成新记忆，但这种记忆很容易被遗忘；第二阶段是**巩固**，也就是新记忆逐渐"沉淀"为稳定的长期记忆；第三阶段是**检索**，也就是回忆起巩固后的记忆。巩固后的记忆称为长期记忆，分为两类。第一类是**陈述性记忆**，指受意识控制的记忆，可以作为事实和概念被回忆起来。它们通常被称为"常识"，例如了解猫狗的区别，或者知道歌剧《尼伯龙根的指环》（Der Ring des Nibelungen）的作者是德国浪漫主义作曲家理查德·瓦格纳（Richard Wagner）。第二类是**程序性记忆**，指与采取行动和发挥技能有关的记忆。简单来说就是关于如何做某事的记忆，例如骑自行车、系鞋带或烹饪惠灵顿牛排。陈述性记忆与程序性记忆的区别可能有些模糊，但这种区别不仅仅是语义层面上的。在睡眠过程中，两类不同记忆的编码方式似乎也不一样。多项研究表明，陈述性记忆与慢波睡眠有关，长期储存在大脑颞叶中；程序性记忆则与快速眼动睡眠有关，储存在小脑内（见图2）。需要说明的是，快速眼动睡眠不仅与程序性记忆有关，还与情绪记忆有关，尤其是与创伤后应激障碍有关的记忆（见第六章）。

睡眠的一大关键作用就是在有过新经历后获取和巩固新记忆。有趣的是，我们已经得知睡眠不足与大脑的睡眠状态会影响储存在颞叶的陈述性记忆类型。一项经典研究曾将受试者分为两组，一组正常睡觉，另一组36小时内不许睡觉，两组受试者要分别记住情感色彩不同的一连串词语。这些词语有负面的（例如仇恨、战争、谋杀），有正面的（例如快乐、幸福、爱），还有中性的（例如棉花）。两个晚上之后，两组受试者被问到能回忆起哪些词。睡眠不足的一组回忆起的词语总量减少了40%，这表明睡眠剥夺会大大阻碍记忆获取。研究人员又把睡眠不足的受试者回忆起的词语按正面、负面和中性分为三类，结果得到了惊人的发现：睡眠不足的受试者能记起的正面词语数量大大减少，而负面和中性词语极少被遗忘。这表明疲乏的大脑更有可能记住负面而非正面的联想词。上述数据和其他研究数据显然都支持以下观点：睡眠不足会促进大脑获取和存储负面记忆，而不是正面记忆。也就是说，睡眠不足会使人更关注世间的负面信息。

那么，为什么人们会忘记正面联想词，却会记住负面联想词呢？总的来说，从思维模式上来讲，人类似乎期待与他人相遇，且默认会获得愉快的体验，最坏情况也是中性体验。相比之下，负面行为或经历更出人意料，因此更值得关注。因此，我们通常会给予负面经历更多关注。关键是，疲乏的大脑更倾向于记住负面经验而非正面经验，这意味着我们在做判断的过程中负面记忆会发挥更大的作用。通常情况下这可能很有用，因为负面经历更可能对我们造成伤害，所以值得牢牢记住。不过，当负面经历支配了我们的世界观，问题就出现了。事实上，许多精神疾病的一大关键特征就是负面偏见[1]严重。

还有充分的证据表明，睡眠不但有助于获取陈述性记忆（回忆事实），还会参与获取程序性记忆，例如学习完成某项特定任务。许多研究都证明了这一点。在一项研究中，研究人员请受试者记住键盘上特定的按键顺序，每个按键都对应一种特定的声音。学习期结束后，实验进入记忆巩固期，研究人员将受试者分为两组，一组睡觉，另一组保持清醒。在巩固记忆的过程中，研究人员为受试者播放与正确按键顺序有关的声音，以便激活大脑中的新记忆。结果显示，睡觉的受试者更容易回忆起学过的按键顺序。许多研究都表明睡眠不足会抑制程序性记忆的形成，使任务学习能力下降。最近的一项研究显示，受试者在学习执行一项任务后睡眠若完全被剥夺，执行任务的表现就会变差，即使下午小睡或加强练习也无法提升表现。这强调了一个事实：熬夜不睡会极大损害任务学习能力，就连小睡或额外复习也无法弥补。你知道我说的是谁吧？没错，我说的就是你们这些青少年！

1　指与正面信息相比，人们对负面信息更敏感。——编者注

执行功能与睡眠及昼夜节律紊乱

除了注意力和记忆力，认知还有第三个要素：执行功能，也就是解决问题的能力。睡眠不仅有助于形成记忆，还能帮我们找出解决复杂问题的新方法。经常有人告诫我们："先睡一觉，明天再想。"奶奶就常常对我这么说，而她的直觉总是很正确。还记得吗，罗丝奶奶对睡袜的看法就很对……"睡一觉再解决问题"不但备受推崇，还被誉为获得"洞见"的良方。许多著名的案例都证明了这一点。诺贝尔奖得主、药理学家奥托·勒维（Otto Loewi）表示，他一觉醒来后突然想明白了如何通过实验验证大脑神经系统会释放化学递质；俄国科学家德米特里·门捷列夫（Dmitri Mendeleev）说过，他是在睡了一觉后才总结出了化学元素周期表；德国化学家奥古斯特·凯库勒（August Kekulé）为苯分子的原子排列方式冥思苦想，他怀着疑问睡了一觉，醒来后回想起梦中的衔尾蛇，意识到苯分子是由碳原子组成的环。睡醒后"灵光乍现"不仅仅发生在科学领域。1964 年，披头士乐队的传奇人物保罗·麦卡特尼爵士（Sir Paul McCartney）一觉醒来，《昨日》（Yesterday）的旋律已在脑海中成形。《昨日》是有史以来被翻唱得最多的歌曲，迄今为止已有 2 000 多个版本。我不禁好奇，这个梦究竟带来了多少经济效益……

不过，这些逸事能在实验室中得到验证吗？睡眠是否真能帮我们解决问题，或者让我们产生新创意？一项"经典"研究验证了这一点。所谓"经典"，就是指我会把它教给学生。研究人员让受试者完成一项复杂的认知任务，过程中可触发隐藏模式，即通过洞见发现特殊规则，参与者可凭此迅速轻松地完成任务。受试者在上午接受了几个小时的初步训练，然后被分成三组。第一组在当天下午执行任务，大约20%的人发现了隐藏模式；第二组在次日下午执行任务，但当天晚上不许睡觉，同样有大约20%的人发现了隐藏模式；第三组在次日下午执行任务，但当天晚上可以正常睡觉，超过60%的人发现了隐藏模式——也就是说，他们在睡眠后获得了"洞见"。这项奇妙的研究表明，睡眠能使人更好地提取记忆，让人更富有洞察力。

因此，总的来说，认知能力使我们能够收集信息、存储信息并做出适当的反应。再强调一遍，认知包含注意力（可过滤掉次要信息）、记忆力（记忆形成）和适当的执行功能。睡眠对于大脑中的上述过程必不可少，而各类睡眠及昼夜节律紊乱会严重损害认知能力。显然，睡眠才是人类最好、最安全的"健脑药"。

情绪、精神疾病与睡眠及昼夜节律紊乱

至少在我们这一代人看来，"你今早是不是有起床气？"这句老话是指某人心情不好。这非常契合我们的日常体验，也就是睡眠与心情密切相关。"心情"指暂时的心态或情绪，在一天之中会发生变化，有好有坏，也有可能是中性的。一般来说，健康人的情绪在早上醒来后迅速变得积极，午后达到顶峰，晚上缓慢变差，夜间变得最糟糕。从这个角度来看，情绪的每日变化情况与认知表现类似（见图6）。"晚上睡前认知和情绪都是最差的"这一观察结果进一步证明了"最好等到第二天再进行重要讨论"（见第六章）！

情绪波动指情绪从好到坏或从坏到好的变化。每个人都经历过一定程度的情绪波动，但极端的情绪波动可能是双相情感障碍（又称躁郁症）等精神疾病的特征，也可能是其他精神疾病（包括精神分裂症）的症状。令人震惊的是，精神疾病患者普遍存在某种形式的睡眠及昼夜节律紊乱（见图4）。这个话题涵盖范围极广，本章只能简单

概述。我认为，在区分情绪障碍与精神障碍之前，有必要先弄清一些定义。不过，随着我们增进对上述病症的了解，两者之间的界限也会越来越模糊。

情绪障碍

情绪障碍指影响个人情绪状态的精神健康问题，例如一个人长时间极度愉悦或极度悲伤，或者上述两种状态交替发作。情绪障碍包括多种类型，其中最为人熟知的是**抑郁症**（也称为重度抑郁症或临床抑郁症），也就是因生活中发生的事感到悲伤或难过，例如亲人去世、失业或重大疾病。创伤性事件结束后，当事人如果无故出现长期抑郁（两周或更长时间），通常就会被归为临床抑郁症。有趣的是，抑郁症患者的核心体温、褪黑素和皮质醇分泌的昼夜节律波形趋于平缓（振幅变小）。皮质醇分泌的昼夜节律波形虽然变平缓了，但分泌量有所增加。上述发现表明，昼夜节律波形变平缓是抑郁症的症状，也可能是其诱因。抑郁症患者的昼夜节律波动幅度变小，增强其昼夜节律驱动力或许是一种可行的治疗手段（见第十四章）。下文提到的**产后抑郁症**与新生儿降临有关。**季节性情感障碍**（SAD）发生在一年中的特定季节，通常从秋末开始，持续到春季或夏季。**精神病性抑郁症**是一种严重的抑郁症，伴有精神病发作，例如出现幻觉（看到别人看不见的东西，听到别人听不见的声音）或妄想（抱有强烈但错误的信念）。双相情感障碍（躁郁症）的定义是情绪从抑郁到躁狂来回切换。情绪低落时，**双相情感障碍**的症状类似于临床抑郁症。躁狂发作期间，患者可能欣喜若狂，也可能烦躁或多动。

精神病性障碍

睡眠及昼夜节律紊乱也是精神病性障碍的特征之一。精神病性障碍是一种病症，患者难以清晰地思考问题、做出适当判断、以适当的情绪和行为做出反应、前后连贯地与人沟通、评估现实和适当采取行动。症状严重时，患者无法正常生活。精神病性障碍病程发展的一大重要因素是"异常显著性"，也就是脑神经递质分泌异常，导致患者过度重视通常被视为无关紧要的外界刺激。例如，我们通常不会在意在公共交通工具上与其他乘客发生短暂的眼神交流，但在精神病患者看来，这种不经意的眼神接触构成了威胁，说明有人在跟踪自己。精神病性障碍有不同类型，包括以下几种。**精神分裂症**，患者出现妄想和幻觉，发作时间超过 6 个月，工作、学习和人际关系可能受到严重影响。**分裂情感性障碍**指患者同时出现精神分裂症和情绪障碍的症状，例如抑郁症或双相情感障碍。**短期精神障碍**指短期的精神病性行为，往往是对压力事件（例如亲人过世）的反应，通常恢复较快，一个月内就会康复。**妄想症**，患者抱持虚假且坚定的信念，认为自己的看法合理且真实，例如被人跟踪或遭人暗算。**物质所致精神病性障碍**是服食或戒除毒品引起的精神障碍。

每个人一生中都有可能经历情绪障碍或精神障碍，几乎每个人都认识这类患者。若干家精神健康慈善机构得出的统计数据令人震惊。例如，英国精神健康急救组织（MHFA）就指出：每年有四分之一的人出现精神健康问题；全世界有 7.92 亿人受到精神健康问题影响；六分之一的劳动适龄人口存在精神问题相关症状；精神疾病是英国疾病费用耗费第二大的疾病；精神疾病每年毁掉 7 200 万个工作日，349 亿英镑随之流失。自称患抑郁症的人不断增加，但目前还存在争议，不确定这个数据的上升是不是由于全社会对精神疾病的认识提升，导致抑郁症的诊断"门槛"降低。简而言之，我们对自身感受的看法有所改变。在许多人看来，自己应该感到快乐，如果感觉不到快乐，就默认为是"抑郁"。我并不是否定人们的"快感缺失"，只是想提醒各位，抑郁不仅仅是感觉不到快乐，还持续感到悲伤且丧失兴趣，以至于无法进行某些正常活动。

精神疾病各式各样，但它们都与某种形式的睡眠及昼夜节律紊乱存在联系。某些精神疾病患者的睡眠及昼夜节律紊乱可能极其严重。睡眠及昼夜节律紊乱与精神疾病之间的联系早已为人所知，德国精神病学家埃米尔·克雷佩林（Emil Kraepelin，1856—1926）在19世纪末就描述了精神分裂症患者的睡眠及昼夜节律紊乱。克雷佩林被誉为"现代精神病学之父"，他相信精神疾病存在生物学和遗传学基础，认为精神疾病的主要成因是可探知的，并最终找出了治疗这些疾病的方法。他也是一位积极的倡导者，反对当时疗养院对精神病患者的残忍治疗方式。克雷佩林是上述领域的先驱者，但正如19世纪末和20世纪初的许多科学家、艺术家和政策制定者一样，他也坚定地支持优生学和种族优生。这就不可避免地引出了一个问题：为什么一个人可以既持有睿智善良的观点，又持有令人厌恶的观点？显然，在某个领域智慧过人，并不等同于为人正派。

如今，80%以上的精神分裂症患者都存在严重的睡眠及昼夜节律紊乱，睡眠及昼夜节律紊乱也被视为精神分裂症的一大特征。然而，睡眠及昼夜节律紊乱很少得到治疗。精神障碍和情绪障碍患者的睡眠及昼夜节律紊乱形式多变，目前研究人员已经在他们身上观察到了图4中的所有睡眠/觉醒模式。几乎可以肯定的是，睡眠/觉醒模式的多样性反映了精神疾病的各种机制，它们源于遗传和环境（见第五章）的复杂相互作用，其中包括工作要求、情绪压力和躯体疾病。还有一点不可忽视，与精神疾病相关的睡眠及昼夜节律紊乱在很大程度上导致了大多数精神疾病患者健康状况不佳、生活质量低下和社交孤立。世界卫生组织指出，重度精神障碍患者的预期寿命会减少10—25年，这有力地说明了睡眠及昼夜节律紊乱造成的人力资源损耗。重点在于，精神分裂症患者经常表示，改善睡眠状况是他们在治疗期间优先考虑的事项。显然，睡眠及昼夜节律紊乱还会影响精神疾病的触发、发展、复发和恢复率。

精神疾病与睡眠及昼夜节律紊乱存在明显联系，但睡眠及昼夜节律紊乱与精神疾病的联系机制仍然成谜。睡眠及昼夜节律紊乱被视为精神疾病带来的不幸副作用，而精神疾病的起因是社交孤立和失业等外部因素。在缺乏社会结构[1]（例如固定工作模式）的情况下，精神分裂症等疾病的患者会出现睡眠紊乱。此外，一些精神病学家认为，睡眠及昼夜节律紊乱完全是服用抗精神病药物导致的。这种解释简直莫名其妙，因为记载表明早在150年前就有精神疾病（例如精神分裂症）患者出现睡眠及昼夜节律紊乱，这远远早于抗精神病药物的面世（20世纪70年代）。不过，在几十年来主导精神病学思想的身心二元论背景下，上述解释也许会更容易理解。身心二元论中的"心"指思维和意识，"身"则指构成大脑功能的生理过程。我作为神经科学家，实在无法理解为什么要做这样的区分。在我和如今的许多精神病学家（从克雷佩林开始）看来，心智是神经回路与脑部结构的产物，在大脑以外根本不存在什么神秘的"心"。而在精神病学中，睡眠被认为

1　社会结构（social structure）指社会中的制度和规范化的关系的有序集合。它是社会互动的产物，也直接决定了社会互动的方式。社会结构有时也简单地定义为"有规律和重复的社会关系"，它们反映了一个特定的社会实体（如家庭或社区）成员之间的互动。——编者注

源于心智。因此，解释精神疾病患者的睡眠及昼夜节律紊乱时，竟然是从外部环境找原因，而不是从大脑内部找原因，简直莫名其妙！

解释这个问题需要从全新的视角出发。缺乏社交活动或服用抗精神病药物确实可能导致睡眠及昼夜节律紊乱，但不能说它们是睡眠及昼夜节律紊乱唯一的直接原因。我们在牛津大学的团队考察了精神分裂症患者的睡眠／觉醒模式，并将他们与失业的对照组进行比较，以此探讨"睡眠及昼夜节律紊乱源于缺乏社会约束"这一观点。研究结果显示，精神分裂症患者存在严重的睡眠及昼夜节律紊乱，但失业的受试者睡眠／觉醒模式稳定且基本正常。因此，至少精神分裂症患者的睡眠及昼夜节律紊乱不能用"失业"来解释。不仅如此，精神分裂症患者的睡眠及昼夜节律紊乱也与抗精神病药物治疗无关。有了上述发现，加上对"大脑如何形成和调节睡眠及昼夜节律"有了更进一步的了解，我们产生了一个新想法：精神疾病与睡眠及昼夜节律紊乱在大脑中拥有共同的神经通路。正如第二章提过的，睡眠／觉醒周期（"开关"）源于多种基因、脑部区域、所有关键脑神经递质和多种激素之间复杂的相互作用。因此，任何会引起精神疾病的神经通路变化几乎都会在某种程度上影响睡眠／觉醒周期。事实上，我们已经能证明，情绪障碍和精神障碍的相关大脑回路与形成和调节正常睡眠／觉醒周期的大脑回路有所重叠。因此，精神疾病患者经常出现睡眠及昼夜节律紊乱，也就不足为奇了。毕竟，大脑中的神经通路是彼此联系的！此外，睡眠及昼夜节律紊乱会加剧精神疾病的严重程度，而精神疾病也会反过来加剧睡眠及昼夜节律紊乱。图7展示了精神疾病与睡眠及昼夜节律紊乱之间的重叠关系。同样值得注意的是，短期和长期睡眠及昼夜节律紊乱引起的众多疾病（见表1）在神经精神疾病患者身上都极其常见。长期受精神疾病折磨的人有许多健康问题，其中不少可能都是睡眠及昼夜节律紊乱引起的，或者因睡眠及昼夜节律紊乱而恶化。只可惜，这些健康问题很少与睡眠及昼夜节律紊乱联系起来，也没有得到治疗，而是被视为精神疾病尚不明确的副作用。

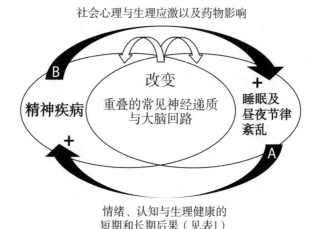

图 7　展示精神疾病与睡眠及昼夜节律紊乱之间关系的模型

该模型阐释了一个新观点：精神疾病与睡眠及昼夜节律紊乱在大脑中拥有共同的通路。因此，使人易患精神疾病的脑神经递质释放模式改变，也会同步影响睡眠及昼夜节律系统。睡眠中断（见图中 A）同样会影响多方面的大脑功能，对情绪、认知与生理健康造成短期和长期的影响（见表1），甚至可能影响年轻人的大脑发育。精神疾病带来的后果（见图中 B），包括引起社会心理应激（例如社交孤立）和生理应激（例如压力激素分泌模式改变，请见第四章），加上药物可能造成的影响，都会引起睡眠及昼夜节律系统紊乱。正反馈回路一旦开启就会迅速发展，神经递质分泌模式再细微的改变都会被放大，演变成明显的睡眠及昼夜节律紊乱，造成精神疾病进一步恶化。

　　有充分的证据支持图 7 所示的模型吗？简单来说，有！正如前面提过的，我们现在知道，与精神疾病有关的基因也对睡眠及昼夜节律起作用，而一度被认为与睡眠及昼夜节律有关的基因，如今也被认为与各类精神疾病有联系（见图7）。那么，两者之间还存在其他联系吗？此前，人们一直推测精神疾病导致了睡眠及昼夜节律紊乱。但如果引起睡眠及昼夜节律紊乱与精神疾病的大脑回路是重叠的，那么患者在临床诊断出精神疾病之前可能就存在睡眠及昼夜节律紊乱。事实也正是如此。有罹患双相情感障碍风险的人在被临床诊断为双相情感障碍之前，就出现了睡眠及昼夜节律紊乱症状。最后，上述模型预测，降低睡眠及昼夜节律紊乱水平应该能降低精神疾病的严重程度。近期，我的同事丹·弗里曼（Dan Freeman）领导牛津大学团队进行了一项研究，考察治疗睡眠及昼夜节律紊乱能否缓解睡眠及昼夜节律紊乱患者的妄想症与幻觉症。该研究在英国26所大学进行了随机对照试验，患有失眠症的学生被随机分成两组，一组接受数字化失眠症认知行为疗法（1 891人），一组不接受任何干预（1 864人）。正如第六章提过的，失眠症的认知行为疗法有助于患者发现引起失眠症状的想法、感觉和行为，进而提出纠正这些问题的建议。这项研究测量了受试者的睡眠及昼夜节律紊乱、妄想和幻觉水平。结果显示，受试者在研究期间通过数字化失眠症认知行为疗法大大缓解了睡眠及昼夜节律紊乱，而后妄想和幻觉也显著减少了。研究得出的结论是，睡眠及昼夜节律紊乱与精神病发作和其他心理健康问题存在因果联系。我认为上述发现很有意义，因为它们表明，治疗睡眠及昼夜节律紊乱可以减轻精神疾病的症状。

问答

1. 焦虑、抑郁与睡眠不足有什么联系?

焦虑、抑郁与睡眠不足这三者的相互作用非常重要。简单来说,三者的联系如下:焦虑会促进压力激素分泌,例如皮质醇和肾上腺素。压力会扰乱睡眠和昼夜节律,而这将影响两个关键领域:其一,睡眠及昼夜节律紊乱会改变认知,使人更注重负面信息,世界会看起来比实际上更糟糕,这容易导致抑郁;其二,睡眠及昼夜节律紊乱还会破坏大脑中众多调节精神健康的神经递质通路,这种干扰会导致精神疾病恶化。

2. 青少年自杀与睡眠及昼夜节律紊乱有联系吗?

精神疾病有一半始于 14 岁之前。在美国,自杀是 15—19 岁青少年的第三大致死原因。一系列研究发现,在出现自杀念头前或自杀前几周,当事人会出现明显的睡眠障碍。这些发现警告我们,应当密切注意青少年的睡眠问题,以防止悲剧发生。另外,自杀也存在"时间效应",多发于下午和晚上(见图 8)。

3. 双相情感障碍患者的睡眠状况会出现什么变化?

在双向情感障碍的躁狂期,患者精力充沛,动作行为增多,思维经常跳跃,难以集中注意力。患者在躁狂期可能会出现睡眠问题,或者觉得自己无须过多睡眠。有些人可能超过 24 小时不睡觉,或者每晚只睡 3 小时,却称自己睡得很好。这种睡眠不足会加剧躁狂期患者的情绪和认知变化（见表1），包括容易冲动冒进和做出有潜在危险的行为，例如服食毒品、无保护性行为、过度消费和鲁莽驾驶。这种睡眠模式的改变是双相情感障碍的一大典型症状，但睡眠时间缩短也可能引发这种疾病。例如，夜班工作者、长时间工作或跨时区旅行的人，以及备考期间熬夜复习的学生，都有可能出现异常情绪波动。这就是为什么易感人群应该尽可能保持正常睡眠模式（见第六章）。你如果觉得自己有患精神疾病（例如双相情感障碍）的风险，请立刻联系医生。

4. 失去亲人的悲恸会如何影响睡眠？

悲恸的情况相当复杂，人们对它知之甚少。正如我们许多人了解到的，悲恸往往与睡眠及昼夜节律紊乱有联系，而睡眠及昼夜节律紊乱会导致身心健康状况不佳。除了抑郁等精神和情绪症状，当事人还可能出现躯体症状。例如，有些人在白天感到腰酸背痛和疲乏，也可能出现口干、呼吸困难和焦虑等症状。此外，当事人的饮食习惯可能发生改变，对噪声的敏感度也可能提高。这些可能是睡眠及昼夜节律紊乱引起的，还会反过来导致睡眠及昼夜节律紊乱恶化，进而形成恶性循环。人在一生中不可避免会失去亲人，但正常情况下人们都有适应能力，可以承受当下的痛苦，随后逐渐恢复常态。大多数人最终无须任何外部干预就能度过悲恸期。然而，睡眠及昼夜节律紊乱会对身心健康造成巨大影响，亲人过世后家属的睡眠障碍应当得到特别关注。医生常常会开安眠药，安眠药可能在短期内管用，但老年患者服用安眠药后可能会跌倒，还可能出现日间认知障碍等副作用，这些潜在问题不容忽视。此外，研究已证明第六章中提到的解决方案有助于缓解亲人过世后家属的夜间睡眠问题和白天嗜睡现象。悲恸与睡眠及昼夜节律紊乱肯定存在联系。在这段脆弱时期，当事人应该采取一切手段缓解睡眠及昼夜节律紊乱。

5. 如何用锂治疗精神疾病与睡眠及昼夜节律紊乱？

这是一个非常有趣的问题。锂是一种情绪稳定剂，可用于治疗情绪障碍，例如躁狂症（过度活跃或感觉高度亢奋、心烦意乱）、定期发作的抑郁症和双相情感障碍。所谓的双向情感障碍，就是情绪在极度亢奋（躁狂）和极度低落（抑郁）之间来回切换。目前尚不清楚锂是如何缓解这些病症的，但有趣的是，我们知道锂通过作用于涉及两种关键蛋白（GSK-3β 和 IMPA1）的信号通路，从而让细胞内的昼夜节律周期变长、振幅变大。因此有一种解释是，锂通过减轻昼夜节律紊乱来缓解双向情感障碍等病症。锂对许多人来说是有效的情绪稳定剂，但并不是对所有人都管用。我们团队最近的一项研究表明，对于昼夜节律不稳定或周期较长的人来说，锂治疗不见效的可能性较大。上述研究和其他一些研究的结论表明，睡眠时型可能会影响个体对锂的反应。两者的具体联系还有待进一步研究。

第十章

何时服药：
脑卒中、心脏病、头痛、疼痛与癌症

> 我想在睡梦中平静地死去，像我爷爷那样……而不是
> 像他车上大喊大叫的乘客那样。
>
> ——威尔·罗杰斯（Will Rogers），美国杂耍演员

美国食品药品监督管理局（FDA）已经批准了 2 万多种处方药上市销售，欧洲药品管理局（EMA）也批准了类似数量的药物供人使用。如今，每年约有 50 种新药注册，但就消耗量和使用时间而言，阿司匹林打破了大多数药物的纪录。标准阿司匹林药片[1] 每年的生产量约为 1 000 亿片。据估计，在过去 100 年里，阿司匹林的消耗量超过了 1 万亿片。阿司匹林也被称为乙酰水杨酸（ASA），也就是人工合成的水杨酸。水杨酸最初是从柳树皮和其他富含水杨酸的植物（例如桃金娘和绣线菊）中提取出来的。阿司匹林的使用史确实令人瞩目。大约 4000 年前，苏美尔人的泥板就描述了如何用柳树叶治疗关节疼痛（风湿病）。古埃及人也记录过使用柳树叶或桃金娘治疗关节

1　标准阿司匹林药片的剂量在不同国家和地区有所不同，但一般在 75—500 毫克。——编者注

疼痛。古希腊著名医生希波克拉底（公元前460—前377）推荐用柳树皮提取物退烧、止痛和助产。古代中国、古罗马和美洲土著文明也早已认识到了富含水杨酸的植物的药用价值。再说到现代，生活在英国牛津郡奇平诺顿（离我的住处不远）的爱德华·斯通（Edward Stone）牧师（1702—1768）曾在1758年研究了柳树皮的功效。他当时在寻找治疗疟疾（症状为发烧、打冷战）的便宜药材，因为秘鲁的金鸡纳树皮实在太贵。正如本书第十一章将会提到的，金鸡纳树皮含有奎宁，奎宁是一种用于治疗疟疾的药物，与水杨酸完全不同。斯通让发烧的教区居民服用柳树皮提取物，发现这能明显缓解发烧症状。1763年，斯通向伦敦皇家学会报告了自己的发现，使柳树皮成了治疗发烧的首选药方。1828年，人们从柳树皮中提炼出了水杨酸。1859年，人工水杨酸合成。1876年，托马斯·麦克拉根（Thomas MacLagan）进行了首次临床试验，用水杨酸治疗急性风湿病患者的关节炎症。1897年，拜尔制药公司制造出了纯正、稳定的水杨酸，也就是乙酰水杨酸。迈出这一步后，阿司匹林主宰了全世界，现代制药业随之诞生。如今，全球制药市场总价值约为1.27万亿美元。据我预测，将时间生物学纳入考量后，这个全球性产业即将进入另一个增长与发展阶段。

我们的生理机能在一天24小时内会出现极为剧烈的变化，如此一来，不同疾病的各种症状会在一天中发生变化也就不足为奇了。图8总结了一些疾病症状的峰值。

鉴于疾病症状在一天中会发生变化，许多药物在昼夜周期中的不同时间效果也有所不同。理想情况下，患者应该根据图8所示的疾病严重程度，在一天中最需要、效果最好的时候服药和接受治疗。这就是所谓的"时间药理学"。然而大多数情况下，我们只是在容易记住的时间服药，这种服用时间并不能实现最佳服药效果。不同的药物存在不同的"半衰期"。所谓药物的半衰期，顾名思义，就是指药量在你体内减少到一半所需的时间，而这取决于你的身体如何"处置"和代谢药物。这被称为药物的"药物代谢动力学"，简称"药代动力学"，简单来说就是身体对药物的处置方式。不同药物的半衰期从几小时到几天不等。我想强调的是，你不能通过药物半衰期判断药物何时停止发挥作用，它只能告诉你血液中药物的浓度下降到原先的一半需要多少时间。

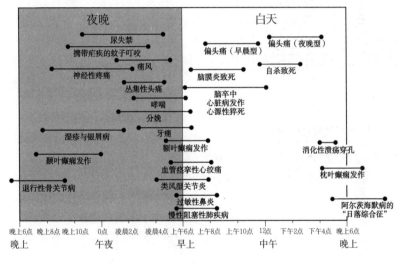

图 8　疾病与疾病严重程度的昼夜变化

在一天中不同的时间，疾病的状态有所不同。人与人之间存在差异，各项科学研究的结论也没有达成一致。图中展示的是平均看来疾病与疾病严重程度最有可能出现的高峰期。**退行性骨关节病**引起的疼痛和关节僵硬会在傍晚达到高峰。**湿疹与银屑病**引起的强烈瘙痒会在夜间和午夜达到高峰，这会扰乱睡眠。到黎明时分，瘙痒会有所缓解。**神经性疼痛**（神经受损后的疼痛）会引起烧灼感或突发刺痛，在傍晚和清晨疼痛最为剧烈。**蚊子叮咬（携带疟疾）**因蚊子种类不同而异，但通常发生在夜间。这些蚊子的特点是在黄昏过后开始寻找人类受害者，在午夜前后叮咬率达到高峰。据估计，60%至80%的叮咬发生在晚上9点至凌晨3点。**牙痛**在凌晨3点到7点达到高峰。**癫痫发作**的类型不同，高峰期也不同：额叶癫痫多发于早上5点到7点半，**枕叶**癫痫多发于下午4点到7点，**颞叶**癫痫多发于晚上7点到午夜。**消化性溃疡穿孔**指胃壁破裂，消化液漏进腹腔。破裂高峰期是下午4点到5点，上午10点到中午12点破裂概率较低，其次是晚上10点左右。老年人**尿失禁（夜尿症）**发生在夜间到凌晨。**丛集性头痛**大多在凌晨2点左右发作。**痛风**是尿酸结晶在大脚趾、脚踝、膝盖、手腕等关节处堆积引起的，疼痛在半夜3点到4点达到高峰。**哮喘**在凌晨4点左右症状最严重，哮喘导致猝死也大多发生在这一时段。这也取决于在卧室中接触到的触发哮喘的过敏原。**人类出生**主要发生在凌晨1点到7点，在凌晨4点到5点达到高峰。**血管痉挛性心绞痛**是一种心绞痛（胸痛），通常发生在清晨6点左右，患者感觉胸部好似收缩或紧缩。**慢性阻塞性肺疾病**包括慢性支气管炎和肺气肿，属于慢性炎症性肺部疾病，往往是大量吸烟引起的，会导致肺部气流受限，引起呼吸困难、咳嗽、痰多和气喘，症状在清晨最为严重。**类风湿关节炎**引起的疼痛在早晨达到高峰。**过敏性鼻炎**是由过敏原引起的鼻内炎症，过敏原包括花粉、灰尘、霉菌或某些动物的皮屑等。咳嗽和打喷嚏的频率在睡醒后的头几个小时达到高峰。**脑膜炎**是指围绕大脑和脊髓的保护膜（脑膜）受到感染，大多数死亡案例发生在上午7点到11点。睡眠时型不同的人**偏头痛**发作时间也存在差异：早晨型的人往往在上午出现偏头痛，夜晚型的人则在下午或晚上出现偏头痛。**脑卒中**在上午6点到中午达到高峰。**心脏病发作**与**心源性猝死**（例如脑卒中）一样，在上午6点到中午达到高峰。**阿尔茨海默病**的"**日落综合征**"症状包括亢奋、思维混乱、焦虑和充满攻击性，通常出现在傍晚和晚上，但也可能发生在夜间。**自杀**致死最常发生在中午前后。

药物的疗效和服药时间与药物半衰期有关，个体之间也存在差异。之所以会出现这些差异，是因为身体代谢药物的方式并不是一成不变的。药物的药代动力学会在人体中悄然发生变化。随着年龄的增长，肾脏和肝脏的功能会发生变化，代谢药物的过程也进而改变。脂肪沉积物会吸收脂溶性药物，使其在体内的半衰期变长。此外，人体对药物的敏感度也会发生改变，尤其是在长期服用同一种药物的情况下。需要注意的是，每天服用半衰期长的药物，血药浓度会持续维持较高水平。服用药物并不是越多越好，恰恰相反，有些药物浓度较高反而会使疗效降低。此外，血药浓度过高还可能带来副作用，例如恶心、胃部不适、过敏（例如皮疹）等。大量证据表明，抗过敏药苯海拉明就有众多副作用。服药2小时后，血药浓度出现峰值，药物半衰期在3.5—9小时。苯海拉明常用于缓解过敏反应，但也会削弱促进清醒的神经递质乙酰胆碱的作用（见第二章），这可能导致嗜睡。出于这个原因，痴呆症或其他神经退行性疾病患者不适合服用苯海拉明（见第九章）。此外，苯海拉明还会带来其他副作用，例如口干，睡前服用后患者可能半夜忍不住起床喝水。不同药物发生相互作用也会导致副作用。酒精与某些止痛药（麻醉剂，例如吗啡和可待因）就会发生这种"药物间的相互作用"，患者可能意外摄入过量，最终导致死亡。令人惊讶的是，西柚汁也会改变某些药物在血液中的浓度，因为西柚汁会阻断肝脏中一种关键的酶，防止药物分解。因此，药物不是被代谢掉，而是进入血液，在体内滞留更长时间，导致血液循环中的药物浓度过高。西柚汁会使一些药物的效果发生变化，包括调节血压的药物和降低胆固醇的药物。调节血压的药物包括某些降压药，例如氨氯地平，降胆固醇的药物包括某些他汀类药物，例如辛伐他汀。鉴于此，查看药物说明书可谓至关重要，但许多人并不这么做。此外，某些保健品，例如圣约翰草（又称贯叶连翘）或金印草（又称北美黄连），也会与处方药发生相互作用。因此，在服用任何保健品之前，都请询问医生，确认它是否会影响你正在服用的药物。

　　鉴于上述各种相互作用，受昼夜节律驱动的药代动力学变化确实会影响药物疗效。而且，各种相互作用并不会消弭这种影响。这说明，受昼夜节律驱动的药代动力学变化相当显著且重要，医嘱应该包含相关建议。事实上，研究人员已经确认了100多种药物的昼夜节律变化，进而制定了指南，告诉人们该何时服用治疗某些特定疾病的药物，尤其是癌症或心脑血管疾病。只可惜，人们并不经常根据指南服药。

普通人很难弄清自己该在什么时候吃药，所以最好咨询医生。我希望下面的例子能为你提供指导。为了说明受昼夜节律驱动的药代动力学变化的重要性，我想探讨一下服药时机在健康三大关键领域的重要性：一是脑卒中与心脏病发作；二是疼痛、偏头痛与头痛；三是癌症。

脑卒中与心脏病发作

让我们从"头"说起。脑卒中是致死和致残的主要原因。脑部血管破裂并出血（脑瘀血）或大脑供血受阻（脑梗死）会导致脑卒中。不过，短暂性脑缺血发作（TIA）是一种短暂的血液供应不足（缺血），并不会演变成脑卒中。似乎许多政治家都死于脑卒中或短暂性脑缺血发作，或者受其影响。美国46位总统中有10位在任职期间或卸任后不久脑卒中发作。"二战"时期的同盟国军队领导人罗斯福、斯大林和丘吉尔，最终分别在1945年、1953年和1965年死于某种形式的脑卒中。2013年4月8日，英国前首相撒切尔夫人因脑卒中去世，享年87岁。正如我将在下面讨论的，政治家脑卒中频发在很大程度上可能受睡眠及昼夜节律紊乱影响。"脑卒中"（stroke）一词源于16世纪初的医学描述，是"被上帝之手击中"（Struck by God's hand）的缩写。

冠心病是冠状动脉粥样硬化性心脏病的简称，患者的冠状动脉

（为心脏供血的血管）因脂肪堆积变得狭窄。冠心病有时也被称为缺血性心脏病，心脏的血液供应突然受阻会导致心脏病发作（心肌梗死）。大脑和心脏是两大代谢高度活跃的器官，其内的血管堵塞或破裂会使葡萄糖和氧气供应不足，难以维持大脑和心脏的正常机能。这类重大疾病的发展变化也呈现出昼夜节律。一份重要的文献综述涵盖了31项研究，涉及11 816名脑卒中患者，所有亚型脑卒中的发作都有明显的时间效应。与一天中的其他时间相比，清晨6点到中午发生脑卒中的概率要高出49%。脑梗死的概率为55%，脑瘀血为34%，短暂性脑缺血发作为50%。研究心脏病发作的文献也有类似记录。总的来说，这些数据明确表明，你最有可能在早上死于脑卒中或缺血性心脏病（图8）。也许只要熬到中午12点01分，我们就可以长舒一口气，庆幸自己熬过了一天中最危险的时段！

早上6点到中午12点这个疾病发作与死亡的"风险期"是由一系列因素造成的，其中一大关键因素是心率与血压受昼夜节律驱动升高。这是为机体从睡眠切换到清醒做准备——届时机体的活动需求增加，对氧气和营养物质的需求也有所增加。从很大程度上来说，血压升高间接受自主神经系统调控。自主神经系统是神经系统的一部分，负责调控无意识的身体机能，由交感神经系统和副交感神经系统这两部分组成。交感神经系统促使心率升高，副交感神经系统则起到相反的作用，使心率降低。两者都受昼夜节律系统调节。副交感神经活动在夜间增强，交感神经活动则在清晨达到高峰，促使血压和心率升高。清醒后活动和姿势出现重大变化等行为上的改变也会使血压升高。躯体活动增加伴随着生理机能变化：在昼夜节律的驱动下，血糖升高，皮质醇、睾酮（见图1）、胰岛素分泌增加——这些都有助于加快代谢，增加活动量。代谢加快，机体就需要更多氧气和葡萄糖，而血压升高有助于血液向器官和组织提供这些必需品。重要的是，清晨血液中的促凝血因子也会增加，血小板也被活化。血小板通常会聚集在一起，形成血液凝块，防止受伤后失血过多。不过，血小板也会形成堵塞血管的血块，导致脑梗死发作。血液凝块的形成在上午达到高峰，这与一天之中脑卒中或心脏病高发的时间一致（上午6点至中午12点，见图8）。如果你身体健康，那这些都不是问题；但如果你健康状况不佳，再加上睡眠及昼夜节律紊乱，那这些因素就会变得很致命。

任何扰乱机体有节律的生理活动（在一天中适当的时间为适当的部位摄入适量的适当物质）的因素都会提升患病的风险。连续上夜班、时差或明显的睡眠／觉醒紊乱（见第四章）都会提升脑卒中和心脏病发作的概率。睡眠及昼夜节律紊乱与临床高血压和甘油三酯偏高存在联系。甘油三酯偏高会导致动脉管壁硬化并增厚，提升脑卒中、心脏病和心脑血管疾病的发病风险。睡眠及昼夜节律紊乱还会引发炎症反应，导致罹患2型糖尿病的风险提升，这些都会增加脑卒中和心脏病发作的风险。我想强调的是，除了脑卒中之外，上午（早上6点到中午12点）其他心脏疾病发作的概率也会提升，例如室性心律失常和心脏骤停（见图8）。重要的是，与一天中的其他时间相比，在"早晨风险期"心脏病发作的人心脏受损更严重，康复概率也更低。我的德国同事称之为"死亡地带"（Todesstreifen）或"死亡区"，这个词最初指西德和东德之间的缓冲区，如果你踏进那个区域，很可能被狙击手一枪毙命。

睡眠及昼夜节律紊乱似乎也会影响脑卒中或心脏病发作后的康复。请允许我在此基础上展开讲一讲。失眠、阻塞性睡眠呼吸暂停和不安腿综合征（见第五章）等睡眠障碍都与脑卒中发作后康复较差乃至死亡存在联系。重要的是，就治疗来看，睡眠／觉醒节律稳定有助于脑卒中或心脏病发作后的康复。因此，脑卒中与心脏病的预防与康复管理方案不应只包含药物干预措施（下面将要提到），缓解睡眠及昼夜节律紊乱也应该纳入其中。

如今，相关人员在研发新药和开具现有药物时都会考虑脑卒中和心脑血管疾病的发病风险在一天中的变化。例如，用于治疗高血压的药物称为"降压药"，睡前服用降压药比早上服用更能有效调节血压，减少脑卒中和心脏病发作的风险。此外，睡前服用阿司匹林能抑制血小板凝结成不必要的血块，有助于预防心脏病和脑卒中发作。晚上服用阿司匹林能大大抑制次日早晨的血小板活化，早晨服用效果则大为减弱。迄今为止样本量最大的研究显示，与早上服药相比，睡前服用降压药有助于调节血压，使心脑血管疾病的死亡率几乎减半。这项研究值得详细谈一谈。实验涵盖了近 2 万名平均年龄为 60.5 岁的高血压患者，受试者的服药时间随机分为睡前和早晨醒来时，一次服用一种或多种降压药的当日全部剂量。实验持续了 6 年之久，研究人员对这些患者进行了跟踪调查，每年为其进行详细体检。实验结果显示，晚上服用降压药的患者死于心脑血管疾病（包括心力衰竭和脑卒中）的概率大大降低（几乎减半）。这项研究的首席科学家拉蒙·赫尔米达（Ramón Hermida）表示：

> 目前的高血压治疗指南没有提到或推荐首选治疗时间。"降低早晨血压水平"是个有误导性的目标，而医生常常根据这个目标建议患者在早晨服药。而此项研究的结果表明，每天在睡前服用降压药的患者比那些清晨起床后服药的患者血压控制得更好。最重要的是，他们因心脏和血管问题死亡

或患病的风险明显降低。

目前没有任何官方指南明确说明应该何时服用降压药或阿司匹林。全新研究正在进行之中，试图支持拉蒙·赫尔米达及其同事的研究结果。如果这一结论得到验证，我希望官方能迅速推出面向全科医生的指南。当然，我们每个人都可以将现有证据视为指导意见。鉴于现有研究数据，我个人的选择是在睡前服用降压药。我的澳大利亚同事也表示，这通常也是澳大利亚处方上给出的建议。这就引出了下面这些问题。

如果说早上血压最高，为什么要在晚上服用降压药？

这与降压药的药代动力学有关，也就是药物如何被吸收和在体内分布，如何被身体代谢，最终被分解并排出体外。这一系列过程都需要时间。在睡前服用降压药，血药浓度会升高，在体内保持相对较高水平（半衰期长），并在血压通常急剧飙升的危险期（上午6点到中午12点）发挥作用，从而降低血压。早晨服用降压药后，药物的有效性会逐渐提升，在血压急剧飙升之后才达到峰值。

正如第八章提过的，有些降压药会导致尿量增加。起降压作用的利尿剂会刺激肾脏，促使血液中的水分和盐分通过尿液排出。这会减少血容量，进而降低血压，但会增加尿量。钙拮抗剂能舒张血管，降低血压，但也会抑制膀胱收缩和排空，导致患者经常小便，晚上频繁起夜。因此，如果夜尿症对你来说是个问题，请跟医生讨论哪种降压药最适合你。

何时服用阿司匹林？

阿司匹林能抑制血液中的促凝血因子发挥作用，并且抑制血小板活化。也就是说，阿司匹林能"稀释血液"。不过，阿司匹林的半衰期短，服用后血药浓度会迅速升高，然后在几小时内迅速下降。那么，睡前服用阿司匹林如何能在早晨降低血小板的"黏性"？说来有趣，阿司匹林可以在血小板的生命周期（大约10天）内防止其凝结成血块。也就是说，血小板在接触到阿司匹林后会永久失去活性。然而，人体每天会生成1000亿个新的血小板，而且这个过程在晚上进行。晚上服用阿司匹林能确保新的血小板在第二天早上的脑卒中危险期（早上6点到中午12点）失活。早上服用阿司匹林药效会差很多，因为头天晚上新生成的血小板已经在促进凝血，而阿司匹林还没来得及接触血小板并使其失活。或者说，新一波血小板尚未在晚上生成，阿司匹林就被代谢掉并排出体外了。然而，睡前服用阿司匹林也有坏处，那就是会增加胃肠道内壁受损的风险，导致出现大大小小的溃疡，溃疡可能引起出血或穿孔。不过，服用质子泵抑制剂（PPI）和保护胃肠道系统的药物能解决这个问题。

何时服用他汀类药物？

血液中胆固醇高也会增加脑卒中和心脏病发作的风险。胆固醇是健康细胞和关键激素的重要组成部分，但胆固醇高会导致血管壁上的脂肪不断沉积。这些沉积物会越来越厚，导致身体器官（包括心脏和大脑）供血不足。也就是说，血管变得狭窄，无法向心脏或大脑运输足够的氧气，结果导致心脏病或脑卒中发作。胆固醇在血液中以蛋白质复合物（脂蛋白）的形式运输。两类脂蛋白［低密度脂蛋白（LDL）和高密度脂蛋白（HDL）］与胆固醇结合，将胆固醇运进或运出细胞。低密度脂蛋白胆固醇被视为"坏"胆固醇，因为这种脂蛋白—胆固醇复合物会促进脂肪在动脉中堆积（动脉硬化），使动脉变窄，增加心脏病和脑卒中发作的风险。高密度脂蛋白胆固醇则被视为"好"胆固醇，因为它会将（坏的）低密度脂蛋白胆固醇从动脉运输回肝脏。低密度脂蛋白胆固醇在肝脏分解，随后排出体外。不过，高密度脂蛋白胆固醇并不能完全清除低密度脂蛋白胆固醇，只能将大约30%的低密度脂蛋白胆固醇运输至肝脏。这给药物留下了发挥作用的余地。辛伐他汀、洛伐他汀、普伐他汀、阿托伐他汀等他汀类药物都能有效减少低密度脂蛋白胆固醇。这类药物的作用是抑制低密度脂蛋白胆固醇在肝脏中生成，从而使血液中的胆固醇含量减少。具体来说，他汀类药物是一种HMG-CoA还原酶抑制剂，通过阻断HMG-CoA还原酶发挥作用来减缓低密度脂蛋白胆固醇的生成。那么，服用他汀类药物是否存在最佳时机？

血液中的胆固醇水平变化呈现昼夜节律，胆固醇通常在夜间（午夜12点至早上6点）生成。他汀类药物能在血液中保持活性若干小时：短效他汀类药物在服用后4—6小时内有效，长效他汀类药物在服用后20—30小时内有效。最关键的一点是，短效他汀类药物（例如辛伐他汀）应该在睡前服用，用于"打击"夜间生成的胆固醇。然而，长效他汀类药物（例如阿托伐他汀）可以在任何时间服用，因为它们总能在夜间胆固醇水平较高的时段发挥作用。如果你不确定自己服用的他汀类药物是短效的还是长效的，请咨询全科医生。

上述三个例子（降压药、阿司匹林和他汀类药物）说明，给药时必须考虑人体的生理机制和药物药代动力学的昼夜变化。不过，还有一个必须考虑的关键因素：从动物实验结果推断人类的反应。

药物研发与从动物实验结果推断人类的反应

小鼠是医学研究对象的首选，其理由相当充分：它们的遗传机制为人熟知，容易饲养且饲养成本相对较低，基本生理特性与人类相似。然而，研究人员经常忽略一个关键问题：小鼠是夜行性动物（晚上活动），而人类是昼行性动物（白天活动）。小鼠在白天一般不活动或处于睡眠状态，但动物研究机构的工作时间通常是上午7点到下午5点，研究人员在这个时间区间在小鼠身上收集实验结果（例如药物影响），但这只是人类的清醒时间，小鼠的生理机制在此期间是准备进入睡眠的状态。就这样，研究人员根据小鼠的实验结果推断人类的反应，但对应的不是人类的睡眠状态，而是误推到了人类的清醒状态。小鼠睡眠期与清醒期的生理机制截然不同，尤其是在药物有效性和毒性这些方面。研究人员早在几十年前就知道这一点，但在用小鼠进行药物测试的早期阶段常常忘记。最近的一项研究考察了三种不同药物治疗小鼠脑卒中的效果，治疗在一天中的不同时段进行，研究人员通过减少小鼠大脑的血液供应来模拟脑卒中。实验结果发现，白天（小鼠生理上准备睡觉的时候）给药时，三种药物都能减少组织坏死，但如果在晚上（小鼠清醒的时候）给药，三种药物都无法发挥药效。上述发现解释了为什么对小鼠有效的药物在随后进行的人体试验中却毫无效果。人体试验阶段，那些药是在白天服用的（和小鼠一样），但白天是小鼠的睡眠期，而对人类来说是清醒期。事实上，那些药应该在睡前服用，也就是人类的睡眠期！上述发现表明，服用预防脑卒中药物的时机真的很重要。此外，小鼠的生物节律必须与人类的生物节律保持一致，以确保"类推"能够顺利进行。研究人员曾考虑用昼行性啮齿类动物做研究，例如尼罗河草鼠，但事实证明相当困难。

疼痛、偏头痛与头痛

很多疾病引发的疼痛都呈现出以 24 小时为周期的疼痛等级变化模式。类风湿关节炎是一种自身免疫疾病，这意味着你的身体会向自己发起攻击，结果导致关节僵硬和疼痛。类风湿关节炎引起的疼痛在早晨达到高峰（见图 8）。退行性骨关节病是一种退行性关节疾病，会导致关节软骨（给关节起缓冲作用）损伤和磨损。退行性骨关节病引起的关节疼痛发生在晚上和夜间（见图 8）。人们早在几十年前就知道这一点，并凭借关节僵硬／疼痛发作的时间区分类风湿关节炎（早晨发作）和退行性骨关节病（晚上发作）。最近的一项研究显示，类风湿关节炎患者晚上服用糖皮质激素（一种皮质激素，起到抑制机体免疫反应的作用）比在早晨服用同等剂量的糖皮质激素能更好地缓解早晨的关节僵硬和疼痛。如今，上述发现与时间药理学疗法被用于治疗其他疼痛问题，例如头痛和神经性疼痛。我们先来谈一谈头痛，这些烦人的"小恶魔"存在各种不同形式。

头痛

头痛是个笼统的术语，指头部任何区域的疼痛，可能发生在头部某一侧，有特定的位置，也可能从一点扩散到另一点。它可能是锐痛、抽痛，也可能是钝痛。最初，人们认为头痛与血管肿胀或流向脑部的血液增加有关。如今研究人员认为，大多数头痛都是由神经系统变化引起的。丛集性头痛和偏头痛是两种最常见的头痛，它们与昼夜节律系统联系紧密。

丛集性头痛

丛集性头痛会令人极其难受。事实上，它们有时被称为"自杀性头痛"，因为 50% 以上患有这种严重头痛的人考虑过自杀。大约每 1 000 人中就有一人患有丛集性头痛，男性多于女性，初次发病在 20—40 岁。90% 的患者会在几周或几个月内每天经历同样的剧烈疼痛，随后几个月内又不再发病。丛集性头痛的诱因目前尚无定论，但可能是大脑中关键通路被激活引起的，涉及三叉神经核（见图 2）和自主神经系统的神经，受下丘脑某些部位乃至视交叉上核调节（见第一章）。之所以这么说，是因为丛集性头痛的一大重要特征是疼痛多在每天同一时间发作，通常也在每年同一时间发作。一项大型研究显示，82% 的人每天同一时间出现丛集性头痛，最常见的发作时间是凌晨 2 点（见图 8）。有趣的是，若干研究表明，丛集性头痛患者的昼夜节律异常，多种激素与脑神经递质分泌不同步，包括褪黑素、睾酮、催乳素和生长激素。此外，与分子级别生物钟和"转录／转译反馈回路"（见第一章）相关的基因异常也与丛集性头痛有关联。因此，丛集性头痛与昼夜节律系统紊乱存在联系。

偏头痛

偏头痛发作时，患者会出现中度或重度的单侧头部抽痛，持续时间为 4—72 小时不等，通常伴有恶心、呕吐以及对光线、噪声敏感，头位或体位变动会引起不适。这是一种相当常见的疾病，近 18% 的女性和 6% 的男性每年至少发作一次。德国哲学家弗里德里希·尼采从童年起就患有严重的偏头痛。顺便提一句，尼采的名言在他死后经常被人盗用。例如，最早说出"杀不死我们的东西，必将使我们更强大"的是尼采，而不是 1982 年奇幻电影《野蛮人柯南》(*Conan the*

Barbarian）中的阿诺德·施瓦辛格。触发偏头痛的大脑通路似乎与丛集性头痛类似，与三叉神经核（三叉神经血管系统）的神经以及下丘脑（见图 2）被激活有关。而且就像丛集性头痛一样，偏头痛发作也存在昼夜节律。最近的一项研究显示，"早晨型"（早睡早起）的人偏头痛多发于上午，"夜晚型"（晚睡晚起）的人则在下午更容易发病（见图 8）。偏头痛还与月经期和黄体期雌性激素水平下降存在联系（见图 5）。偏头痛的触发因素包括压力过大、进食时间不规律、月经周期影响、异常光照和睡眠及昼夜节律紊乱。此外，引起睡眠时相前移综合征的关键生物钟基因，以及其他已知的影响昼夜节律调节的基因，也都与偏头痛存在联系（见图 4）。由于昼夜节律紊乱与偏头痛有关联，研究人员提出了一个假设：夜班工作者的偏头痛发病率可能较高。然而，最近的文献综述显示，偏头痛与夜班工作并没有明显的联系。这个结论也许并不是太令人惊讶。毕竟偏头痛如此难受，容易发作的人几乎不会选择上夜班。其实研究人员可以针对偏头痛患者做调查，询问他们是否做过夜班工作，以及上夜班是否使偏头痛加剧。

针对头痛的时间治疗

本书第六章曾提到有助于稳定睡眠及昼夜节律的策略，例如清晨接受光照和在固定时间进食。研究证明，这些策略也对缓解丛集性头痛和偏头痛有帮助。有趣的是，如今用于治疗头痛的几种药物也会影响生物钟，包括：丙戊酸钠和巴氯芬，会改变昼夜节律；维拉帕米，常用于治疗偏头痛和丛集性头痛，研究证明会改变昼夜节律。至于这些药物改变昼夜节律最终会如何影响治疗效果，目前尚无定论。尽管研究数据还不充分，但越来越多的证据表明，头痛受睡眠及昼夜节律紊乱影响，而稳定睡眠及昼夜节律对减少头痛发作起到重要作用。事实上，研究人员正在研发旨在稳定昼夜节律系统的新药，以便缓解头痛带来的痛苦。英国国家医疗服务体系（NHS）前不久推出了一种治疗头痛和偏头痛的设备，名为 gammaCore ™。它是一种手持式医疗仪器，患者可以将接触式电极贴在颈部，自己施行非侵入式迷走神经刺激（nVNS）。据推测，这种刺激会与三叉神经核（见图 2）和三叉神经血管系统发生相互作用。在最佳时机进行非侵入式迷走神经刺激，加上稳定睡眠及昼夜节律，也许能对头痛和偏头痛患者有所帮助。

神经性疼痛

神经性疼痛源于感觉神经元和神经通路受损或病变。这些神经元和神经通路负责检测身体内外的变化，例如触觉、压力、疼痛、温度、振动等，也被称为"体感系统"。神经性疼痛表现为有烧灼感或突发刺痛，其变化模式以 24 小时为周期，这是有据可查的。例如，实验显示，用电刺激实验对象小腿区域的神经（腓肠神经），疼痛会在深夜和凌晨达到峰值。因疾病（例如糖尿病神经病变）受损的神经也一样，疼痛会在一天中不断加剧，在夜间达到峰值（见图 8）。研究人员认为，这种变化源于疼痛受体的昼夜节律。一系列重要实验显示，分子级别生物钟能直接改变某种基因以 24 小时为周期的节律，这种基因编码一种叫作"P 物质"的神经肽，P 物质负责传递痛觉信号，能调节神经性疼痛的剧烈程度。因此，神经性疼痛的剧烈程度与昼夜节律系统之间存在清晰的联系。关键在于了解神经性疼痛什么时候会加重，如此一来便能在一天中最适当的时机服用止痛药，也就是药效最强且最有助于缓解疼痛的时候，而且这么做还能减少疼痛对睡眠质量造成的影响。总的来说，了解调节疼痛剧烈程度的生理机制，有助于研究人员针对这些神经通路研制新型药物，以阻断或降低疼痛阈值。目前这一领域研究繁多，我猜在未来几年内就会出现重大突破。

癌症

昼夜节律对多种生理过程起到调节作用，包括细胞分裂、细胞凋亡、DNA 修复和免疫。这些生理过程与癌症的预防与发展有关联。事实上，免疫治疗能增强免疫系统发现并杀死癌细胞的能力，可用来治疗某些类型的癌症。许多与癌症有关的基因都受到昼夜节律调控，因此如果昼夜节律系统遭到破坏，肿瘤发展和增长的速度就会加快。这一点在实验室中已多次得到验证。例如，研究人员每隔几天就为长肿瘤的小鼠切换光照／黑暗周期，模拟反复经历时差。与对照组小鼠相比，经历时差的小鼠肿瘤长得更快。另一些实验研究的是分子级别生物钟遭到破坏的小鼠。分子级别生物钟的关键"元件"（见图 2 中 D）是 PER 蛋白，缺少 PER1 和 PER2 基因的小鼠昼夜节律极其紊乱，癌症发病率也更高。研究证明，肝脏中 PER2 基因发生突变的小鼠肝癌发病率显著提升。反之，PER2 基因恢复后，肿瘤的生长有所减缓。另一项研究则扰乱了细胞中的分子级别生物钟。研究人员通过激活 MYC 基因（通过多种机制调节细胞的分化和增殖）有效"关闭"了细胞中的生物钟，随后对神经母细胞瘤患者展开研究——这类肿瘤细胞 MYC 基因的表达水平有高有低。有趣的是，MYC 基因表达水平高（生物钟停走）的神经母细胞瘤患者会比 MYC 基因表达水平低（生物钟仍在运作）的患者早逝。上述发现提供了强有力的证据，表明肿瘤细胞中存在能发挥作用的生物钟，能大大减缓肿瘤生长，提高患者的存活率。

放射治疗（简称放疗）通常用于治疗乳腺、肺部和食管的实体瘤。只可惜，放疗往往会不可避免地影响心脏，导致心脏出现问题，最终引起心力衰竭。在以小鼠为对象的研究中，研究人员故意打乱了小鼠的昼夜节律。暴露在辐射之下后，这些昼夜节律紊乱的小鼠DNA受损更严重，出现的心脏问题也更多。这表明，生物钟通常会保护身体免受电离辐射的影响。

人类也会受到睡眠及昼夜节律紊乱造成的类似影响。正如第四章提过的，连续多年上夜班或频繁倒班的人癌症（包括乳腺癌和前列腺癌）发病率明显更高。研究报告显示，夜班护士罹患乳腺癌、子宫内膜癌和结肠直肠癌的概率较高，发病风险随上夜班时间增加而提升（见第四章）。除了护士，主要从事夜间工作的女性罹患癌症的风险也更高，而且停经前的女性比停经后的女性更有可能罹患乳腺癌。上述研究结果和其他一系列证据促使国际癌症研究机构（IARC）将夜班工作列为可能的致癌因素。因此，很大一部分劳动人口是在心知肚明地接触"2A类致癌物"。我敢打赌，招聘信息中的职位描述可不会提到这一点。

其他许多职业也会经常扰乱昼夜节律，这些行业的劳动者身上也出现了类似情况。研究显示，空姐罹患乳腺癌和恶性黑素瘤的风险更高。一项针对加拿大和挪威男性飞行员的研究显示，他们的前列腺癌发病率更高。最近的一项研究表明，长期经历时差反应的人更容易罹患肝细胞性肝癌（HCC）。肝细胞性肝癌是一种成年人中最常见的原发性肝癌，也是非酒精性脂肪性肝病（NAFLD）患者最常见的致死原因。时差引起的昼夜节律紊乱似乎会改变多个基因的调节功能，进而改变代谢途径，导致胰岛素抵抗（身体对胰岛素不敏感，葡萄糖摄取和利用的效率下降）、非酒精性脂肪性肝病（脂肪在肝脏中堆积）和脂肪性肝炎（脂肪堆积导致肝脏炎症）。因此，要谨慎思考其中的因果关系，因为你在乘坐飞机时也会接受更多电离辐射，而电离辐射是一种致癌因素。归根结底，有多项研究将睡眠及昼夜节律紊乱与人类所有关键器官及系统的癌症联系起来，包括乳腺癌、卵巢癌、肺癌、胰腺癌、前列腺癌、结肠直肠癌、子宫内膜癌、非霍奇金淋巴瘤（NHL）、骨肉瘤、急性髓性白血病（AML）、头颈部鳞状细胞癌和肝细胞性肝癌。最近的一项研究指出了DNA修复机制在癌症发展中的重要性。该研究显示，夜班工作会破坏DNA修复途径，提高癌症形成的概率。很显然，调控生理机制的昼夜节律不再强劲会增加罹患癌症的风险。

正如以小鼠为对象的研究显示的那样，人体细胞中的生物钟缺陷也与癌症发病率高存在联系。例如，某些卵巢肿瘤细胞中关键生物钟基因的表达水平较低，包括PER1和PER2。慢性髓性白血病和乳腺癌的肿瘤细胞也存在类似情况。事实上，分子级别生物钟受损似乎是癌细胞的共同特征。这就引出了一些有趣的全新治疗方式，这些治疗方式旨在恢复癌细胞的昼夜节律，进而阻止癌症发展。在一项以小鼠为对象的研究中，研究人员使用药物促进分子级别生物钟的昼夜节律。值得注意的是，那些药物使肿瘤细胞恢复了昼夜节律，减缓了癌症的发展。还有一点非常重要，那些药物能将癌细胞置于死地，但不会影响正常细胞。研究显示，还有一些药物会使生物钟的波动幅度变大，从而抑制癌细胞扩散。相反，另一项研究用药物抑制昼夜节律，结果显示肿瘤生长速度加快。上述令人激动的发现指明了治疗癌症的新途径——恢复癌细胞强劲的昼夜节律似乎可抑制病情发展，至少其速度放缓了。

除了研发旨在重置癌细胞昼夜节律的新药，还可以让患者机体的昼夜节律尽可能稳定下来，起到宏观的调控作用，这也不失为一种治疗途径。正如根据细胞研究做出的推测，睡眠及昼夜节律紊乱在癌症患者身上十分常见。例如，与健康的对照组相比，肺癌晚期患者的睡眠／觉醒周期明显更紊乱，睡眠质量也更差。患急性淋巴细胞白血病的年轻人也有同样的特征。睡眠及昼夜节律紊乱还与更多癌症相关的疲乏存在联系，后者表现为持续身心疲乏。研究报告显示，结肠直肠癌患者也会出现昼夜节律紊乱，紊乱越严重，存活率越低。上述发现使研究人员认为，稳定癌症患者的昼夜节律不仅能提高他们的生活质量，还能提高他们的存活率。具体方法请见第六章，你也可以参考如下内容：第一，进食时间规律；第二，在黎明和黄昏前后接受适当的光照；第三，晚上减少光照；第四，睡眠／觉醒时间固定；第五，睡眠空间适宜，包括夜间保持黑暗和适宜的温度，使用舒适的床垫和枕头等；第六，尽可能少服用助眠药物；第七，提高白天的警觉性，不鼓励午睡；第八，避免摄入刺激性食物，例如临睡前不摄入咖啡因等。这些方法当然很有道理，但还有待验证。

关键在于，昼夜节律紊乱（就像上夜班一样）会扰乱生理机能，尤其是免疫系统（见第十一章）和代谢系统（见第十二章）。这会使机体无法在一天中适当的时间为适当的部位摄入适量的适当物质，进而削弱在癌症早期抗击肿瘤的能力。生物钟较弱或没有生物钟的细胞（例如癌细胞）会失去昼夜节律系统的保护作用，而昼夜节律系统通常起到"刹车"作用，防止无限制的细胞分裂和肿瘤生长。

使用现有的抗癌药物时，我们是否应该考虑昼夜节律？

正如前面提过的，研究人员正在研发重置细胞昼夜节律、减缓肿瘤生长的药物，目前的非侵入式抗癌方法包括使用一系列抗癌药，或者接受某种形式的辐射。这些疗法面临一个巨大的挑战，那就是如何在不杀死患者的情况下杀死癌细胞。用于化疗（全称为化学药物治疗）的抗癌药物毒性极强，会损伤身体重要器官，包括肾脏和心脏。放疗也会对身体产生极其有害的副作用。令人沮丧的是，癌细胞很难彻底摧毁，而只要有少数幸免于难，它们就会迅速增殖并生成新肿瘤。因此必须采取积极的治疗方式，但它们通常会带来可怕的副作用，最常见的是恶心、呕吐、腹泻、手脚失去知觉和脱发。

　　让我们先退一步，思考一下生理机制。正常情况下，细胞通过分裂进行增殖，包括体积增大、DNA 复制（DNA 包裹在染色体中）、一个细胞分裂成两个全新的子细胞。2001 年，保罗·纳斯（Paul Nurse）、利兰·哈特韦尔（Leland Hartwell）和蒂姆·亨特（Tim Hunt）凭借自己的研究成果获得了诺贝尔奖。他们发现了细胞如何通过细胞周期的若干阶段进行增殖。细胞周期包含一些关键的生理活动。第一阶段（G1 期）是细胞生长，细胞体积增大到适当大小时，就会进入 DNA 合成期（S 期），DNA 和染色体数量增倍。此后进入下一个阶段（G2 期），细胞开始为分裂做准备。细胞分裂发生在有丝分裂期（M 期），染色体一分为二，细胞分裂成两个全新的子细胞，拥有相同的染色体。分裂完成后，细胞生理活动回到第一阶段，细胞周期重新启动。细胞不断分裂，形成组织和器官，取代受损细胞。生命始于单细胞，而大多数人体内有约 37.2 万亿个细胞（1 万亿是 100 万个 100 万，或者 1 后面带 12 个 0）。其中许多细胞（例如红细胞）需要"更新换代"，这需要大量细胞进行有丝分裂，生命因此得以维持。这是极为了不起的，因为这个极度复杂的过程很少出错。通常情况下，身体"零件"形成并得到必要的修复后，细胞分裂就会停止。但癌细胞会持续分裂下去，因为阻止细胞无限分裂的正常系统受损，这通常源于与细胞周期有关的某些关键调节蛋白发生突变。三分之一以上癌症患者的 RAS 蛋白发生突变或存在缺陷。要知道，RAS 蛋白受生物钟调节，又反过来调节昼夜节律机制。也就是说，关键的细胞周期蛋白与分子级别生物钟之间存在密切联系。最近的研究成果显示，细胞周期蛋白（例如 RAS 蛋白）嵌入了细胞昼夜节律的核心"架构"。

在接着往下讲之前，我需要强调一点：癌症发展不仅仅涉及一种细胞周期蛋白（例如 RAS 蛋白）的一次突变。人体每个细胞中约有 21 000 个基因，至少 140 个基因发生突变才会促进或"驱动"肿瘤生长，这一系列的突变叫作"驱动突变"，而一颗典型的肿瘤包含 2—8 个这类驱动突变。这解释了为什么 BRCA1 基因和 BRCA2 基因这两个乳腺癌易感基因只要有一个发生突变就意味着你罹患乳腺癌或卵巢癌的风险会比没有突变的人高得多。不过，这两种基因检测呈阳性并不意味着你一定会得癌症——这还取决于你的基因是否发生其他突变，以及环境因素（例如吸烟）和昼夜节律紊乱（例如夜班工作）。平均来说，BRCA1 基因或 BRCA2 基因发生突变的女性在 80 岁前罹患乳腺癌的概率高达 70%——这个概率非常高，但并不一定会发病。20 世纪生物学的一大胜利，就是发现了癌症源于细胞周期基因及其调节系统相关基因（例如生物钟基因）发生突变。这不但解释了许多癌症的起源和发展，还为未来研发新疗法奠定了基础。

何时使用现有抗癌药物？

非侵入式的癌症疗法，例如化疗和放疗，目的是杀死癌细胞。具体做法是阻止癌细胞生长、分裂和增殖更多。癌细胞的生长和分裂速度通常比正常细胞快，因此化疗和放疗对癌细胞造成的破坏更大。不过，这些治疗方法也会影响快速分裂的正常细胞，例如骨髓（制造红细胞的地方）、毛囊和胃黏膜的细胞。这就是为什么化疗会引起贫血、脱发和反胃。正常情况下，许多人体组织中的细胞分裂都存在昼夜节律。关键在于，健康细胞的细胞周期生物钟通常与癌细胞不同。因此，化疗或放疗如果在一天之中正常细胞 DNA 合成最不活跃的时候进行，药物毒性就会减弱，也就能提高给药剂量。

威廉·赫鲁舍斯基（William Hrushesky）是美国南卡罗来纳州哥伦比亚市的一名肿瘤学家。20 世纪 80 年代末我曾就职于弗吉尼亚大学，自那时起就一直关注他的研究成果。几十年来，他一直主张用时间药理学方法治疗癌症。在 20 世纪 80 年代进行的一项开创性实验中，他对比了每天在固定时间使用不同化疗药物的卵巢癌患者。他将那些女性分成两组，每组都使用两种标准抗癌药物——阿霉素和顺铂。不同的是，其中一组在上午 6 点使用阿霉素，下午 6 点使用顺铂，另一组在相同时间分别使用顺铂和阿霉素。他发现，上午 6 点使用阿霉素、下午 6 点使用顺铂的女性出现的副作用的严重程度只有另一组的一半。她们脱发较少，神经和肾脏损伤程度较轻，出血较少，需要输血的次数也比较少。对此，他的评论是："每种药物的毒性都明显减弱了数倍，而这仅仅取决于在一天中的什么时候用药。"那么，存活率呢？同年还有一项实验研究了患有急性淋巴细胞白血病的儿童，接受化疗的儿童分为两组，一组在早上使用抗癌药物巯嘌呤，另一组则晚上用药。晚上接受化疗的儿童无病生存期[1]要长得多。针对结肠直肠癌患者的研究也得出了类似的结果。针对不同癌症的多项研究都显示，在适当时间接受化疗能减少药物毒性并提高存活率。对于

1　疾病经治疗后得到控制并消失，从临床确定完全缓解到重新出现病灶复发的这段时间。——编者注

恶性脑肿瘤患者来说，除了在适当时间接受化疗，在适当时间接受放疗似乎也是可供选择的治疗方案。

一般来说，患者在何时接受抗癌药物取决于管理药物的医务人员何时方便。医院承载能力和医疗成本是关键，繁忙的医院运送有毒药物也存在不可忽视的后勤问题。不过，最近市面上推出了便携式输液泵，可以在适当时间为病人输送抗癌药物。它们成本较低，有可能推广至家庭使用。撇开医疗实践不谈，当我跟临床同事讨论时间治疗时，他们其中有些人根本不理解其意义何在。许多医生承认时间治疗确实可能有一些好处，但这种好处太微不足道，不足以推广。推广时间治疗的另一个重大障碍是相关知识欠缺。我要再说一遍，昼夜节律和睡眠相关知识在大多数医学院为期 5 年的培训计划中充其量是个补充说明。值得一提的是，许多医生对昼夜节律知之甚少或一无所知，却在为药物公司提供开发新药的建议。除非昼夜节律成为医学院研究的一个严肃课题，否则令人激动的实验室发现、医疗实践与新药研发之间将始终存在鸿沟。这种情况必须改变！

问答

1. 睡眠时型会不会影响服药时间？

除非你是极端的早睡早起型，或者极端的晚睡晚起型，否则这不大可能成为问题。大多数药物的半衰期相对较长，在若干小时内都有效果。因此，只要你遵医嘱（比如在睡前服用某种药物），通常都没问题。不过，你如果是极端的早睡早起型，或者极端的晚睡晚起型，那明智的做法是找医生讨论服药时间。长期经历时差反应的人服药问题更大，因为其昼夜节律系统可能处于任何时间或阶段。另外，放疗性质特殊，辐射效果立竿见影，不像化疗药物那样存在较长的半衰期，所以在确切时间接受放疗尤其重要。

2. 书上说"丛集性头痛有季节性"，这个说法是真的吗？

丛集性头痛不仅在一天中某个特定时间发作，而且会连续若干年在一年中某个特定时节发作。目前尚不清楚这种年度节律是如何产生的，但这凸显了丛集性头痛存在节律性。

3. 脑卒中与痴呆症有联系吗？

短暂性脑缺血发作和轻度脑梗死都会增加患者晚年罹患认知障碍和痴呆症的风险。最近，菲利普·巴伯（Philip Barber）及其同事对此提出一种解释：这与短暂性脑缺血发作或轻度脑梗死导致的"海马体萎缩"存在联系。海马体（见图2）对学习和记忆起着重要作用，但随着年龄增长，海马体会缓慢萎缩（缩小）。研究人员在为期3年的研究期间发现，与健康的对照组相比，经历过短暂性脑缺血发作和轻度脑梗死的患者海马体明显萎缩，海马体萎缩与受试者3年期间内的情景记忆（有意识地回忆过去的经历）和执行功能（一种心理过程，使我们能成功制订计划、集中注意力、记住指令和同时处理多项任务）衰退存在联系。上述数据显示，脑卒中、痴呆症与认知能力衰退存在直接联系。

4. 我应该为做手术而担忧吗？

首先要说明的是，任何时候做手术都存在风险。但如今人们越来越担心一个问题：那些外科医生长时间连续加班，没有机会睡觉，他们做手术时是不是更可能犯错并酿成医疗事故？有人呼吁，如果外科医生睡眠时间太短，就该禁止他们上手术台。最近的一项研究评估了病人在下午或上午接受高风险心血管手术后的存活率。与上午做手术的病人相比，下午做手术的病人死亡率明显降低。关于外科医生疲乏与手术时间的问题目前仍然存在争议，官方还没有颁布正式的指导原则。具体请见第十四章。

5. 有可能实现在一天中的特定时间自动给药吗？

简而言之，可以。住院病人和非住院病人都可以使用可设定时间的电子泵接受输液化疗。这些输液泵可以在一天中的特定时间输送多达四种药物，持续时间长达数天。除了输液泵，相关人员也在研发其他定时给药系统，它们将消除普及时间药理学的一大障碍。我希望这种做法能在更多医学领域得到推广。

第十一章

昼夜节律军备竞赛：
免疫系统与疾病侵袭

> 生存之争永远不会变轻松。一个物种无论多么适应环境，都不能放松下来，因为它的竞争对手和敌人也在适应环境。生存是一场你死我活的零和博弈。
>
> ——马特·里德利（Matt Ridley），英国著名科普作家

1918 年到 1919 年的西班牙大流感期间，约有 5 亿人（当时世界人口的三分之一）感染病毒，全世界至少有 5 000 万人死亡。据说 25% 的英国人染病，22.8 万英国人死亡。20—30 岁的青壮年特别容易感染，而且发病速度极快。你可能吃早餐时还活蹦乱跳，但到下午茶时间就一命呜呼了。疲乏、发烧、头痛等初期症状会迅速发展成肺炎，患者会因缺氧而脸色青紫，随即窒息而亡。我写下这段话的时候是 2022 年 1 月，正值英国新冠疫情肆虐之时，我希望这场疫病尾声将近。到 2022 年 1 月为止，英国已有超过 15 万人死于新冠肺炎，全世界死亡人数超过 550 万，而这个数字仍在攀升。就目前的情况来看，尽管危机还没有结束，但与 1918 年到 1919 年的西班牙大流感比起来，此次疫病的死亡人数要少得多。这是因为 100 年前疫苗尚未出

现，而如今已经迅速普及了。人们非常欢迎疫苗，并如释重负地接种，但我认为大多数人并没有意识到一个问题：如果没有疫苗，人类面对的将是一场毁灭性的灾难。科学拯救了世界，这场令人震惊的疫情暴发似乎已经得到了一定程度的控制。就社交孤立而言，社会各阶层都遭受了巨大的"附带损害"，弱势群体得到的医疗护理尤为不足。不过我想补充一点：只有全世界所有人都接种了疫苗，并且有能力应对病毒新变种，抗疫才算是取得了部分的胜利。鉴于很多人都在关注疫情，现在似乎是反思昼夜节律系统、睡眠与个体抵抗力之间关系的良好时机。它们的联系既引人入胜，又非常重要。新的研究显示，个体对感染的反应在一天之中会发生变化。更重要的是，睡眠及昼夜节律紊乱会使免疫系统受损。上述信息对所有人都很重要，对一线医务人员更是如此。

免疫系统是身体抵御感染的屏障，能为我们提供多层保护。它复杂得可怕。没错，这让我想起了一个笑话：

一位免疫学家和一位心脏病学家遭绑架，绑匪威胁说要杀死其中一个，但会放过对人类贡献更大的那个。心脏病学家说："我发现的药物救了几百万人。"绑匪大为惊叹，扭头望向免疫学家，问："那你做了什么？"免疫学家说："事实上，免疫系统非常复杂……"心脏病学家说："干脆杀了我得了！"

这是个老笑话，但我觉得相当贴切！免疫反应确实引人入胜，但也确实极其复杂。而且免疫学家不断更新术语和概念，导致情况越发糟糕。这就像北欧传说的不同版本，维京人、盎格鲁－撒克逊人和冰岛人有不同的讲述方式。每当其他人开始了解免疫反应，免疫学家就又发现了新玩意儿，或者改变了讲述方式，这让人们越发摸不着头脑。我甚至觉得那些免疫学家可能是故意的，是在为自己的工作"提供多层保护"。总而言之，附录二概述了免疫系统的"故事"，以及其中的一些"主要角色"。这将为我们接下来的讨论提供背景知识。

免疫系统与昼夜节律系统的相互作用

我们现在知道，免疫反应的各个方面都受到昼夜节律系统的调节。皮肤是免疫系统中最重要但最容易被忽视的一道防线，它是一道非常严密的屏障，能防止致病微生物（包括病毒、细菌或其他病原体）等进入人体。在调节皮肤渗透能力方面，昼夜节律系统发挥着重要作用。皮肤的渗透能力在傍晚和夜间增强，在清晨和白天则减弱。这意味着皮肤在晚上会流失更多水分，即皮肤在傍晚和夜间变得干燥，因此皮肤瘙痒会加剧，湿疹和银屑病等疾病则会加重不适感（见图8）。同时，细菌和病毒在晚上更有可能通过皮肤侵入人体——皮肤渗透能力增强，加上瘙痒的皮肤被抓挠至破损，病原体更容易进入人体。有趣的是，皮肤的血流量在夜间也会增加（还记得前面提过的热量流失吧），使血液的免疫防御功能可以第一时间发挥作用。这些还不是皮肤在一天中仅有的变化。皮肤表皮由死细胞组成，质地紧密，以便抵御入侵。研究发现，皮肤细胞增殖也存在每日节律。午夜前后，细胞增殖和旧皮肤脱落的速度最快，这会使附着在旧皮肤上的细菌随之脱落。假设你的皮肤被割伤或烧伤，白天造成的伤口愈合速度比晚上造成的伤口要快两倍多。这完全说得通，因为白天我们在周遭环境中东奔西走，接触其他带有病原体的人或动物，这时更有可能损伤皮肤或遭遇病原体入侵。而在半夜，我们大部分时间都静止不动，不太可能遇到携带疾病的新个体。不过我也明白，对许多大学本科生来说，情况可能恰恰相反，还请继续往下看。

病原体入侵后，免疫细胞和免疫活性物质会起到防御作用（见附录二）。白细胞只占血细胞总数的 1% 左右，但它们参与免疫反应，活动受昼夜节律系统调节。例如，巨噬细胞是白细胞的一种，类似变形虫，会冲向受感染的部位，或者直接识别入侵者，或者通过自身表面的抗体识别入侵者，能吞噬和杀死病原体。在生物钟的驱动下，巨噬细胞对外部攻击的敏感度在一天之中会有所变化。在机体处于清醒状态的白天，巨噬细胞的敏感度会提高。

2016 年发表的一项研究让小鼠（白天或夜晚）在一天之中的不同时间感染疱疹病毒。一组小鼠在睡前被注射病毒，另一组小鼠在准备活动时被注射病毒，两组注射时间前后相隔 10 小时。结果显示，第一组小鼠体内的病毒繁殖速度快 10 倍，这表明小鼠在活动期间免疫系统的功能较强。另一项研究也证实了这一点。研究人员分别给睡前的小鼠和开始活动的小鼠注射流感病毒，试图感染其肺部。开始进入活动期的小鼠免疫反应更剧烈，出现了更严重的防御性炎症。这不无道理。机体即将开始活动，而在活动期更有可能接触其他携带病原体的动物，免疫系统预测到了这一切，于是对病毒攻击严防死守。研究显示，人类身上也存在类似的时间差异。上午（上午 9 点到 11 点）接种甲型 H1N1 流感疫苗的老年人的免疫反应要比下午（下午 3 点到 5 点）接种的强烈 3 倍。不过，这项研究没有收集夜间接种的数据。各种新冠疫苗会不会也存在类似的时间效应？这是个有趣的问题，目前尚在研究中。未来，在最佳时间接种疫苗可能成为预防感染和疾病传播的重要武器，对老年人来说尤其如此。

免疫系统的昼夜节律保护机体在感染风险最高的白天免受病原体

侵害，难怪有些病原体会试图破坏昼夜节律系统以削弱宿主的免疫反应。有证据表明，人类免疫缺陷病毒（HIV）就是这么做的，不过具体机制尚不明确。相比之下，我们对乙型肝炎病毒和丙型肝炎病毒了解得更多。这两种病毒都会感染肝脏，是肝脏疾病的主要病因。乙型肝炎病毒和丙型肝炎病毒都会攻击保护肝细胞的昼夜节律调节通路。例如，丙型肝炎病毒直接扰乱肝细胞的分子级别生物钟，这似乎会降低肝细胞抵抗病毒攻击的能力。最近的研究表明，与昼夜节律正常的小鼠相比，昼夜节律存在缺陷的小鼠细胞中流感病毒的复制（生成更多病毒）速度要快得多。上述例子表明，如果宿主的昼夜节律很弱或存在缺陷，病毒增殖得就越多。但令人惊讶的是，单纯疱疹病毒（一种会导致口腔疱疹和生殖器疱疹的病毒）做的事则恰恰相反——它会利用我们的昼夜节律系统。这种病毒会劫持宿主的分子级别生物钟，病毒复制所需的正是这些细胞中的生物钟。对于这种"劫持"，一种可能的解释是，病毒利用宿主的生物钟在同一时间生成和释放数以百万计的新病毒，而同步释放众多新病毒能有效"压垮"宿主的防御系统。在接下来的章节中，我还会再次讨论这个问题。

昼夜节律系统何必调节免疫反应？

免疫系统一般在白天机体进入活动期时提前"开启"，那时机体最有可能接触周遭环境中或他人身上的病原体。而在晚上，机体抗感染的能力减弱，这是因为遭遇新病原体的概率大大降低。关键问题在于，为什么免疫系统不能始终处于全速运转状态？部分原因是这么做会"浪费资源"，不划算，也许在人体最需要的时候"调整"免疫反应会更好。不过，这或许还有一个更重要的原因。免疫反应和炎症反应确实对于抗感染来说十分必要，但机体也要在两个方面保持平衡：

防御细菌和病毒，同时避免"细胞因子风暴"（请见附录二）等过激的免疫反应对人体造成损害。免疫系统过度活跃会导致免疫系统紊乱，也就是免疫系统的各个组成部分无法区分自己和入侵者。因此，生物钟将免疫系统调整为在机体最有可能受感染时发动攻击，或许有助于降低免疫系统意外攻击自身的风险，还能降低罹患自身免疫疾病的风险，例如类风湿关节炎、炎症性肠病、多发性硬化症（MS）、银屑病或自身免疫性甲状腺病。

睡眠及昼夜节律紊乱对免疫反应的影响

正如前面提到的，刚进入清醒状态的小鼠感染病毒的概率要比即将进入睡眠状态的小鼠低。有趣的是，当用体内生物钟紊乱的小鼠作为研究对象重复这一实验时，小鼠无论何时接触病毒，免疫反应都比较弱，感染率都很高。众多研究反复证明，昼夜节律紊乱与免疫反应较弱存在关联。在另一项研究中，研究人员给小鼠接种流感疫苗，一组小鼠在接种后立即被剥夺了7个小时的睡眠。结果显示，对照组小鼠的免疫接种可以预防感染，但睡眠不足的小鼠体内病毒迅速扩散。对人类来说也是如此。在一项研究中，两组人都接种了流感疫苗，但接种后睡眠安排不同，一组人每晚只能睡4小时，另一组人每晚照常睡7.5—8.5小时。结果显示，前者体内的流感病毒抗体比后者少一半。另一项研究表明，失眠可能使流感疫苗有效性降低。乙型肝炎疫苗和甲型肝炎疫苗接种者的免疫反应也呈现出类似的结果，睡眠不足的人免疫反应较弱。因此，除了在最佳时机接种疫苗，保持充足睡眠也能提高疫苗的有效性。我知道这并不容易做到，尤其是在疫情期间。

睡眠及昼夜节律紊乱与压力

睡眠及昼夜节律紊乱会降低机体抗感染的能力，但为什么会这样呢？正如前面提到的，睡眠及昼夜节律紊乱会影响机体协调生理机能，导致无法对病原体做出有效的免疫反应，使得精密的免疫防御网络一溃千里（见附录二）。此外还有一个原因：睡眠及昼夜节律紊乱与免疫功能减退存在关联（见第四章）。睡眠及昼夜节律紊乱的人会分泌更多压力激素——皮质醇和肾上腺素。我在前文说过，压力有点儿像给汽车变速器挂一挡——这能让车迅速加速，短期内可能很管用，但如果长期挂一挡，发动机就会损毁。不过，你如果只会开手动挡的车，大概就看不懂这个类比。总之，应激反应能让我们准备"战斗或逃跑"，让身体为迅速且剧烈的行动做好准备。睡眠及昼夜节律紊乱会让应激反应持续"挂一挡"，导致免疫系统受到抑制，进而造成毁灭性的后果。前文曾提到，最近的一项研究表明，夜班工作者感染新冠肺炎后更有可能需要入院治疗。睡眠及昼夜节律紊乱显然会提升感染风险，还可能激活潜伏在体内的休眠病毒，引起异常的炎症反应——这既会导致免疫力下降，也会导致整体健康状况不佳。在一项引人注目的研究中，研究人员考察了剥夺部分睡眠对免疫系统的影响。受试者都是健康男性，在凌晨3点到7点被剥夺睡眠，第二天自然杀伤细胞（请见附录二）的活性降低了约28%。这表明，轻微的干扰（这项研究的受试者仅仅是一个晚上少睡了4小时）也会影响免疫反应。

压力激素皮质醇将睡眠不足、压力与免疫抑制紧密联系在一起。皮质醇过高会抑制体内一系列物质的分泌，而那些物质是引起炎症、触发免疫反应的关键。炎症对我们有所助益，因为它能调动免疫系统的"武器"，使其转移到受感染的部位，也就是最需要它们的部位。皮质醇类药物可治疗免疫系统过度活跃引起的疾病。以类风湿关节炎患者为例，他们清晨的关节疼痛（见图 8）就是由"炎症信号"引起的，而皮质醇能抑制这种炎症反应。有趣的是，早晨皮质醇水平低（见图 1）是类风湿关节炎的一大典型特征。

这一切说明了什么？

免疫系统的昼夜节律让我们在最有可能遇到入侵者时做好出击准备，而在不太需要发动攻击时降低免疫反应的活性，从而降低免疫系统攻击自身的风险。昼夜节律系统还起到协调作用，协调一整套极其复杂的反应，好让我们"未雨绸缪"，以便在一天中适当的时间为适当的部位摄入适量的适当物质。睡眠及昼夜节律紊乱不但会破坏免疫系统的昼夜节律，进而扰乱免疫系统的调节作用，还会促进压力激素（例如皮质醇）分泌，这会削弱免疫系统抗感染的效力。上述重要观察结果引出了一个问题：我们如何利用这些信息造福易感人群和一线医务人员？展望未来，我们应该考虑以下做法。

防护服

人体在夜间更容易受感染，因此一线夜班人员在夜间更有必要穿防护服。

勤于清洗

皮肤是人体的第一道防线，因此最好睡前淋浴，或者勤洗手、勤洗脸，清除掉皮肤上残留的细菌和病毒。

在最佳时段接种疫苗

有证据表明，针对某些病毒的疫苗接种在上午最有效，因此最好在特定疫苗效果最佳的时候接种。这一点对老年人来说可能很重要，因为他们的整体免疫力往往较弱。

尽量减少睡眠及昼夜节律紊乱

睡眠及昼夜节律紊乱会降低免疫反应的有效性。因此在接种疫苗前后，减少睡眠及昼夜节律紊乱及其导致的压力能够增强免疫反应。我们必须认识到这一点，并尽可能让一线医务人员保证最起码的睡眠。显然，"尽量减少一线医务人员的睡眠及昼夜节律紊乱和压力"这话说起来容易做起来难，但至少应该限制他们连续上夜班。

寄生虫

到目前为止，我讨论的重点一直是细菌和病毒。但除此之外，机体还要抵御较大的病原体，它们通常被称为"寄生虫"，例如原虫、蠕虫和吸虫，以及蜱虫、跳蚤等体外寄生虫。据估计，全世界每年寄生虫感染致死人数超过 100 万，还有更多人因感染引起的并发症而备受煎熬。这触目惊心的数字背后的病例涉及多种不同的寄生虫感染，其中疟疾的致死人数遥遥领先。重点在于，越来越多的证据表明，寄生虫会利用生物钟，试图突破我们的免疫系统。我们与寄生虫这个入侵者展开了一场"军备竞赛"，入侵者想要抢占先机。这是一个令人热血沸腾的全新研究领域，而目前我们对疟疾复杂的昼夜节律了解得比较多。

如今疟疾成了一种热带病，94% 的疟疾病例和死亡案例发生在非洲。据世界卫生组织估算，2019 年全世界疟疾病例高达 2.29 亿，死亡人数约为 40.9 万。5 岁以下的儿童最容易感染，占全世界所有疟疾死亡人数的 67%。目前疟疾在非热带地区很少见，但根据预测，随着全球变暖，非热带地区的疟疾病例也会增加。纵观历史，疟疾十分常见。意大利的坎帕尼亚，也就是环绕罗马的地区，一度因疟疾肆虐而臭名昭著。多任教皇死于疟疾，聚在梵蒂冈选举新教皇的枢机主教们也是如此。金鸡纳树皮（也被称为"耶稣会树皮"）的提取物被视为治疗疟疾的灵丹妙药，由驻秘鲁的西班牙耶稣会传教士引入欧洲。1620 年至 1630 年间，传教士从秘鲁本地人那里了解到了金鸡纳树皮的治疗作用。从 16 世纪到 19 世纪，英格兰南部和东部沿海沼泽地的疟疾发病率一直很高。伦敦早在 17 世纪 50 年代就有了"耶稣会树皮粉末"，但由于反天主教的观念根深蒂固，许多清教徒都拒绝采用这种教皇认可的疗法，其中就包括当时的英国政治家、军事家、宗教领袖奥利弗·克伦威尔（Oliver Cromwell），他在 1658 年死于疟疾。他在 1648 年取缔了圣诞节的庆祝活动，因此并非所有人都认为他一命呜呼是场悲剧。尽管最初存在反对意见，但金鸡纳提取物（由树皮粉末与酒混合而成）还是逐渐成了疟疾的首选疗法。最终，在 1820 年，法国化学家皮埃尔·约瑟夫·佩利蒂埃（Pierre Joseph Pelletier）和法国药剂师约瑟夫·比埃奈默·卡旺图（Joseph Bienaimé Caventou）从金鸡纳树皮粉末中分离出了奎宁，此后奎宁成了治疗疟疾的标准药物。不过奎宁相当昂贵，所以人们转而研究柳树皮。在此过程中，他们发现的不是奎宁，而是另一种退烧药——水杨酸，并最终合成了阿司匹林（见第十章）。

疟疾是由"疟原虫"（一种单细胞、寄生性的原生动物）引起的。雌性按蚊在叮咬感染者以获取孕育蚊卵所需的血液营养物质时，感染者身上的寄生虫会随血液进入按蚊体内。叮咬行为因蚊子种类而异，但通常发生在夜间。蚊子在黄昏后开始寻找人类受害者，叮咬率在午夜前后达到高峰。据估计，60%—80% 的叮咬发生在晚上 9 点至凌晨 3 点。蚊子的叮咬行为似乎在很大程度上由生物钟驱动。通过感知我们在特定时段（晚上 9 点至凌晨 3 点）的体温、气味和呼出的二氧化碳，蚊子能够锁定我们所在的位置（见图 8）。寄生虫会在蚊子体内增殖，当受感染的雌蚊叮咬人类时，疟原虫就会被注入人体。蚊子之所以演化成在夜间叮咬，是因为人类的免疫系统在夜间较弱吗？这是个有趣的问题。疟原虫侵入并感染肝细胞，它们可能保持休眠状态，也可能多次增殖，产生成千上万的同类，然后从肝细胞钻出，感染红细胞。更多的疟原虫在红细胞中增殖，形成更多的疟原虫。随后红细胞破裂，将数十亿寄生虫释放到血液中。这些疟原虫会侵入更多红细胞，场面惨不忍睹。

有些疟原虫会进入另一个生命阶段（配子体期），发育成配子体。配子体会钻进人类皮肤下的毛细血管中，蚊子吸血时很容易将其吸走。夜间人类皮肤血流量增加，配子体在夜间钻进毛细血管更有可能顺利进入蚊子体内。研究人员认为，这种行为受到配子体内的生物钟驱动。这种旧观点虽然说得通，但支持它的数据少得惊人。随后，配子体在蚊子肠道中发育，生成更多寄生虫，准备进入新的受害者体内。

红细胞释放的疟原虫会引起发烧，因为免疫系统的各组成部分被激活，巨噬细胞分泌肿瘤坏死因子（TNF，见附录二）。肿瘤坏死因子的一大关键作用是促进炎症反应，将体内温度调高，使感染者浑身发冷，伴随打寒战。感染者的体温会上升到 39—40 摄氏度，往往会大汗淋漓。这种炎症和体温升高往往会导致关节疼痛、头痛、频繁呕吐和谵妄，严重时还会导致抽搐、昏迷乃至死亡。发烧到退烧的整个周期称为"疟疾发作"。

疟疾患者的发烧周期是 24 小时的倍数，呈现出间歇性寒热发作的"打摆子"状态。发烧周期与疟原虫在红细胞内的发育过程完全吻合，为 24 小时、48 小时或 72 小时，具体取决于疟原虫的种类。发烧的热度变化符合体温的昼夜节律，体温通常在傍晚达到顶峰，发烧的热度也会在此时达到顶峰。值得注意的是，所有疟原虫会在同一时间发育完毕，这种同步现象表明有生物钟参与其中。但究竟是谁的生物钟？是疟原虫体内的生物钟，还是人体内的生物钟？以小鼠为研究对象的疟原虫实验表明，即使宿主小鼠的生物钟存在缺陷（没有昼夜节律），疟原虫的昼夜节律也依然存在。可见每个疟原虫都有自己的分子级别生物钟。然而，疟原虫确实需要宿主发出的信号（同步信号），以协调所有疟原虫同步，在同一时间涨破红细胞而出。目前尚不清楚疟原虫的生物钟用的是什么同步线索。在自然条件下，体温变化周期、褪黑素分泌节律和进食后营养物质消化吸收节律都可能发挥作用。但对于大量疟原虫实现同步涨破红细胞而言，这些周期没有哪个是必需的。有一点值得注意，宿主的昼夜节律遭破坏后，疟原虫的发育和同步也会遭到破坏。

正如前面提过的，有些病原体（例如病毒）要破坏宿主的昼夜节律，使宿主的免疫反应变得迟钝。例如，流感病毒似乎会扰乱宿主的昼夜节律，以便促进自身复制。但是，疟疾发作并不会扰乱宿主的昼夜节律。有研究人员认为，同步发育对寄生虫本身有好处。也就是说，利用生物钟同步生成众多新的病原体，对疟原虫和一些病毒来说似乎很重要。问题是，为什么要这样？为什么要在同一时间生成数以百万计的病原体？许多生物都存在同步繁殖现象，也就是在一段较短的时期内同步孕育后代。我们对此并不陌生，因为野生动物纪录片经常讨论这种现象，展现鸟群在每年特定的时间聚在一起孕育雏鸟。同步繁殖有许多优点，其中之一就是种群成员在同一时间繁殖会孕育出大量后代，这对捕食者来说会"供过于求"。这种"供过于求效应"意味着虽然有些后代会被捕食者吃掉，但同一时间种群孕育的后代数量如此之多，总有许多能幸存下来。如果种群是在较长的一段时间内陆续孕育后代，那么捕食者就更容易把它们通通吃光。我认为这能解释为什么疟原虫等寄生虫和一些病毒会利用生物钟在同一时间繁衍后代——这是为了让宿主的免疫系统不堪重负。如果确实如此，那么未来的治疗策略应该针对寄生虫的昼夜节律系统，防止宿主的免疫系统被压垮。

问答

1. 多发性硬化症、免疫系统与昼夜节律之间是否存在联系？

多发性硬化症指大脑和脊髓中的髓鞘（神经元的绝缘覆盖层）发生病变，导致神经系统传递信号的能力受损，患者身心都受到影响，甚至出现精神疾病。常见症状包括复视（将一个物体看成两个物象）、失明（通常是一只眼睛）、肌无力和肢体协调问题。多发性硬化症通常在 20—50 岁开始发病，女性的发病率是男性的 2 倍。多发性硬化症是由慢性自身免疫疾病引起的，也就是免疫系统攻击自身神经元的绝缘层。多发性硬化症患者常常有睡眠及昼夜节律紊乱，感到疲乏的患者尤其如此。有趣的是，一些分子级别生物钟基因变异似乎会增加多发性硬化症的发病风险。值得注意的是，年轻时上夜班也会增加罹患多发性硬化症的风险。最后，缓解多发性硬化症患者的睡眠及昼夜节律紊乱有助于改善患者的身心健康状况。

2. 我们的免疫反应是否存在年度变化?

疾病季节性暴发是人类社会的一大共同特征。例如，大多数呼吸道病毒会引起冬季传染病，脊髓灰质炎从过去到现在都多发于夏季。不过，这些年度变化模式的原因尚无定论。最近的一项研究借助英国生物银行的数据考察了多种免疫标志物的季节性变化，包括血液中的炎症蛋白、淋巴细胞和抗体。研究人员发现，大多数免疫标志物都有关键的季节性变化。这当然能解释为什么我们被感染的风险在一年中会发生变化，但目前尚不清楚这些年度免疫变化是由什么驱动的。这些变化究竟是以年为周期的内源性生物钟促成的，还是由某些环境信号驱动的，至今仍然是个耐人寻味的谜团。

3. 昼夜节律、免疫系统与哮喘之间有什么联系?

哮喘指气道变窄并肿胀，黏液分泌增多，患者呼吸困难，可能伴随咳嗽、气喘和呼吸急促。感染（例如感冒和流感）和过敏可能诱发哮喘，过敏原可能是花粉、尘螨、动物毛发或羽毛、烟雾和污染等。哮喘的一大特点是症状在夜间会明显加重，在凌晨 4 点左右达到高峰，此时患者最容易因哮喘而猝死（见图 8）。这种夜间哮喘发作会严重干扰睡眠。有趣的是，健康人的肺功能呈现出以 24 小时为周期的节律，呼吸流量峰值出现在下午 4 点左右，谷值出现在凌晨 4 点。在呼吸流量原本就很低的凌晨 4 点，哮喘患者情况会更糟糕。有些哮喘与嗜酸性粒细胞活动异常有关。嗜酸性粒细胞活化时会触发炎症反应，吸引巨噬细胞等免疫细胞前往感染部位（见附录二）。嗜酸性粒细胞还会释放细胞毒性蛋白，这些蛋白通常会攻击病原体，但过度活跃则会损害人体自身细胞。嗜酸性粒细胞在肺部的活动通常呈现出昼夜节律，但哮喘患者体内的嗜酸性粒细胞和巨噬细胞在凌晨4点明显增加。目前尚不清楚到底发生了什么，但有研究人员指出，这是由昼夜节律紊乱和受昼夜节律驱动的肺部免疫活动变化导致的。肺部的分子级别生物钟可能促使肺部免疫反应敏感性提升（过度活化），导致炎症反应加剧，呼吸道变窄并分泌更多黏液。此外，夜间卧室或被褥里的过敏原可能与免疫系统的昼夜节律发生相互作用，加剧过敏反应。目前相关研究工作正在进行，以便进一步弄清这些联系。

4. 昼夜节律对抗击新冠重要吗？

目前下定论还为时过早，但在我撰写这一章时，至少有两项即将发表的研究显示睡眠及昼夜节律紊乱会使夜班工作者更易感染新冠和重病住院。从这个角度来看，新冠肺炎与其他感染一样，决策者在控制不同群体（尤其是一线医务人员）的感染风险时需要将昼夜节律纳入考量。在一天中不同的时间接种新冠疫苗是否会影响疫苗的有效性？目前这仍是未知数。然而，免疫系统的昼夜节律确实会影响其他呼吸道病毒（例如流感病毒），因此研究昼夜节律／免疫与新冠的相互影响迫在眉睫。

5. 维生素 D、光照与新冠有什么联系？

在第四章的问答部分，我提到了很少接触自然光的人（例如夜班工作者）可以服用维生素 D 保健品，这似乎有助于改善其健康状况。不过，研究人员目前尚未证实维生素 D 保健品是否有助于防治新冠。

观察性研究[1]显示，某些群体更容易缺乏维生素 D 并感染新冠，包括老年人、肥胖者和皮肤较黑的人（包括黑人和南亚人）。不过，奥罗拉·巴鲁贾（Aurora Baluja）博士提出了一个非常重要的观点："缺乏维生素 D 确实是公认的重症监护病人致死因素，但仅仅补充维生素 D 并不能降低那些患者的死亡风险。"事实上，最近发表的一篇论文指出，新冠肺炎患者补充维生素 D 能提高存活率，但该论文由于研究方法存在缺陷而被撤回。总而言之，维生素 D 对健康很重要，但没有科学数据表明单靠补充维生素 D 就能降低感染新冠的风险。目前研究人员正在世界各地进行随机对照试验，评估维生素 D 对新冠的影响。

1　观察性研究（observational study），又称非实验性研究或对比研究，在自然状态下对研究对象的特征进行观察、记录，并对结果进行描述和对比分析。——译者注

第十二章

进食时间：昼夜节律与代谢

所谓"生命"，就是能自行摄取营养，生长，最后衰亡的一切。

——亚里士多德，古希腊哲学家

世界上富裕的国家食物供应明显过剩。在社会各界和各大媒体的倡导下，节食成了许多人关注的问题。半数美国人都有减肥意图。在富裕国家，各年龄层的肥胖率均呈上升趋势。肥胖症患病率增加是从贫穷向富裕过渡的国家的一大特点，在儿童身上表现得尤为突出。最近的一项调查显示，中国的肥胖儿童数量多达 1 500 万，居世界首位，印度紧随其后，肥胖儿童数量多达 1 400 万。肥胖症普遍是现代特有现象，其历史还不到一个世纪。纵观人类历史，人们反倒因长期的食物匮乏推崇肥胖，这当然也反映在了艺术作品中。你不妨想一想威伦道夫的维纳斯，这是一尊极其圆润的石灰岩女性雕像，约制作于 25 000 年前；佛兰德斯艺术家彼得·保罗·鲁本斯（Peter Paul Rubens，1577—1640）画作中肉感丰腴的"鲁本斯式"男女形象也是如此。直到 19 世纪下半叶古典艺术盛行，统治阶级才出于审美原因开始鄙夷肥胖。而且，尽管富裕阶层因肥胖出现疲乏、痛风与呼吸困难，但直到 20 世纪 50 年代以后，更多的人才开始意识到肥胖与健康问题存在关联。

　　我想在此提醒一句，肥胖会大大增加罹患高血压、2型糖尿病、冠心病、脑卒中、阻塞性睡眠呼吸暂停和退行性骨关节病的风险。最近的一项研究表明，在二三十岁时肥胖的人，以及高血压患者和高血糖患者，其晚年认知能力下降速度比一般人快。现在，我们可以再往这份悲惨的清单上添一笔：死于新冠风险更高。肥胖（身体脂肪过多，尤其是储存在腰腹部的脂肪）及其引起的心脏病、脑卒中、2型糖尿病、高血压、高血糖被归在一起，合称"**代谢综合征**"。据估计，到2050年，代谢综合征给英国国家医疗服务体系带来的直接经济损失将达到97亿英镑，社会经济损失更是高达每年500亿英镑。根据世界卫生组织的预测，从2025年起，全世界每年将为治疗代谢综合征引起的健康问题耗费1.2万亿美元。西班牙加泰罗尼亚有一句古老的谚语："餐桌杀死的人多于战争杀死的人。"我不确定这句话在20世纪上半叶是否属实，但毫无疑问，它在当今世界的大部分地区都千真万确。

　　在本章和接下来的一章，我想探讨代谢综合征的成因和后果，以及它如何受到生理机能昼夜节律的影响。我想传达的讯息很简单：通过进一步了解自己的代谢，以及代谢途径如何受昼夜节律和睡眠系统调节，我们能更好地把控代谢综合征，走上健康饮食之路。研究昼夜节律系统与代谢的关系是个新兴领域，但它已经改变了我们对一些问题的理解，例如什么能让我们健康，什么会使我们生病。在讨论昼夜节律之前，让我们先了解一些与这一章和下一章有关的知识，也就是关于代谢的基本且关键的事实。

代谢的关键事实

首先要知道，食物能提供驱动代谢的能量，代谢又会反过来驱动生命进程。死亡可以被定义为"不再有代谢"。但食物是怎么转化成能量的呢？三磷酸腺苷（ATP，全称为腺嘌呤核苷三磷酸）是所有细胞的"能量货币"。三磷酸腺苷可以通过水解反应失去一个磷酸根，转化为二磷酸腺苷（ADP），同时释放能量驱动代谢过程。二磷酸腺苷在细胞线粒体内膜重新转化为三磷酸腺苷，满足三磷酸腺苷的供应。这一过程需要能量，能量来自细胞呼吸过程。细胞呼吸指葡萄糖在细胞内经过氧化反应分解成三磷酸腺苷、水和二氧化碳，同时释放能量。许多人对这个反应都不陌生，它可以简单表述为：葡萄糖＋氧气＋二磷酸腺苷＝二氧化碳＋水＋三磷酸腺苷。吸气时，空气中的氧气进入体内，促进细胞呼吸，生成三磷酸腺苷。呼气时，二氧化碳和多余的水蒸气排出体外，它们正是细胞呼吸产生的"废料"。

因此，葡萄糖像氧气一样，是几乎所有动物维持生命的必需品。顺便说一句，植物通过光合作用自行生成葡萄糖。机体清醒活跃时，葡萄糖主要来自摄入的食物。但在睡眠期间和"挨饿"状态下，机体必须"征调"并消耗先前储存的葡萄糖。昼夜节律系统能预测睡眠和觉醒的不同代谢状态，并相应调整代谢。图9总结了葡萄糖代谢的关键要素，整个过程可谓令人惊叹。我们对代谢生理学的了解是科学领域的一大成果，只可惜被更引人入胜的学科遮掩了光彩。研究大脑的科学家在聚会上总能吸引一大群崇拜者，而研究肝脏或胃肠道的科学家却常常遭到遗忘，只好对影独酌。事实就是这么悲哀……请迅速浏览图9，这有助于我们讨论接下来的问题。

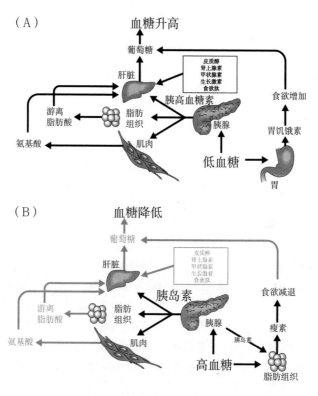

图 9　血糖升高与降低的机制

（A）**血糖升高。** 在昼夜节律认为机体该睡觉时，或者机体要对低血糖做出回应时，胰岛 **A** 细胞会受到刺激，释放胰高血糖素。胰高血糖素进入肝脏后，刺激糖原（贮备的葡萄糖）转化为葡萄糖，这一过程称为"糖原分解"。随后，葡萄糖进入血液。胰高血糖素还作用于皮下脂肪和内脏脂肪（内脏周围的脂肪组织），将储存的脂肪（甘油三酯）分解为游离脂肪酸。游离脂肪酸随血液进入肝脏，转化为葡萄糖。饥饿的时候，胰高血糖素能起到分解肌肉的作用，让肌肉释放氨基酸，然后在肝脏中转化为葡萄糖，导致血糖升高。血糖过低会促使机体提高血糖水平，其他一些生理过程也有升血糖的效果。压力情境下，皮质醇和肾上腺素会刺激糖异生，促进肝脏转化生成更多葡萄糖。此外，皮质醇和肾上腺素的分泌还受到昼夜节律系统的有力调节。皮质醇和肾上腺素水平从半夜开始升高，在早晨醒来前达到顶峰，然后在整个白昼逐渐减少，在前半夜机体进入最深沉的睡眠时降到低谷。皮质醇和肾上腺素可使血糖升高，它们之所以在机体醒来前分泌水平较高，是因为要让机体为接下来的活动做好准备：在能直接从食物中获取葡萄糖之前，先依靠身体储备的葡萄糖维持生命活动。甲状腺分泌的甲状腺素是另一种重要的代谢调节剂，可使机体在睡眠期间调用葡萄糖储备。正常情况下，甲状腺素水平在睡眠开始时急剧上升，在醒来后下降。生长激素参与组织修复与细胞生长，在机体进入睡眠状态时调用葡萄糖储备。生长激素水平在凌晨2点到4点达到高峰（见图1）。这能确保睡眠期间机体对葡萄糖的利用，释放的能量可用于促使组织修复和生长。有趣的是，如果机体在夜晚不进入睡眠状态，而是保持活跃，那么生长激素水平就会明显下降，生理机制不再关注生长，而是为"战斗或逃跑"做准备。食欲肽由外侧下丘脑分泌（见图2），它不仅能促使机体在白天保持清醒（见第二章），也在食物摄取和能量代谢方面起到关键作用，促进肝糖原分解为葡萄糖（也可间接促进糖异生），进而提高心率和体温，增加肌肉活动。胃饥饿素是一种主要由胃分泌的激素，它进入大脑后会刺激机体产生饥饿感，同时促进进食，以便提高血糖水平。白天胃饥饿素水平高，以便促进机体摄入营养；夜间胃饥饿素水平低，因为机体在睡眠过程中无法进食。我想强调的是，研究证明，胰腺、肝脏、肌肉、脂肪组织以及它们在大脑中的调节中枢都受到视交叉上核中"主生物钟"直接或间接的调节，主要是通过自主神经系统进行调节（见第一章）。

（B）**血糖降低**。在昼夜节律驱动因素（预判白天会摄入食物，为降血糖做好准备）的影响下，或者血糖水平较高时（例如用餐之后），血液中的葡萄糖会加速消耗，多余的葡萄糖则被储存起来供以后使用。葡萄糖储备主要有两种形式：一是转化为糖原储存在肝脏中，二是转化为甘油三酯储存在肝脏和脂肪组织中。胰岛素密切参与这一重要的生理活动。接到昼夜节律信号后，或者机体对血糖升高做出回应后，胰岛B细胞会分泌胰岛素。胰岛素的作用是降低血糖。胰岛素抑制肝糖原分解，刺激肝脏将葡萄糖转化为糖原储存起来。胰岛素刺激代谢活跃的细胞（例如肌肉细胞）从血液中吸收葡萄糖，抑制脂肪组织的甘油三酯分解为游离脂肪酸，促使游离脂肪酸合成脂肪（甘油三酯）以作储备，最终使得血糖降低，更多葡萄糖以糖原或甘油三酯的形式储存起来。瘦素是一种主要由脂肪细胞分泌的激素，进入血液后刺激大脑，减少饥饿感，这反过来又会抑制机体摄入食物和消耗葡萄糖。瘦素水平在睡眠期间达到峰值，以便抑制食欲，因为机体在睡眠期间无法进食。白天瘦素水平很低，而胃饥饿素水平很高，达到鼓励进食的效果。瘦素释放既受胰岛素调节，也与其他代谢和昼夜节律信号有关。1型糖尿病的病因是胰岛B细胞分泌的胰岛素不足，或者根本不分泌胰岛素；2型糖尿病则主要是因为肌肉、脂肪组织和肝脏对胰岛素的作用不敏感，也称为"**胰岛素抵抗**"。这两类糖尿病都会导致高血糖。

进食与葡萄糖代谢的昼夜节律调节

昼夜节律系统影响着代谢的方方面面，包括调节饥饿感、消化和代谢激素的分泌等。例如，我们正常情况下在白天进食，因此唾液分泌存在昼夜节律——白天增加，晚上减少——这一点儿也不奇怪。唾液让人能正常说话、品尝、咀嚼和吞咽。吃下相同的餐食后，人类胃部排空的速度早上比晚上快。结肠收缩也存在昼夜节律，白天运动较多，晚上运动较少。我们通常在白天排便，60%以上的人表示在早上排便，深夜排便的人不到3%。胃酸分泌因进食时间而异，但也存在潜在的昼夜节律，下午和傍晚分泌量会增加。有趣的是，胃穿孔也在相同的时间段发病率最高，具体是下午4点到5点。这个时候，胃酸分泌正好开始增加（见图8）。睡前进食会导致胃酸分泌增加，这就是为什么未经治疗的胃溃疡或胃酸倒流往往会在晚上加剧，还会干扰睡眠。服用质子泵抑制剂能大大减少胃酸分泌。本章末尾的问答部分会提到这个问题。

代谢激素的昼夜节律调控

代谢受到多种激素和酶的调节，昼夜节律系统以24小时为周期调控这些发出信号并参与调节的分子（见图9）。大鼠的相关研究最先证明了"主生物钟"（视交叉上核）参与葡萄糖代谢。那些大鼠的视交叉上核遭到人为损毁后，其血糖、胰岛素、胰高血糖素和进食行为的每日节律完全消失。葡萄糖转化为糖原后主要储存在肝脏中。视交叉上核除了预测活动／睡眠周期，以及促进胰岛素有节律地对肝脏进行调节，还通过自主神经系统调节肝脏对葡萄糖的转化，让血糖水平变化呈现昼夜节律。切断肝脏的神经连接后，机体血糖水平的每日节律受到了影响。这凸显了视交叉上核对葡萄糖代谢的直接作用——显然，它不仅仅通过胰岛素起作用。视交叉上核确实发挥着主生物钟的作用，但它并非唯一的生物钟。身体的大多数（甚至可能是全部）细胞都能产生昼夜节律。有趣的是，小鼠的视交叉上核受损后，其肝脏的生物钟细胞会继续呈现出昼夜节律。但是，肝细胞自此便接收不到来自视交叉上核的信号，胰岛素的分泌也失去了节律性，它们的昼夜节律会逐渐消失，相互协调的葡萄糖代谢最终也不复存在。

小鼠和人类的葡萄糖代谢异常、2型糖尿病和肥胖也与生物钟基因异常存在联系。生物钟基因突变的小鼠昼夜节律异常，缺少明显的昼夜进食节律。这些小鼠吃得过多，身体肥胖，代谢异常，表现为脂肪肝和胰岛素抵抗。关键在于，机体少了昼夜节律调节器，代谢激素分泌就会变得紊乱（如图9所示），无法预测睡眠和觉醒的不同代谢状态，最终导致整体代谢出现紊乱。

矛盾的昼夜节律信号

昼夜节律信号彻底丧失会导致代谢紊乱，那么昼夜节律信号"混杂"或矛盾又会对代谢造成什么影响呢？视交叉上核的生物钟需要与外界协调一致，明暗周期在这方面起着关键的同步作用。但对于身体其他部位的生物钟细胞（也就是所谓的"外周生物钟"，例如肝细胞的生物钟）与外界保持同步而言，发挥着关键作用的是代谢信号。这一点已经在小鼠身上得到了证实。研究人员进行了一系列实验，将小鼠暴露在 12 小时光照、12 小时黑暗的环境之下，只在光照周期的几个小时内喂食。也就是说，小鼠基本上是被迫在白天进食。而通常情况下，它们会在白天睡觉，不会活动。实验结果很引人注目：小鼠肝脏、肌肉、肠道和其他组织器官中的外周生物钟调整了昼夜节律，以便适应新的进食时间。但是视交叉上核生物钟仍然锁定明暗周期，继续驱动小鼠在夜间的大部分活动。视交叉上核和外周生物钟不再同步，支持睡眠状态与活动状态不同需求的正常代谢途径遭到严重扰乱。可见，在某些情况下，肝脏和其他组织器官可以与视交叉上核"脱钩"，对代谢信号（进食）做出反应。这种"脱钩"现象在短期内可能管用，能够让机体应付当下的需要，但从长期来看，这种错位最终会引起重大代谢问题，包括肥胖和胰岛素抵抗。

基于以小鼠为对象的研究，研究人员提出了一个显而易见的问题：混杂的昼夜节律信号会对人类造成什么影响？让我们回头看一看夜班工作者的睡眠及昼夜节律紊乱，那些人在生理机制本该处于睡眠状态时被迫工作。我在第四章提过这个话题，但现在想详细探讨一下代谢。多项研究表明，夜班工作与代谢综合征（尤其是 2 型糖尿病）存在明显联系，上夜班时间越长，患病风险越大。而且，不光夜班工作者如此，其他劳动群体的睡眠不足和睡眠中断也与代谢综合征患病风险较高存在联系。很明显，他们的葡萄糖代谢与睡眠／活动状态的不同需求不匹配，这反过来又会激活应激中枢，长此以往就会发展为代谢综合征（见第四章）。不过，昼夜节律紊乱与代谢紊乱之间的联系不仅仅涉及皮质醇和肾上腺素等压力激素的分泌。

瘦素与胃饥饿素

最近的研究表明，脂肪组织分泌瘦素受视交叉上核驱动，分泌节律的波动幅度相当大，在凌晨2点左右达到高峰（睡觉时），中午左右跌至低谷（活动时）。瘦素作用于下丘脑，从而抑制食欲，因此也被称为"饱腹感激素"（见图9B）。通常来说，夜间高水平的瘦素会抑制食欲，使饥饿感不至于扰乱睡眠。胃饥饿素会抵消瘦素的作用。胃饥饿素主要由胃部分泌，通过激活大脑中的其他神经通路来刺激产生饥饿感（见图9A）。实际上，胃饥饿素水平在正常用餐时间之前就会上升。这种"对食物的预期"受到昼夜节律系统驱动，在机体开始进食前起到增加食欲的作用。这种效应使餐饮业推出了餐前小吃和鸡尾酒。餐前小吃和鸡尾酒往往比接下来的大餐更美味！

睡眠不足的人瘦素水平较低，胃饥饿素水平较高，因此容易觉得饿，吃得也更多。有一项经典研究考察了连续两晚只睡4小时对瘦素和胃饥饿素分泌的影响，以及对饥饿感和食欲的影响。实验结果显示，年轻健康的受试者血液中的瘦素水平下降了18%，胃饥饿素水平升高了24%，饥饿感增加了24%，食欲增加了23%。值得注意的是，再次剥夺睡眠之后，受试者对高碳水化合物的食欲增加了32%。上述研究结果表明，睡眠不足时机体瘦素分泌减少、胃饥饿素分泌增多，代谢机制会促使机体摄入更多热量。这可以用来解释我们每个人都有过的体验——睡眠不足时会感到饥饿。

夜班工作者的睡眠及昼夜节律紊乱会引起"内部失调"，昼夜节律信号混乱，导致代谢状态异常，使人容易发胖。你可能以为肥胖的人瘦素水平低，胃饥饿素水平高，但实际上情况要比这复杂得多。肥胖者的瘦素分泌仍然呈现出昼夜节律，但波形要平缓得多，不存在"夜高昼低"的明显变化。除了瘦素分泌的昼夜节律波形平缓，肥胖者的脂肪组织分泌的瘦素也更多，这本该意味着他们不容易感到饿，但情况并非如此。肥胖者会出现所谓的"瘦素抵抗"。摄入食物后血糖升高（见图9B），刺激脂肪组织分泌大量瘦素，大脑会逐渐对这种持续的瘦素"轰炸"不再敏感。也就是说，尽管肥胖者体内瘦素水平高，但其大脑中由瘦素驱动的饱腹感信号大大削弱，大脑不再对瘦素做出反应。瘦素带来的饱腹感信号虽然基本消失了，但来自胃饥饿素的饥饿感信号仍然存在，甚至可能得到了强化。因此，肥胖的人往往更容易觉得饿。

脂肪代谢的昼夜节律调节

脂肪组织是长期储存能量的主要场所，它们遍布全身，在脏器周围（内脏脂肪）尤其多——这在上了年纪的科学家身上尤为明显！通常来说，进食后，肝脏会立刻将机体不需要的多余葡萄糖转化为甘油三酯。不过，肝脏储存甘油三酯的能力有限。肝脏中甘油三酯储存过多会导致非酒精性脂肪性肝病，严重情况下可能发展为非酒精性脂肪性肝炎（NASH）。肝脏被"塞满"后，甘油三酯会随血液抵达并储存在脂肪组织中，这会使我们变"胖"。肝脏会将多余的糖转化为甘油三酯，这就能解释为什么吃过多糖类食物会使人发胖。请注意，发胖不一定是因为摄入了脂肪！当身体需要脂肪酸转化成葡萄糖时，胰岛A细胞就会分泌胰高血糖素，促使肝脏和脂肪组织中的甘油三酯分解成游离脂肪酸。储存的甘油三酯代表未经使用的热量。对许多人来说，这个储存能量的"银行账户"堆积在腰部，导致身体质量指数（BMI，简称"体质指数"）升高。

睡眠及昼夜节律紊乱与脂肪代谢

甘油三酯以"脂蛋白"的形式被蛋白质运输，它可间接分解为葡萄糖，为生理活动提供能量，这些生理过程都受到昼夜节律系统的调节，就连消化系统分解脂肪也受到视交叉上核和小肠内生物钟的调控。夜班工作、时差或"社会时差"引起的睡眠及昼夜节律紊乱会导致严重的代谢异常（尤其是脂肪代谢），还会增加肥胖的风险。例如，睡眠时间减少（6小时或更少）与体质指数升高存在联系，还会增加罹患2型糖尿病的风险。肥胖／体质指数与总睡眠时间明显相关，睡眠时间越不充足，体质指数越高。超重的人不但代谢调控受到干扰，还更难入睡和保持沉睡，罹患阻塞性睡眠呼吸暂停的风险也更高（见第五章）。此外，夜间清醒和瘦素抵抗会让肥胖者食欲大增，更容易摄入大量食物。最后，睡前吃高热量食物会导致体温升高。核心体温小幅度降低对入睡很重要，因此睡前吃大餐可能导致睡眠延迟。尽管还没有充分证据支持这一观点，但正如我们将在下一章看到的，出于其他许多原因，晚上吃大餐仍然是个相当糟糕的主意……

问答

1. 我该在什么时候服用质子泵抑制剂？

经常有人问我用药物控制胃酸分泌的问题。这是个有趣的话题。正如本书第十章提过的，药物的有效性取决于药物半衰期、对靶细胞[1]的作用时长和服药时机（药代动力学）。奥美拉唑（常见药品商标名：Prilosec、Losec）等质子泵抑制剂通过关闭细胞的质子泵阻止胃

1　靶细胞（target cell），指能识别某种特定激素或神经递质，并与之特异性结合，产生某种生物效应的细胞。——译者注

部细胞分泌过多胃酸。关键在于，抑制剂对质子泵（与胃酸分泌有关）的抑制作用是不可逆的。胃细胞只能生成新的质子泵，否则就无法分泌更多胃酸，而生成新质子泵大约需要 36 个小时。质子泵抑制剂有助于防止溃疡形成，也能帮助已有的胃溃疡愈合。此外，这类药物还有助于防止胃食管反流（反酸），尤其是晚上上床之后，从这个角度来说，它们对睡眠也有好处。质子泵抑制剂进入人体后很快（仅仅几小时内）就会从血液中代谢出去。医生会建议患者在上午服用质子泵抑制剂。但是胃酸分泌在傍晚／夜间达到高峰（见图 8），为什么要在上午用药呢？要知道，只有当质子泵被胃里的新食物激活后，质子泵抑制剂才能有效关闭质子泵。如果胃中一直没有食物，质子泵抑制剂减少胃酸分泌的效果会差得多。早上在进食前 30 分钟服用质子泵抑制剂可以有效抑制质子泵，直到新质子泵生成。因此，早上服用质子泵抑制剂能有效减少未来 36 小时内受昼夜节律驱动的胃酸的分泌。在结束一天的进食后或在睡前服用质子泵抑制剂，它的作用将大大减弱。很多人仍然在睡前服用质子泵抑制剂，因为他们误认为这种药物可以控制夜间的胃酸倒流。这显然是不可能的。有些人在早上服用质子泵抑制剂后，晚上仍会出现胃食管反流。这通常是因为早上服用质子泵抑制剂后没有吃早餐，因此质子泵没有被激活。此外，早上服用一次质子泵抑制剂可能只能关闭极少量的质子泵。如果出现这种情况，建议每天服用两次，一次在早餐前，一次在晚餐前，而不是在睡前。研究证明，一日服用两次质子泵抑制剂有助于减少睡前严重的胃食管反流。

2. 为什么血糖高是坏事？

我们知道，血糖过高会损害血管，血管受损会增加罹患心脏病、脑卒中和肾病的风险，视力也更容易出现问题。但究竟是什么使血管受损了呢？高血糖可能导致蛋白激酶C（PKC）活化，这会影响一系列信号调控通路，导致血管收缩。血管收缩会使血压上升，从而对血管造成损害，而（坏的）低密度脂蛋白胆固醇（见下文）会在受损的动脉管壁上堆积。这会增加循环系统的工作量，使其效率降低，最终导致器官衰竭。我还应该提一句，随着时间的推移，高血糖会损害为周围神经供血的小血管，使它们不再向神经输送必要的营养物质，最终导致神经纤维受损或坏死，这被称为神经病变。神经病变会损害机体对触感、温度、疼痛等的感知，还会影响皮肤、骨骼和肌肉向大脑传递其他信号。神经病变通常影响双脚和腿部的神经，但也可能影响双臂和手部的神经。此外，当血液中的葡萄糖和果糖水平升高时，中性粒细胞等免疫细胞（见第十一章和附录二）吞噬细菌的能力会降低。禁食能增强中性粒细胞吞噬细菌的能力。这也许能解释为什么血糖高的人（例如2型糖尿病患者）更容易感染，具体请见下一个问题。

3. 为什么感染会改变血糖水平？

血糖水平与感染存在紧密联系。首先，感染会触发应激反应，使身体分泌更多皮质醇和肾上腺素。这些激素会抑制胰岛素发挥作用，刺激肝脏转化生成更多葡萄糖（见图9A）。转化生成的葡萄糖越多，血糖水平就越高。这就是为什么慢性感染会增加罹患代谢综合征的风险。值得注意的是，像2型糖尿病患者那样的高血糖可能会损害免疫反应，尤其是无法阻止病原体在体内蔓延。这就是为什么2型糖尿病患者更容易受感染。事实上，久不消退的脓肿和色斑可能是2型糖尿病的早期征兆。

4. 胆固醇有没有参与能量代谢?

正如本章提到的,甘油三酯储存在脂肪组织中,代表"热量储备",可以转化为用于代谢的葡萄糖。脂肪在脂肪组织中的另一种储备形式是胆固醇,胆固醇不直接参与能量代谢,但是是细胞和关键激素(比如皮质醇、雌性激素、黄体酮和睾酮)的重要组成部分。我想简单提醒你一句,胆固醇以蛋白质复合物(脂蛋白)的形式通过血液运输。有两种脂蛋白将胆固醇运进或运出细胞,一种是低密度脂蛋白,另一种是高密度脂蛋白。低密度脂蛋白胆固醇被认为是"坏"胆固醇,因为它将胆固醇运往动脉,可能引起脂肪堆积(动脉粥样硬化)。这会使动脉变窄,增加心脏病和脑卒中发作的风险。高密度脂蛋白胆固醇被认为是"好"胆固醇,因为适量的高密度脂蛋白能防止心脏病和脑卒中发作。高密度脂蛋白将胆固醇从动脉中的脂肪沉积物中运出,运回肝脏。胆固醇在肝脏中被分解并排出体外。只可惜,高密度脂蛋白并不能彻底清除动脉中导致动脉硬化的脂肪沉积物。请注意,他汀类药物(见第十章)除了减少低密度脂蛋白胆固醇,还能降低甘油三酯水平,这对人体健康有好处,因为高甘油三酯与非酒精性脂肪性肝病、心脏病、糖尿病和代谢综合征都存在联系。

第十三章

找到你的自然节律：
昼夜节律、饮食与健康

> 要是我们晚上不该吃东西，那冰箱里为什么要装灯？
>
> ——匿名人士向我提出的问题

在进化过程中，人类的饮食中很少有游离糖。精制糖经过中东传向西方，在 13 世纪抵达地中海。直到中世纪末（1 500 年左右），糖都是珍稀昂贵之物，产于塞浦路斯岛、西西里岛和大西洋上的马德拉群岛。后来，葡萄牙人在巴西建立了甘蔗种植园，那些种植园全靠奴隶耕作。17 世纪 40 年代，加勒比海地区从巴西引进了甘蔗，引起了制糖业与奴隶贸易的爆发式增长。其他欧洲国家也积极参与制糖，驱使奴隶种植和收获甘蔗。据估计，在 19 世纪初三角贸易废除之前，有 1 200 多万非洲人被贩卖至美洲。不过，奴隶制本身直到 1865 年美国南北战争结束后才或多或少走向终结。这种骇人听闻的死亡贸易助长了"蔗糖热潮"。那些不堪入目的不人道行为，仅仅是为了一种没人真的需要但人人渴求的物质。蔗糖贸易给现代世界打下了烙印——既留下了残酷可耻的遗产，也留下了糟糕的健康状况。

目前出土的中世纪遗骸只有 20% 有蛀牙，但 20 世纪的遗骸 90%

以上有蛀牙。我的同事兼老朋友本·坎尼（Ben Canny）告诉我，在澳大利亚的塔斯马尼亚岛，儿童入院的主要原因是需要全麻拔除蛀牙。到18世纪初，糖依旧是奢侈品，也是财富的象征。英国女王伊丽莎白一世（1558—1603年在位）显然对糖上瘾，50多岁时牙齿已经变黑脱落。由于女王的牙齿变成了黑色，宫廷贵族和上层阶级便将黑牙视为美丽与财富的象征，女性开始用烟灰染黑牙齿。买不起糖的人也把牙齿染成黑色，假装自己财富可观。目前尚不清楚口臭是否也一度被视为时尚。其实我不该这么刻薄的，因为也许有一天，黑牙会重新成为时尚。毕竟谁能预料得到，20世纪70年代流行的喇叭裤和厚底鞋会爬出遗忘的深渊，作为高级时尚再度风行一时？不过，糖造成蛀牙只是健康隐患的冰山一角。

生活在欧洲和北美的人每天摄入的热量有15%来自糖，但这个数字只是平均值，许多人摄入的糖分要比这多得多。精制糖是从甘蔗、甜菜、玉米等食物中提取的蔗糖结晶，蔗糖是由一分子葡萄糖和一分子果糖组成的二糖。问题在于，营养价值不高的加工食品经常添加精制糖，包括含糖饮料、早餐麦片和酱汁，甚至还有许多种面包。根据世界卫生组织的建议，我们每日通过精制糖摄入的热量不应超过每日摄入热量的10%，但大多数人摄入的糖分都远远超过这个数字。2014年发表的一项为期15年的研究显示，精制糖摄入热量占比17%—21%的人死于心脑血管疾病的风险比相同指标占比8%的人要高38%。摄入糖分过多也会导致代谢综合征，所谓的代谢综合征包括高血压、炎症、体重增加、糖尿病和脂肪肝。目前尚不清楚糖是如何导致这些问题的（见第十二章末尾问答部分的第二个问题），但可能和糖在肝脏中的代谢方式有关。过量的糖分，即超过身体对葡萄糖直接能量需求的糖分，会给肝脏造成过重的负担。肝脏会将过量的糖分转化为脂肪，从而引起脂肪肝，而脂肪肝又会增加罹患糖尿病和心脏病的风险。因此，在决定拿"甜腻腻的太妃糖布丁"当饭后甜点之前，你也许需要三思。顺便说一句，拿富含糖分的甜食给一顿大餐收尾这种做法源于英国都铎时代。当时人们认为糖有助于消化，对胃有好处。

我在上一章概述了昼夜节律系统协调代谢的作用。简单来说，就是我们如何调节食物的摄入，如何将食物转化为充当能量来源的葡萄糖，昼夜节律系统在其中发挥的作用，以及睡眠及昼夜节律紊乱对上述过程的影响。接下来，我想谈一谈我们可以做些什么，以便尽可能维持健康的血糖水平和脂肪储备。这番讨论的重点在于如何利用昼夜节律知识和生物钟让我们拥有更健康的代谢。

我怎么知道自己的代谢是否健康？

我们先简要回顾一下第十二章的内容。代谢综合征指的是一类相关的病症，包括肥胖症、高血压、高血糖，腰腹部储存过多身体脂肪，罹患心脏病、脑卒中、2型糖尿病的风险增加。胰岛素的作用是降低血糖（见图9B），而胰岛素抵抗是糖尿病前期的一种状态，也就是肌肉、脂肪组织和肝脏对胰岛素的作用不敏感，胰岛素不能正常发挥降血糖的功能。这会引起葡萄糖不耐受（也称为糖耐量受损），也就是血糖升高到超出正常范围，但还没有高到让你患上2型糖尿病。要知道，测血糖是衡量代谢是否健康的一个好方法。你可以找医生测血糖，也可以通过家用血糖仪得出准确的测量结果。健康人进食前的血糖值应低于6.0mmol/L，餐后两小时应低于7.8mmol/L；葡萄糖不耐受的人餐前血糖值在6.0—7.0mmol/L，餐后两小时在7.9—11.0mmol/L；2型糖尿病患者餐前血糖值超过7.0mmol/L，餐后两小时则超过

11.0mmol/L。所谓的空腹血糖值，是指机体在测试前至少 8 小时内未进食的血糖水平。葡萄糖不耐受会发展为 2 型糖尿病，在这个过程中患者会出现高血糖和重度胰岛素抵抗（身体对胰岛素毫无反应），胰岛 B 细胞分泌的胰岛素也会减少（见图 9B），具体症状可能包括容易口渴、经常小便、容易饥饿、容易疲乏，以及感染部位不易痊愈。高血糖如果不加以治疗，还会引起心脏病、脑卒中、失明、肾衰竭、痛风以及腿脚血流不畅，后者可能导致截肢。

糖化血红蛋白（HbA1c）测定也是一种测血糖的方法。糖化血红蛋白是体内的葡萄糖与红细胞中血红蛋白结合的产物。糖化血红蛋白测定得出的结果能反映过去 2—3 个月内的平均血糖值。英国糖尿病协会给出的标准是，非糖尿病患者的糖化血红蛋白比例应低于 6.0%（42 毫摩尔每摩尔），糖尿病前期的糖化血红蛋白比例在 6.0% 到 6.4%（42—47 毫摩尔每摩尔），糖化血红蛋白比例超过 6.5%（48 毫摩尔每摩尔）则表明患有糖尿病。糖化血红蛋白是反映机体长期血糖控制能力的一大重要指标，可用于衡量高血糖和糖尿病慢性并发症的风险。这种衡量标准也许会取代如今餐前餐后的"血糖速测"。

我们目前尚不清楚胰岛素抵抗是由什么引起的，也不知道为什么有些人会受其影响，有些人却能逃过一劫——我有一位朋友形象地称之为"躲过子弹"。不过，2 型糖尿病家族史、过度肥胖（尤其是腰腹部）、缺乏运动和睡眠及昼夜节律紊乱都会提升出现胰岛素抵抗的风险。也就是说，胰岛素抵抗和其他疾病一样，受遗传因素和环境因素的共同作用。在胰岛素抵抗早期阶段，胰岛 B 细胞数量增加（见图 9B），分泌更多胰岛素，以便补偿机体血糖升高以及对胰岛素的敏感度下降。但随着胰岛素抵抗进一步发展，胰岛 B 细胞会坏死。2 型糖尿病患者会失去大约一半的胰岛 B 细胞。重点在于，你如果出现葡萄糖不耐受或罹患 2 型糖尿病，请务必及时采取措施扭转病情。

为了预防代谢综合征，许多人通过节食来减肥。不过这个过程可能相当艰难，甚至令人沮丧。对于 98% 的人来说，仅靠节食减肥最终会导致体重增加。这与我们生理机制的"体内稳态"有关。体内稳态指身体保持内环境（例如体温、激素水平、血压、心率、血糖或热量摄入）相对稳定的过程。身体持续监测这些基本过程，以便将它们维持在"调定点"。与调定点相差过大的变化通常会得到纠正（或升高，或降低），因为体内稳态机制以"负反馈回路"的形式被触发。所谓的"负反馈回路"，是指对变化做出的反应会逆转变化的方向。例如，体温升高超过调定点后就会触发人体生理机制发生变化，以调节体温降低。反之，体温大幅下降也会触发负反馈，使得体温上升。

"调定点"这个叫法可能让人觉得那些指标是固定不变的，这很容易引起误导。这个叫法要追溯到很久以前，当时人们认为调定点是固定的，数值变化就代表生病。这种观点源于生理学之父克劳德·伯纳德（Claude Bernard，1813—1878）。他写道："所有关键生理机制各不相同，但只有一个目标，那就是让维持生存的内环境保持不变。"但正如本书一直提到的那样，昼夜节律系统驱动生命活动以 24 小时为周期发生变化，而稳态调定点受到昼夜节律系统的精密调控。调定点改变预示着活动状态与休息状态有不同的需求。人类体温的平均值是 37 摄氏度，但在凌晨 4 点更接近 36.5 摄氏度或更低，在下午 6 点更接近 37.5 摄氏度或更高。凌晨 5 点的静息心率约为每分钟 64 次，在午后则约为每分钟 72 次。在白天，也就是我们通常需要活动和进食的时候，抑制食欲的瘦素分泌较少。而在晚上，也就是我们通常在呼呼大睡、无法进食的时候，瘦素分泌较多（抑制饥饿感）。直到最近，医学生在接受培训时都接触不到昼夜节律调控体内稳态调定点。

这就导致了误诊和处方不当。克劳德·伯纳德也写到过令人震惊的动物实验（活体解剖）：

> 生理学家不是普通人，而是学识渊博的人，是信奉科学理念的人。他对动物痛苦的哀嚎听而不闻，对流淌的鲜血视而不见，只看得见自己的观点和眼前的有机体。他下定决心要发现那些有机体隐藏的秘密。

这番话现如今看来相当可怕，在19世纪的许多人看来也是如此。伯纳德显然解剖了家里的宠物狗，这让他的太太和女儿们惊恐万分。了解了他的这些事迹，也就不难理解为什么他太太会在1869年离开他，并且大力反对活体解剖。

接下来，让我们说回体内稳态。体内稳态的"纠正"机制源于负反馈回路，也就是降低引起升高，增加引起减少。生理机制的变化会导致变化方向发生逆转，一切依旧保持原样。这就是我们节食的时候发生的事。我们有意减轻体重，脂肪储备因此减少，但大脑会立刻检测到这种消耗，然后加以纠正。正如前面提到的，瘦素是脂肪组织分泌的，当我们通过节食减少脂肪储备时，脂肪组织分泌的瘦素就会减少（见图9B）。瘦素减少意味着你在进食后仍然会感到饥饿。随着代表饱腹感的瘦素不断减少，身体会分泌更多胃饥饿素。胃饥饿素会增加饥饿感，导致你吃得更多（见图9A）。此外，身体在检测到脂肪变少后会刺激甲状腺减少分泌甲状腺素，使代谢水平降低。这么一来，我们睡觉时消耗的热量也会减少（请记住，甲状腺素分泌受昼夜节律调控，通常在晚上分泌得比较多）。身体节省了热量，导致脂肪储备增加。因此，为了减掉更多体重，你必须进一步减少热量摄入，以便维持已经取得的减肥成果。你会觉得饿，尤其渴望糖分，而且代谢变慢，尤其是在晚上。只有这样才能"保住"身体脂肪的调定点不变，因为忠实的大脑认为主人正在挨饿。了解以上令人沮丧的信息后，你可能不禁想问：为了拥有更健康的代谢，我们除了节食还能做些什么？

为了实现代谢健康，我们可以配合昼夜节律系统，从以下四个重要方面出发：注意活动的作用与锻炼的时机；预防睡眠及昼夜节律紊乱；在适当的时间进食；以及配合肠道菌群的昼夜节律。

活动的作用与锻炼的时机

20 世纪 50 年代，英国女性的平均衣码是 12 号，腰围是 27 英寸[1]。如今，英国女性的平均衣码是 16 号，腰围更是飙升到了 34 英寸。这个惊人的差异与活动量大小有关。2012 年发表的一项研究指出，20 世纪 50 年代的女性每天会消耗约 1 300 大卡，如今的女性则只消耗 670 大卡。这些热量大多是在做家务时消耗的。事先声明，我并不是建议大家回归那种单一的家庭模式。但事实证明，你可以通过控制活动量来控制消耗的热量。你活动得越多，就有越多的葡萄糖和葡萄糖储备（脂肪）转化为能量。有氧运动都有助于消耗热量，例如散步、跑步、骑自行车、划船或使用椭圆机。我建议你每周锻炼 5 天，每天至少 30 分钟。每周进行两次力量训练有助于增肌，例如举重、使用健身带、爬楼梯、俯卧撑、仰卧起坐和深蹲。肌肉消耗的热量比脂肪多，因此增加肌肉量有助于释放脂肪中储存的热量。此外，也别忘了做园艺的好处。认真做 3 小时园艺，消耗的热量相当于在健身房

1　1 英寸约为 2.54 厘米。——编者注

里锻炼1小时。普通园艺爱好者每周会花5个多小时打理花园，能消耗约700大卡。做园艺还能让你的尿壶派上用场（见第八章）。

锻炼显然很重要，但有两个问题需要解决：一天之中是否存在锻炼的最佳时间？锻炼是否对预防睡眠及昼夜节律紊乱有额外的好处？

最易消耗热量的最佳锻炼时间

我们的运动能力和最佳表现在一天之中会发生变化。以人类和小鼠为对象的研究显示，肌肉力量和肌肉细胞氧化分解葡萄糖的能力在一天中不同的时间有所不同。一般来说，肌肉力量和肌肉细胞的呼吸作用会在下午和傍晚达到高峰。这就能解释为什么我们总是在下午和傍晚运动状态最佳。平均来看，肌肉力量与核心体温达到峰值的时间基本吻合，即通常出现在下午4点到6点（见图1）。体温升高能起到提高代谢率、增加肌肉力量的作用。即使处在休息状态，我们在下午和傍晚消耗的热量也比清晨多10%。而且一般来说，我们在下午或傍晚的运动状态比早上好。但这是通过锻炼消耗热量的最佳时机吗？其中存在两个变量。第一个变量是**睡眠时型**（见附录一）。一项针对运动员的有趣研究表明，睡眠时型对运动表现巅峰有显著影响。在一天之中，随着傍晚临近，早晨型、中间型和夜晚型的人表现都越来越好。不过，睡眠时型较晚的人在晚上表现尤其优异，他们在早上7点和晚上10点的运动表现差异高达26%。第二个变量是身体的**代谢状况**。大多数人都适合在下午或傍晚锻炼，但有充分的证据表明，一部分人可能更适合早起空腹锻炼（可以喝水）。早餐前的晨练过程中，身体仍以脂肪储备作为燃料，因此在这时锻炼可以燃烧更多脂肪。这是一个两难的抉择：早起锻炼能够燃烧储存的脂肪，但锻炼又和睡眠时型密不可分，你要等身体适应活动之后才能进行更多的剧烈运动。简单来说，如果睡眠时型促使你早睡早起，晨练对你更有吸引力也更容易做到，那么你就该在早餐前锻炼。但如果你属于晚睡晚起的夜晚型，早上锻炼对你来说很困难，那么你就最好制订下午或傍晚的常规锻炼计划。选择在下午或傍晚锻炼还有一个好处：避免受伤——因为肌肉已经"热身"完毕，不那么容易拉伤。我有一些同事意识到了这些问题，他们称自己试着每天晨练20分钟左右，然后在傍晚锻炼30—40分钟。我们在第六章讨论过，尽量不要在临睡前锻炼，因为这会提高核心体温，导致入睡时间延迟。此外，临睡前剧烈运动还会引起皮质醇飙升，激活应激中枢。临睡前皮质醇水平较高会让你更晚入睡（见第四章）。我最后一个建议是，晚餐后散步30—45分钟，而不是餐前，这有助于控制血糖，进而减轻体重。

锻炼对生物钟的影响与减少睡眠及昼夜节律紊乱

正如第三章讨论过的，黄昏时的光照会延迟生物钟（让你睡得更晚，起得也更晚），黎明时的光照则会使生物钟提前（让你睡得更早，起得也更早），中午的光照则影响不大。除了光照，锻炼也有助于同步昼夜节律。仓鼠和小鼠等啮齿类动物的相关研究早已证实了这一点，但人类的相关研究尚未得到充足的证据。不过，研究人员最近对约100名受试者进行了实验，目的是确认在不同时间锻炼是否会影响他们的睡眠／觉醒时间。锻炼包括1小时的散步或跑步，连续3天，在一天中的不同时间进行（凌晨1点、4点，上午7点、10点，下午1点、4点，晚上7点、10点）。实验结果显示，上午和午后（上午7点到下午3点左右）锻炼的人醒得更早，晚上（晚上7点到10点）锻炼的人醒得更晚，而在下午4点到凌晨2点锻炼的人睡眠时间受到的影响很小。这意味着在适当的时间接受光照和锻炼能促进昼夜节律同步，起到稳定昼夜节律系统的作用，预防睡眠及昼夜节律紊乱。正如前文和接下来将要讨论的，减轻睡眠及昼夜节律紊乱有益于实现代谢健康。护理院或医院的工作人员可能会让病人在不需要卧床休息的时候（白天）躺在床上，这对工作人员来说可能比较轻松，但对病人来说却毫无益处。只要条件允许，我们应该鼓励病人白天（清晨或傍晚）活动，以便拥有健康的昼夜节律。这让我想到了下一个话题。

预防睡眠及昼夜节律紊乱

正如第十二章提过的，睡眠不足与胃部分泌的胃饥饿素增加、脂肪组织分泌的瘦素减少存在联系。最终结果是使人食欲增加，摄入富含糖分的食物，增加罹患代谢综合征的风险。睡眠不佳还与晚上皮质醇水平高存在联系，皮质醇水平高会使血糖增加（见图9A）。这些葡萄糖如果不被消耗掉，就会转化为脂肪储备，使人体重增加乃至肥胖。我还想再强调一句，肥胖会引起阻塞性睡眠呼吸暂停，导致睡眠质量进一步下降（见第五章）。这说明，睡眠不足不仅会使人在不适当的时候感到疲乏，还与重大健康问题（尤其是代谢综合征）存在联系（见表1）。研究已经反复证明了睡眠及昼夜节律紊乱与代谢综合征的联系。例如，生物钟缺失的小鼠会迅速出现胰岛素抵抗、葡萄糖不耐受和肥胖。此外，主生物钟与外周生物钟失去同步（内部失调）以及昼夜节律振幅变小也会引起胰岛素抵抗。这有助于解释为什么老年人更容易罹患2型糖尿病，因为昼夜节律波形变平缓与内部失调都是老年人昼夜节律系统的特点。而且，正如前面提到的，锻炼有助于稳固昼夜节律。本书第六章提供了能够缓解睡眠及昼夜节律紊乱的一些建议。此外，睡眠及昼夜节律紊乱与酒精的代谢密切相关。

睡眠及昼夜节律紊乱与酒精

睡眠及昼夜节律紊乱会使适度饮酒者变成重度酗酒者。以长期夜班工作者和长期疲乏者为对象的研究证明了这一点。这类人靠喝酒让自己镇静下来，误以为酒精有利于正常睡眠。此外，昼夜节律系统紊乱会加剧酒精对代谢的毒害作用，这一点在生物钟基因突变的小鼠身上得到了证实。研究人员在小鼠的饮用水中掺入酒精，实验结果显示，与生物钟正常的小鼠相比，昼夜节律存在缺陷的小鼠脂肪肝发病率更高。这些小鼠还更容易出现肠瘘，导致内毒素（分解的细菌碎片）进入血液，造成内毒素血症，最终引起包括肝损伤在内的多种疾病。这提醒我们，睡眠及昼夜节律紊乱患者，例如夜班工作者、长途空乘人员和商界人士，可能更容易受酒精影响出现代谢损伤。他们喝的酒越多，酒精造成的肝损伤就越严重。酒精还会直接影响分子级别生物钟，以小鼠为对象的研究已经证明了这一点。饮酒会使肝细胞的生物钟提前，但视交叉上核的主生物钟保持不变，结果导致肝细胞的生物钟与视交叉上核的生物钟"脱钩"。此外，酒精还会使肝细胞生物钟的波形变平缓。这种酒精引起的视交叉上核与肝脏的内部失调，外加肝脏代谢的昼夜调节功能减弱，会扰乱葡萄糖代谢，引起脂肪肝和其他与胰岛素抵抗有关的代谢异常。正如第十一章讨论过的，这也会增加感染的风险。酒精还会改变其他器官的昼夜节律。例如，晚上饮酒后，机体核心体温的生物钟会提前，核心体温的昼夜节律（例如肝细胞的生物钟）振幅则会减半。研究证明，情绪障碍患者的体温昼夜节律振幅会变小，而睡眠与核心体温存在联系，这就引出了一个假设：酒精使体温昼夜节律波形变平缓可能引起睡眠中断乃至情绪障碍。这是个有趣的观点，但还需要进一步探索。

酒精对睡眠与抑郁症的影响远远不止改变核心体温。它还会干扰脑神经递质和激素的分泌，而这些神经递质和激素会直接改变睡眠结构和情绪。酒精会使大脑活动放缓，让人感到放松、困倦，但摄入过量会导致睡眠变差乃至失眠。酒精会使前半夜的快速眼动睡眠减少，改变慢波睡眠，降低睡眠质量，导致睡眠时间缩短，片段化睡眠增多。酒精还会使喉部肌肉放松，导致阻塞性睡眠呼吸暂停症状恶化。由于酒精会导致失眠，白天犯困往往会成为饮酒后的大问题。这还会形成恶性循环：白天饮用富含咖啡因的饮料以便保持清醒，晚上则以酒精作为镇静剂抵消那些刺激物的作用。这就是所谓的"镇静剂—刺激物反馈回路"。重点在于，睡眠及昼夜节律紊乱会使人容易罹患代谢综合征，摄入酒精会加剧代谢综合征，也会加剧睡眠及昼夜节律紊乱。

在适当的时间进食

用餐时间与"时间营养学"

犹太哲学家、天文学家兼医师摩西·本·迈蒙（Moses ben Maimon，1135—1204），通常被称为迈蒙尼德（Maimonides），至今仍然是个颇具争议性的人物。他对犹太教的哲学和信仰影响深远，并因为一句名言被人铭记："早上吃得像国王，中午吃得像王子，晚上吃得像农民。"这一哲学理念使他成了昼夜节律研究分支"时间营养学"的奠基人。时间营养学的核心理念是，摄入食物的时间与食物的数量和类型对机体整体代谢和身心健康至关重要。

我们现在知道，葡萄糖摄取与代谢受昼夜节律的驱动而变化，在一天中不同时间摄入同样的食物对血糖水平的影响迥异。对于每天在晚上摄入大部分热量的人来说，这种影响尤其重大。为了明确起见，我把"晚上"宽泛地定义为下午 6 点到睡前。晚上吃大餐的人出现葡萄糖不耐受、2 型糖尿病、体重增加和肥胖症的风险会大大增加。一项细致的研究对比了在不同时间摄入同样食物的两组人。研究人员将受试者分为两组，一组在一天中的早些时候摄入大部分热量，另一组在晚些时候（下午 6 点到睡前）摄入大部分热量，两组人的餐食相同，都是为期 20 周的减肥食谱。此外，两组人运动量相同，睡眠时间也相同。实验结果显示，与进食较早的一组相比，进食较晚的一组受试者体重减轻较少，减重速度也较慢。一项类似的研究显示，与晚上摄入热量相比，早上摄入热量不但能减掉更多体重，还能维持较为理想的血糖水平，减少葡萄糖不耐受和降低罹患 2 型糖尿病的风险。此外，晚上摄入高热量食物和不吃早饭（例如夜班工作者或商界人士）会引起肥胖症，仅仅不吃早饭则会导致葡萄糖不耐受进一步恶化。

务必注意，同样的饭菜在晚上吃比在早上吃更容易升血糖。葡萄糖不耐受之所以容易在晚上出现，是因为晚上受昼夜节律驱动的胰岛素分泌减少，以及肝脏的胰岛素抵抗发生变化。严格受控的实验室研究已经证明，健康人的葡萄糖不耐受程度在一天中不断增加，导致晚上血糖更容易升高。哈佛大学最近的一项研究对比了在不同时间摄入相同食物对血糖的影响，受试的年轻人一组在早上 8 点进食，一组在 12 小时后的晚上 8 点进食。实验结果显示，后者的血糖水平明显更高（高 17%）。这表明，健康受试者在晚上葡萄糖不耐受程度更高。随后，研究人员让受试者模拟夜班工作者的行为模式，也就是只在白天睡觉。这种昼夜节律紊乱仅仅持续了 3 天，受试者晚上葡萄糖不耐受的状况就进一步恶化了。显然，昼夜节律紊乱会加剧葡萄糖不耐受，使人更容易患 2 型糖尿病和肥胖症。为何会这样呢？夜班工作者之所以会出现某些健康问题，可能是因为矛盾的信号致使视交叉上核与外周生物钟"脱钩"（内部失调）。视交叉上核被"设定"为与明暗周期保持一致，在夜间促进睡眠。机体在视交叉上核"认为"该睡觉的时候进食，意味着生理机制的代谢调节与外周生物钟不一致。进食信号会改变肝脏、脂肪组织、胰腺和肌肉内的生物钟，使其与视交叉上核完全不同步。经过不断进化，视交叉上核与外周生物钟组成的昼夜节律网络学会了协同运作，指示代谢轴[1]在一天中适当的时间为适当的部位摄入适量的适当物质。昼夜节律网络如果崩溃，代谢就会崩溃。

　　接下来，让我们说回迈蒙尼德的理念，以及应该在什么时候进食。有趣的是，几个世纪以来，我们的饮食习惯逐渐发生了变化：在中世纪晚期（约1100年到1500年）的欧洲各国，一天中最主要的一餐——或者称为"正餐"（dinner，源于古法语词 disner，意为"用餐"）——从早上进食推迟为中午前后进食，贵族和农民都是如此。但随着蜡烛、油灯、电灯等人工照明先后在富裕阶层和贫困阶层普及开来，正餐时间变得越来越晚。工业化进程和工作方式的改变加剧了这一变化，正餐时间最后被安排在了"养家之人"下班回家以后。在英格兰北部，正餐仍然安排在午餐时间，茶点则是一天中的最后一餐，也称为"晚餐"（supper）。当今时代，家庭成员各自忙碌，长途通勤越发普遍，一些上班族的工作时间不规律，夜班工作越来越多，学生也承受了更重的学业压力，外加速食的方便食品（例如可用微波炉加热）随处可见，这一切都将高糖的正餐推迟到了夜间。这样的进

1　代谢轴（metabolic axis），即代谢通路，指维持生命活动的一系列化学反应。——编者注

餐时间表对我们受昼夜节律调节的代谢系统极为不利。

配合肠道菌群的昼夜节律

我们的身体并不仅仅属于我们。人体是大量微生物（微生物群）的栖息地，其中包括细菌、真菌、病毒和原生动物。事实上，我们自己的细胞只占身体总细胞数的43%。你可能觉得这个微生物占比已经足够高了，但其实早期研究曾估算过每个人体细胞都对应10个微生物"殖民者"。当然，如今看来这个数字是高估了，不过它还是经常见诸报端。这些微生物主要由肠道中的细菌组成，这些细菌有助于肠道发挥功能，将有害物质"拒之门外"，只允许营养物质进入血液。近年来有一项重要发现：睡眠及昼夜节律紊乱会改变人体内的微生物群。值得注意的是，这种微生物群的改变会影响代谢、能量平衡，甚至是免疫通路。这种紊乱会引起代谢综合征相关问题。正如第十二章提过的，全球范围内罹患代谢综合征的人数不断增加，有人认为这在很大程度上要归咎于所谓的"西方生活方式"。西方生活方式的特点是饮食高脂、高糖（包括酒精）、低纤维，同时缺乏锻炼，最大的问题是睡眠及昼夜节律紊乱越来越严重。这种生活方式或许确实源于西方，但如今在世界各地都相当常见。那么，肠道菌群、昼夜节律与代谢紊乱之间有什么联系？

人们最初认为大多数细菌不存在昼夜节律，但现在我们知道这个说法是错误的。细菌的生理机能的确呈现出昼夜节律变化，生活在肠道中的细菌能让自己的昼夜节律与肠道细胞同步。这已经足够奇妙了，但更了不起的是，有些肠道细菌还会"做出回应"，证据就是肠道菌群消失后，肠道内壁（肠上皮）细胞的昼夜节律异常。这种交流凭借的可能是细菌发出的多种信号。肠黏膜上皮细胞与细菌细胞壁上蛋白质的物理碰触和细菌本身发出的化学信号也许为节律同步提供了重要线索。我们和某些肠道细菌之间的这种"应答"可能非常重要，要知道，肥胖症和代谢综合征与肠道细菌变化密切相关。链球菌和梭状芽孢杆菌等"坏细菌"增加会使人更易罹患代谢综合征。相比之下，"坏细菌"减少、嗜黏蛋白阿克曼菌等"好细菌"增加则能缓解代谢综合征和肥胖症。很多人都对嗜黏蛋白阿克曼菌不陌生，因为市面上的益生菌保健品里就有这类细菌。而且益生菌保健品与许多保健品不同，如今有充分的证据表明它们真的管用，能对人体代谢产生积极影响。按照惯例，相关的细致研究是在小鼠身上进行的。例如，将非肥胖小鼠的肠道细菌转移到肥胖小鼠的肠道中，后者的肥胖状况发生逆转。代谢综合征与肠道细菌的联系似乎真的很重要，但昼夜节律系统是如何参与其中的呢？

以小鼠和人类为对象的研究表明，睡眠及昼夜节律紊乱会改变肠道细菌，加剧代谢功能紊乱。研究显示，将睡眠及昼夜节律紊乱的小鼠的肠道细菌转移到正常小鼠的肠道后，后者的代谢出现异常。值得注意的是，研究证明，肠道细菌会"编排"肠道细胞代谢活动的昼夜节律。肠黏膜上皮细胞上存在"模式识别受体"（PRR），这些受体能够识别益生菌。激活状态下的模式识别受体能协调肠黏膜上皮细胞内的分子级别生物钟，并调控与代谢调节有关的基因。模式识别受体异常的小鼠，其代谢途径的节律会出现异常。最近研究人员发现，细菌发出的化学信号能直接作用于肠黏膜上皮细胞上的模式识别受体。例如，有些益生菌释放的代谢物能使肠道细胞昼夜节律的波动幅度变大、周期延长。

如今有大量证据表明，睡眠及昼夜节律紊乱会改变肠道细菌，肠道细菌的改变又会反过来扰乱肠黏膜上皮细胞的昼夜节律。这种昼夜节律紊乱会引起代谢问题。充分了解上述联系有助于研究人员研发新疗法，减少代谢综合征对个人和社会的影响。不过，肠道细菌的重要性可能远远超出肠道的范畴。有证据表明，肠道细菌发出的信号还会影响肝脏的昼夜节律，以及与昼夜节律有关的肝脏代谢。此外，肠道细菌与免疫系统的昼夜节律也存在联系。缺少肠道细菌的小鼠免疫反应明显异常，包括T淋巴细胞和B淋巴细胞数量异常（见第十一章和附录二）。有迹象表明，这种免疫受损和昼夜节律紊乱会影响机体的抗感染能力，加速自身免疫疾病（例如多发性硬化症）的发展。最后，人体内似乎还存在"微生物群—肠道—大脑轴"，它有助于调节睡眠和精神状态。我们知道，睡眠及昼夜节律紊乱会影响肠道的微生物群，但最近的研究还指出，肠道微生物群紊乱会导致睡眠紊乱，增加罹患抑郁症的风险。

目前的研究尚处于初期，而且某些病症的因果关系很难厘清，尤其是在探讨细菌、睡眠和抑郁症之间联系的时候。但很显然，人体昼夜节律会影响肠道细菌的昼夜节律，而肠道细菌的昼夜活动则会影响人体代谢。鉴于人体中大约一半的细胞都是细菌细胞，在不久的将来，我们很可能会发现人体节律与细菌节律之间更多的联系，并意识到这些联系对我们的身心健康极为重要。我们即将迈进另一个令人兴奋的医学分支，开始研究微生物组[1]的昼夜节律。

问答

1. 我们的基础代谢率真的无法改变吗?

基础代谢率由遗传因素决定,但可以通过增加肌肉量来提高。肌肉对促进代谢起到重要作用,这意味着与体脂率较高的人比起来,肌肉较多的人需要消耗更多能量来维持身体运作。因此,有规律的锻炼(根据你的睡眠时型选择最佳锻炼时间)有助于燃烧脂肪并增加肌肉量。这能起到提高代谢率的作用。

2. 为什么人年纪大了容易发胖? 这跟生物钟有关系吗?

代谢会随年龄增长发生显著变化,人上了年纪后更容易发胖。部分原因在于调节代谢的昼夜节律波形趋于平缓,参与代谢的多种昼夜节律也不再那么同步。总的来说,代谢不再受到严格控制,而这种失调为体重增加和肥胖"铺平了道路"。这类似于夜班工作者遇到的问题。此外,我的临床同事指出,随着年龄的增长,我们的生活规律变得越来越固定,不会错过任何一餐。也就是说,我们会因为"到饭点了"而吃东西,而不是因为饿了才吃东西。

3. 我们可以做些什么来使益生菌更加活跃?

首先要明确一点,睡眠及昼夜节律紊乱会促进"不益生的"肠道细菌(例如沙门氏菌)生长,昼夜节律稳定则会促进消化道中的益生菌生长,进而促进代谢健康。发展成群落的益生菌会与"不益生的"致病细菌争夺食物和空间,在某些情况下还会改变肠道环境,使病原体更难存活。此外,值得注意的是,许多抗生素通常只针对细菌(好的和坏的都不放过），而不杀死真菌。这可能导致真菌"过度生长"并引起酵母菌感染。因此，在接受抗生素治疗或出现睡眠及昼夜节律紊乱后，重新引入益生菌（例如未经巴氏灭菌法的酸奶中的乳酸菌）有助于恢复肠道菌群平衡，促进代谢健康。

第十四章

昼夜节律的未来：
接下来会发生什么？

在某个地方，有某件不可思议的事正等着我们去了解。

——卡尔·萨根，

美国天文学家、宇宙学家

　　本书反复强调的一点是：人体生理机制的方方面面都遵循昼夜节律，忽视它会让我们身陷险境。在前文中，我已经讨论过如果通过切实行动强化昼夜节律和促进睡眠健康，以及这些行动起作用的原因，那些"改进措施"能提升认知水平，促进身心健康，提高新陈代谢水平，增强身体素质和延长预期寿命。考虑到它们带来的好处，其实付诸实践并不麻烦。即便暂且不论个人得失，仅从经济角度来看，全社会也该认真对待睡眠及昼夜节律紊乱带来的问题。澳大利亚睡眠健康基金会进行过一项名为"工作时打瞌睡"（Asleep on the Job）的细致研究。据估计，在2016年到2017年财年，睡眠不足给澳大利亚造成了约260亿澳元的损失。同一时期，澳大利亚的国内生产总值约为15 000亿澳元。也就是说，睡眠及昼夜节律紊乱给澳大利亚带来了巨大的财政负担。其他国家很可能也遭受了类似的"打击"。

圣雄甘地说过："未来取决于你今天所做的事。"在本书最后一章，我想讨论我们可以做些什么来让昼夜节律更健康，以及应该做些什么、已经做到了哪些。本章的第一部分"呼吁"利用教育来改变全社会对昼夜节律及睡眠的态度。横跨社会多层面的教育能让人们意识到自己的责任，关注改善后代的健康状况。虽然教育相当重要，但光是教育还远远不够。本章的第二部分探讨了如何利用全新的时间生物学研发新疗法，矫正睡眠及昼夜节律紊乱。目前，许多疾病的患者都出现了睡眠及昼夜节律紊乱，这种紊乱没有得到纠正，导致患者的健康每况愈下，也使照料他们的人痛苦不堪。目前，研究人员正在研发全新的"昼夜节律药物"，希望能缓解睡眠及昼夜节律紊乱。

改变行为

既然睡眠及昼夜节律紊乱会造成巨大的个人和经济损失，那么为什么全社会没有更积极地改善昼夜节律及睡眠健康？这个问题的答案与教育密切相关。也许我们可以从反吸烟运动中学到一些东西。"吸烟有害健康"的教育使全社会的态度发生了明显转变。吸烟从时尚、"炫酷"的代表变成了不为社会所接受、极不负责的行为——至少在大多数人看来是这样。工作场所禁止吸烟者进入，人们也不再容忍被动吸"二手烟"。与吸烟类似，睡眠及昼夜节律紊乱会对个人健康造成深远的短期和长期影响（见表1），"被动"的睡眠及昼夜节律紊乱则可能给家人、朋友、同事乃至社会造成毁灭性的影响。在第十章中，我们探讨了一些与睡眠及昼夜节律紊乱存在联系的重大事故，包括三里岛核电站事故、切尔诺贝利核电站泄漏事故和"埃克森·瓦尔迪兹号"油轮泄漏事故。教育改变了人们对吸烟的看法，如今我们也需要一套类似的教育战略，改变全社会对睡眠及昼夜节律紊乱的态度。如果这套教育战略得以实施并获得成功，那么在上班时吹嘘自己又"熬了通宵"的人会像烟民一样遭人鄙视。我希望长时间加班、熬夜不睡的"大男子主义文化"彻底覆灭。

开启这一转变的关键场所是学校。关于为什么睡眠及昼夜节律如此重要，睡眠会随着年龄增长发生什么变化，以及睡眠的生理机制如何受社会和环境因素影响，中小学生乃至大学生都极少在学校接触到相关信息。这些信息应该经过适当包装并纳入学校课程，让孩子们从小就学起来。这让我想起了一句名言："给我一代年轻人，我就能改变世界。"教育会对人们的身心健康带来深远影响。

如果说目前孩子们确实学到了一些睡眠相关知识，那是因为有一批积极投入的老师，他们试图往固定的课程里添加新内容。这并不容易做到，原因在于缺乏适合的标准化教学材料，加上校长往往不予以大力支持，因为学校要满足全国统一课程的繁重要求，而全国统一课程并不包括睡眠教育。但正如我在本书中介绍的，睡眠及昼夜节律稳定不但能提高认知能力和学习表现，对个人的身心健康也大有好处。幸运的是，许多老师都认识到了这一点。与我们团队合作的一位老师表示："睡眠是我们在学校里做其他所有事的基础。"有趣的是，决策者往往鼓吹将孩子和学生的身心健康摆在第一位，却很少甚至从不讨论睡眠问题。

鉴于显而易见的需求，加上众多老师的支持，我们一直在尝试为全国统一课程开发标准化教学工具，以便应对并纠正睡眠及昼夜节律紊乱带来的后果。然而，一再碰壁让我们深感沮丧。资助机构并不重视与教师合作，这相当令人费解，因为我们接触的一家资助机构的既定目标是"提高3—18岁孩子的成绩和学习成果，尤其是弱势背景的孩子"。我们希望在不久的将来，这个值得赞许的目标能够将睡眠及昼夜节律健康纳入考量。

其实，不光课堂的学生有必要接受睡眠及昼夜节律紊乱相关教育。卫生与社会保健领域的一线员工和"关键工作人员"，包括医生、护士、助产士、护理人员在内，以及公共安全与国家安全领域的工作者，包括警察、武装部队和消防人员在内，都不得不在完成高强度工作的同时背负起上夜班和长期加班的额外负担。睡眠及昼夜节律紊乱可能对他们造成巨大影响。下面是一名在职英国警察的自述，他向我描述了自己的亲身经历。

我刚做警察的时候曾遭到一名持刀精神病人袭击，侥幸活了下来。虽然身体没有受伤，但我睡不着觉，失眠越来越严重。上夜班更是让我的睡眠节奏彻底乱掉了。上班前我通常会试着照顾孩子。我很想在上夜班前先睡一觉，但怎么也睡不着，因为我实在是太焦虑，也太愤怒了。为了熬过夜班，我养成了喝很多咖啡和上健身房"热身"的习惯，结果身体越来越不好。我严重脱水，肾脏出了问题，还得了痛风。那段时间真的很难熬，我无数次在开车回家的路上差点睡着。

最后我向医生求助，他给我开了安眠药佐匹克隆。但这并没有解决我的问题。我在家里烦躁不安，无精打采，情绪时好时坏，体重增加，怎么也放松不下来。我听了心理医生的建议，不再上夜班。多年来，我第一次找回了"感觉正常"是什么样子——不会一遇上麻烦就抓狂，不再做什么都夸张过火，不是所有事都是针对我的阴谋。随着睡眠状况得到改善，我的精神状况也渐渐恢复。我成了更顾家的父亲，更体贴的丈夫，更称职的警察，也有能力做自己喜欢的事了。我培养了新爱好，拿到了想要的资格证书，找回了自己的生活。

我是幸运的，但我的某些同事就没这么幸运了。我失去了一位年轻的同事，他在下夜班回家的路上出了车祸。我向这位年轻警官、他的家人和同事们做出承诺，承诺会尽一切努力普及上夜班可能造成的影响，提醒同事们注意相关风险。现在，我会告诉人们，不要故意熬夜不睡觉，因为从长远来看，这会得到适得其反的效果。你可能觉得自己做成了一些事，但其实是拉低了自己的做事效率，也是将自己置于险境。

说出上面这番话的警官后来成了我的朋友。他最终解决了上述难题，意识到关键问题在于睡眠不足。现在，他是一位资深警官，也是出色的丈夫和父亲。不过，他的同事就没这么幸运了。没人提醒那位年轻警察睡眠不足有多危险，警局也没有帮助他应对累积的"睡眠债"。他在下夜班后开车回家的路上睡着了，因交通事故不幸身亡。不幸的是，这种事并不罕见。根据英国运输部的统计数据，每年约有300人因在驾驶时睡着而丧生。正如我在本书中提到的，睡眠及昼夜节律紊乱常常与死亡相伴。

那么医护人员呢？美国医学研究所的一份报告估算，每年医疗失误直接造成的死亡人数多达98 000人，而上夜班和长时间加班是造成这一问题的主要因素。1984年，一名18岁女性在纽约某急诊科接受住院医师护理时死亡，这推动了住院医师的工作时间改革。然而，对于已经完成医学院学业并正在接受专业领域（例如外科）培训的住院医师而言，贯彻这一重大改革需要花不少时间。在进入医院的第一年，美国住院医师每隔两天就要连续工作 24 小时，相当于每周工作 96 小时。有两项研究考察了这种工作安排造成的影响，发现睡眠不足的外科住院医师在模拟手术过程中的犯错次数比原先多 1 倍。另一项研究显示，与每周工作少于 80 小时的住院医师比起来，工作时长超过 80 小时的住院医师出现重大医疗失误的概率要高 50%。目前，美国研究生医学教育认证委员会颁布了规定，将住院医师每周的工作时长限制在 80 小时以内。但有充分证据表明，住院医师的实际工作时间常常被低估。在世界其他地区，实习医生的轮班工作时间要短得多。例如，《欧洲工作时间指导意见》规定，所有工人每周最多工作 48 小时，其中就包括实习医生。但至少在英国，许多实习医生的工作时间远远超出这个量。当然，缩短工作时长并延长睡眠时间能提高认知能力，但在第四章提过，上夜班和加班带来的问题并不会被抵消。最近针对实习医生的一项调查显示，即使工作时长有所缩减，还是有 60.5% 的实习医生表示自己因"脑子不清醒"犯过错，最常见的原因是"工作量大"。令人担忧的是，最近英国的一项研究显示，57% 的实习医生下夜班后发生过交通事故，或者遭遇过险情。

尽管实习医生的工作时间比 20 年前短，但银行从业者的工作时间可能比以往还要长，而他们是看管我们的养老金、决定我们未来财务状况的关键人物。2021 年 3 月，英国广播公司（BBC）一项针对投资银行高盛集团（Goldman Sachs）的调查显示，入职第一年的银行从业者表示，除非工作条件得到改善，否则他们可能会辞职不干。他们平均每周工作 95 小时，每晚只睡 5 小时左右。一位受访者表示："我睡眠不足，被老员工压榨，承受了身心双重压力……我从小在寄养家庭长大，但这里的情况更糟糕。"这并不是高盛集团独有的现象。

最近的一份文献综述指出，银行从业者出现精神问题的情况显著增加，这可能与工作压力诱发的紧张过度和睡眠不足有关。最初的问题是睡眠不足，随后出现焦虑和抑郁，接着是适应不良性行为（例如过度饮酒），最后是工作倦怠——表1列举了上述所有症状。英国政府组建了银行业标准委员会（BSB），目的是在金融危机和出现操纵利率丑闻之后改革银行业的行为标准。该委员会2020年公布的一项针对银行家的调查显示，近40%的受访者表示自己每晚睡眠时间不足6小时，近30%的受访者表示自己每天或几乎每天工作时都感到疲乏。对于上述调查结果，银行业标准委员会表示："鉴于充足的睡眠不仅对身心健康很重要，也对做出专业判断和道德判断的能力很重要，这可能是银行业需要进一步探讨的问题。"我认为银行业标准委员会的人已经明白了这一点，但不知道英国政界人士有没有意识到。我一直很想评估政治家的睡眠及昼夜节律紊乱状况。

令人困惑的是，尽管媒体逐渐意识到了睡眠的重要性及睡眠紊乱的后果，但社会各部门的决策者并没有采取多少措施。值得注意的是，在我撰写本书的时候，澳大利亚还没有针对"工作时打瞌睡"的调查报告和每年因劳动人口睡眠不足而损失的260亿澳元采取任何行动。新冠疫情绝不是不采取行动的借口，过去的两年完全可以用来解决这个问题。那么，我们应该做些什么？我认为，首先必须提供基于研究证据的、针对特定部门的建议并开发教育工具，以便应对睡眠及昼夜节律紊乱问题。相关知识应该被纳入学校课程，向学生解释为什么会出现睡眠及昼夜节律紊乱，为什么它带来的风险可能伴随人的一生，以及随着生理变化、年龄增长和环境改变，应该如何缓解睡眠及昼夜节律紊乱。与此同时，雇主有责任在以下三个重要方面采取行动：首先，提醒员工注意睡眠及昼夜节律紊乱可能带来的危险；其次，在工作场所不得提倡或鼓励会导致或加重睡眠及昼夜节律紊乱的行为；最后，尽可能减少与工作有关的睡眠及昼夜节律紊乱造成的影响。不过，短期内还没有什么"灵丹妙药"能抵御上夜班或与工作有关的睡眠及昼夜节律紊乱造成的影响。雇主和雇员都必须接受这个事实：睡眠及昼夜节律紊乱（尤其是上夜班）会极大地影响身心健康。正如第六章提到的，目前我们最多只能寄希望于减轻症状的严重程度，但这仍然极为重要，需要立刻采取行动。毕竟，正如圣雄甘地所说："未来取决于你今天所做的事。"

最后，我还想说一点。目前我们只能减轻睡眠及昼夜节律紊乱带来的一些问题，因此全社会需要认真权衡睡眠及昼夜节律紊乱带来的后果。难道仅仅因为可以让经济（包括社会各部门）每周7天、每天24小时"连轴转"，我们就应该这么做吗？暂且忽略道德层面的问题，只考虑本章开头讨论的经济成本，鉴于健康问题导致的生产力损失，从长远来看，这对全社会来说真的合算吗？这类决策必须经过基于证据的讨论，科学家、政府官员、商界人士和劳动者都应该参与其中。我希望这些讨论能够顺利进行并达成共识，避免双方各执一词或任何建设性意见遭到驳斥。

改变行为还不够

本书大部分篇幅都在探讨我们的行为如何造成、缓解或解决睡眠及昼夜节律紊乱，但某些疾病的患者会出现严重的睡眠及昼夜节律紊乱，对此我们却无计可施。神经发育障碍（例如注意缺陷与多动障碍）和重度视障就属于上述情况（见图4）。第八章讨论过的重度痴呆症也是如此。这些病症引起的睡眠及昼夜节律紊乱可能彻底毁掉患者的生活和与他们共同生活的人。下面我将引用一些个人见证来说明相关症状有多么可怕。不过，绝望之余也存在一线希望。在本章也是本书末尾，我将展望不久的将来和正在研发的新药物，那些药物旨在治疗多种病症引起的睡眠及昼夜节律紊乱。首先，让我们从神经发育障碍说起。

神经发育障碍

神经发育障碍是一系列由早期大脑发育异常引起的疾病，会导致明显的行为与认知变化。它们通常由遗传因素引起，但也并非一定如此。神经发育障碍患者占总人口的1%—2%，常见类型包括：智力障碍、其他学习障碍、脑瘫、自闭症谱系障碍（ASD）和注意缺陷与多动障碍。具体病症包括史密斯－马吉利综合征、天使综合征、普拉德－威利综合征、雷特综合征和其他众多遗传病。这类患儿的典型表现是言语困难、记忆和学习困难，伴随运动和行为问题。神经发育障碍的一大显著特点是，高达80%的患儿会出现某种形式的重度睡眠及昼夜节律紊乱：夜间睡眠中断伴随白天表现不佳，包括破坏性行为增加，以及认知、成长和整体发育较差。从性质和病程发展来看，不同神经发育障碍引起的睡眠及昼夜节律紊乱截然不同。无论是对患儿还是对家属来说，应对神经发育障碍导致的睡眠及昼夜节律紊乱都是个难题。我在牛津的同事安德里亚·内梅斯（Andrea Nemeth）是神经遗传学教授，在牛津大学基因组医学中心工作。她非常好心地提供了以下内容，展示了神经发育障碍引起的睡眠及昼夜节律紊乱对患儿和家属来说有多痛苦。

培养神经发育障碍患儿（一直持续到成年时期）养成固定睡眠习惯的难度大大增加。这可能对患儿和家属造成灾难性的影响。种种努力之下，有些患儿依旧永远无法养成规律的睡眠习惯。他们可能某一天晚上 7 点入睡，某一天则熬到凌晨 3 点才入睡。这种差异没有任何规律，也没有明显成因。患儿觉得难以入睡和保持沉睡，这可能是由疾病或某些生理机制引起的。在夜间，他们经常弄醒父母或照料他们的人。用一位家长的话来说就是："睡眠不足是一种生活方式。"睡眠问题让全家人都焦头烂额。孩子可能不接受睡眠环境，无论是白天还是晚上都需要旁人持续看管。有些家长准备了专门的"睡眠帐篷"，防止孩子在无人看管的情况下四处游荡。到了第二天早上，孩子和照料他们的人都已筋疲力尽。照料他们的人可能还要面对一整天的工作，也许还需要照顾其他孩子。许多家长，通常是母亲，最终会辞去工作。患儿在白天会非常疲乏，除非有人看管，否则会打瞌睡，形成晚睡晚醒的恶性循环。白天疲乏不堪会诱发行为问题，原本患儿参与教育或社会活动的能力就相当有限，在这种情况下会受到进一步影响。如果保持睡眠卫生的计划失败，患儿也许会接受药物治疗，例如服用褪黑素、镇静剂或其他中枢神经兴奋剂。但这些药物可能带来副作用，例如嗜睡、其他睡眠问题、行为问题和认知障碍。此外，这些药物的疗效并没有得到大量研究的验证。一些症状严重的患儿家人别无选择，只好将孩子送进能提供全天 24 小时护理的机构，导致患儿与家人彼此隔绝，并对家庭和社会造成重大经济影响。

在上述报告中，内梅斯教授提到药物已被用于治疗睡眠及昼夜节律紊乱，因此其中一些药物值得详细探讨。**补铁保健品**有时被用于治疗睡眠相关运动障碍，例如周期性肢体运动障碍（见第五章）。此外，有证据表明，患有注意缺陷与多动障碍和自闭症谱系障碍的儿童可能缺铁（血清铁蛋白）。不过，没有充分证据表明补铁能减少患者在睡眠期间的周期性肢体运动，反而可能适得其反，因为补铁保健品可能引起肠胃问题。**褪黑素**，也就是松果体分泌的主要神经激素（见图2），经常被用于治疗神经发育障碍儿童的睡眠及昼夜节律紊乱。一项研究显示，睡前20到30分钟服用5到15毫克褪黑素，能够小幅增加夜间总睡眠时间，最多可增加30分钟，这主要是由于入睡时间缩短了。但总体而言，研究报告显示，对于改善神经发育障碍患者的睡眠，褪黑素的效果有个体差异。根据父母和照料人员的描述，褪黑素只能缩短入睡时间，但无法让睡眠维持下去。这些发现与我们先前的讨论一致，即褪黑素是温和的睡眠调节剂，而不是睡眠激素（见第二章）。研究发现，与褪黑素特性相似的药物雷美替胺也有类似效果。**苯二氮䓬类安眠药**能缩短入睡时间，增加总睡眠时间，有助于维持睡眠，但会引起白天嗜睡和药物成瘾，因此建议短期服用。**非苯二氮䓬类（Z类药物）安眠药**，包括唑吡坦、扎来普隆和艾司佐匹克隆，对于帮助神经发育障碍儿童入睡并不特别管用。与安慰剂相比，唑吡坦带来的改善并不明显，而且许多儿童出现了不良反应，例如头晕、头痛和出现幻觉。简而言之，目前并没有什么特效药能让神经发育障碍患儿的睡眠及昼夜节律紊乱趋于正常。部分原因在于神经发育障碍包含一系列不同的病症，涉及多种遗传因素和环境调节因素。事实上，神经发育障碍可能类似于精神疾病，受神经发育障碍影响的脑回路与驱动睡眠及昼夜节律的脑回路存在一定程度上的重叠。此外，神经发育障碍会加剧睡眠及昼夜节律紊乱，睡眠及昼夜节律紊乱也会反过来加剧神经发育障碍（见图 7）。与精神疾病一样，在未来若干年内，缓解睡眠及昼夜节律紊乱的新药也许能成为治疗神经发育障碍的重要手段。

重度视障

视力彻底丧失、破坏视网膜的严重眼病、视神经或形成视神经的神经节细胞出现重大损伤都会引起重度视障。正如第三章提过的，机体会因此无法重置生物钟，无法让视交叉上核与外界明暗周期同步。没有每天的重置，人体的昼夜节律就会出现偏差。正如前面讨论过的，这被称为"自由运转"。对大多数人来说，自然的睡眠／觉醒周期比 24 小时稍长一些。因此，我们的睡眠／觉醒周期每天都会推迟一些，也就是每天都会比前一天起得更晚。生物钟"自由运转"的人睡眠／觉醒周期会有几天相对正常，然后再度出现偏差，当事人会想在不适当的时间进食和活动。为了让你了解这种情况有多麻烦，我在下文引用了一位 24 年前服兵役期间失明的老兵的亲身经历。他感知不到光。我要感谢英国盲人退伍军人协会的首席科学官雷娜塔·戈麦斯（Renata Gomes）教授准许我发表她的记述。

我这人很乐观，大多数人都意识不到我是盲人，直到我说出来或者掏出导盲杖。但说实话，有时候我不知该怎么办才好！我的身体会欺骗我。我有一回凌晨 4 点去上班，还以为是早上 9 点。幸运的是，我的工作地点全天 24 小时开放。后来，我开始靠语音闹钟生活。但这么多年过去了，我的身体仍然不断欺骗我。我的邻居们很好心，他们从不向我抱怨，只向我太太抱怨……我有时会弄不清时间，去花园里的工棚干活，结果当时是大半夜，把邻居们全吵醒了。我的身体经常欺骗我。我并不是觉得自己疯了。有时候，我就像孩子一样，对时间完全没概念。我以前吃过医生开的药，连续吃了7年，但完全没用。而且我担心会有副作用，所以决定不吃了。现在我什么药也不吃。我逼自己按语音闹钟的报时生活，绝不睡午觉。我太太也帮我记时间。

下面是一位22年前丧失视力的盲人老兵的自述，更加凸显了重度视障人士的定向障碍。

一开始，我不明白发生了什么事。出院以后，我直接进了（盲人退伍军人）康复中心。我像往常一样起床，刮胡子，穿上衣服，去食堂吃早饭。那里安静极了……因为没有人……护士告诉我那是大半夜！我3个小时前才上床睡觉！怎么会这样？我才睡了3个小时，却相信已经到了第二天早上。

这些人无论怎么努力，都无法让自己的昼夜节律与外界同步。他们经历了双重悲剧，既是眼盲，又是"时盲"。下文引用了一位母亲的自述，她记录了睡眠及昼夜节律紊乱对她孩子和家人的影响。她的孩子患有无虹膜症，这是一种罕见的先天性缺陷，每4万到10万人中才有一例。这种疾病的病因是PAX6基因发生突变或PAX6基因调节方式发生突变，导致虹膜发育不全或虹膜缺失，通常还会引起其他极为严重的眼部或脑部问题，包括松果体（见图2）缺失。PAX6基因突变可能与其他基因突变一同发生，使得病情变得更严重。无虹膜症也与重度睡眠及昼夜节律紊乱存在联系。睡眠及昼夜节律紊乱的诱因可能是眼睛受损，也可能是脑部受损（就像神经发育障碍那样），我们目前对此尚无定论。总而言之，这位患儿的母亲和我进行了简单的问答，讲述了睡眠及昼夜节律紊乱对她孩子和家人的影响。孩子的名字是化名。

你能描述一下孩子的睡眠／觉醒紊乱规律吗？

说实话，似乎并不存在什么规律。我只注意到过度疲劳、焦虑或睡前受太多刺激通常会引起孩子睡眠不佳，每隔几小时就醒来一次。

这对你和其他家庭成员的睡眠有什么影响？对你的应对能力有什么影响？

这有时候对我们影响很大。约翰尼要是睡不好，通常就是频繁醒来或根本不睡！这意味着我们全得保持清醒。我想说的是，这有时候让我疲惫不堪。

矫正孩子的睡眠／觉醒问题对你来说有多重要？

非常重要。这对全家人都会有影响。另外，约翰尼因为睡眠不足和白天犯困遇到了大麻烦。我想，如果能矫正他的睡眠状况，他上学会轻松许多。

我要感谢摩尔菲尔兹眼科医院和大奥蒙德街儿童医院的眼科顾问玛丽亚·穆萨吉（Mariya Moosajee）教授，感谢她替我联系了约翰尼的母亲，那位母亲很乐意回答我发给她的问题。以上自述和内梅斯教授的评论令我非常痛心，因为约翰尼、像约翰尼这样的孩子和他们的直系亲属备受煎熬，我们却没办法帮他们一把。目前唯一的治疗手段是服用褪黑素和模仿褪黑素作用的药物，只可惜它们并非解决方案。

褪黑素对盲人的作用

褪黑素已被用于治疗重度视障人士的非 24 小时睡眠／觉醒障碍（昼夜节律自由运转，见图 4）。一般来说，在连续数周或数月定时服用褪黑素后，有些盲人自由运转的生物钟最终会"固定"下来，与每天服用褪黑素的时间保持同步。例如，在有史以来最成功的公开研究中，18 名患者中有 12 人（67%）实现了同步。我之所以强调这是"最成功"的研究，是因为大多数研究显示服用褪黑素效果不大，或者没有明显影响。我们已经意识到了褪黑素对于盲人效果有限，目前最有效的服药建议是每天在理想就寝时间前约 6 小时服用低剂量褪黑素（0.5—5 毫克），不过这并不能保证奏效。**他司美琼**是一种治疗盲人非 24 小时睡眠／觉醒障碍的药物，作用类似于褪黑素。它的作用是激活褪黑素受体，曾有研究观察其能否让盲人自由运转的昼夜节律与外界同步。在一项研究中，在接受他司美琼治疗 4 周后，40 名患者中有 8 名（20%）实现了节律同步。在另一项研究中，服用他司美琼 12—18 周后，48 名受试者中有 24 名（50%）实现了节律同步。因此，他司美琼的"最佳"效果（约 50% 的受试者）还不如褪黑素（约 67% 的受试者）。不过，更确切的结论还需要对褪黑素和他司美琼进行全面的对比研究。归根结底，在接受褪黑素和"类褪黑素"药物（例如他司美琼）治疗数周或数月后，一些人（但不是所有人）能实现昼夜节律与外界同步。这和褪黑素的作用相一致，也就是充当"黑暗的生物标记"，增强眼睛检测到的黎明／黄昏光信号。另一种可能是，褪黑素能对某些人起到轻微的诱导睡眠作用，进而反馈给昼夜节律系统，有助于生物钟与外界同步。因此，褪黑素改变昼夜节律可能是通过诱导睡眠，而不是直接影响生物钟。

正如前面提到的，某些形式的无虹膜症会伴随松果体（见图2，人体内褪黑素的主要来源）萎缩或缺失。褪黑素常用于治疗重度视障人士的非24小时休息/活动周期问题，而且常被误称为"睡眠激素"，因此褪黑素疗法也被用于治疗无虹膜症患者的睡眠及昼夜节律紊乱。在美国，医生建议松果体萎缩或缺失的人服用褪黑素保健品，以提升睡眠质量并调节睡眠模式。松果体萎缩或缺失确实与褪黑素水平低存在联系，但据我和玛丽亚·穆萨吉教授所知，目前并没有详尽的研究评估褪黑素疗法是否会影响那些人的睡眠。

也许这是一个很好的出发点，促使我们思考为什么褪黑素对于治疗非24小时睡眠/觉醒障碍效果并不显著。本书的若干章节（例如第二章）都提到了这个话题。首先要说明的是，在以动物为对象的研究中，切除松果体对实验动物的休息/活动节律并没有明显影响。最初的研究是在大鼠身上进行的，切除松果体后，大鼠的休息/活动周期基本正常。最近的研究也证实了这一发现。令人惊讶的是，如果对动物进行模拟时差实验，突然改变明暗周期，那么没有松果体的动物适应得更快。这表明，对于适应明暗周期的迅速改变，松果体分泌的褪黑素起到了"刹车"作用。以人类为研究对象的实验也印证了这一点。服用β受体阻滞剂抑制松果体分泌褪黑素后，受试者更快地适应了模拟时差。可见这有些讽刺，褪黑素虽然可部分代替光照，让机体加速适应全新的明暗周期，但其重要功能可能与此恰恰相反。

如果改变行为还不够，我们还能做些什么？

理想情况下，缓解睡眠及昼夜节律紊乱的首选方法是改变行为。本书第六章已经详细讨论过这一点，其他章节中也提供了相关建议。然而对于某些与创伤、遗传或年龄有关的病症，行为疗法几乎不起作用，比如本章提及的重度视障和神经发育障碍，以及前几章提到的痴呆症。褪黑素已被用于矫正盲人的非 24 小时昼夜节律紊乱。这种治疗方法虽然有效，但效果不够显著，也不立竿见影，而且对许多人根本不管用。此外，褪黑素对缓解其他疾病引起的睡眠及昼夜节律紊乱基本没有效果。如果用评估疫苗的标准评估褪黑素，那么褪黑素会被视为无效。问题在于，褪黑素和作用于褪黑素受体的药物是我们对抗昼夜节律异常的唯一武器。如今许多时间生物学家都在发问（包括我们在牛津大学的研究团队在内）：我们能否找出比褪黑素更管用的东西？好消息是，目前世界各地的实验室都在研发针对睡眠及昼夜节律紊乱的新药，相关研发基于我们对分子级别生物钟形成和调节机制的最新了解。

在这本书中，我并没有详细介绍昼夜节律系统的分子通路。前文提到过"分子级别反馈回路"（见图 2），但我没有细说。这是一个令人振奋的领域，也是我们在牛津大学的研究重点。不过，要掌握相关细节，你需要拥有更多生物学背景知识。我写这本书是为了激发读者的兴趣，提供知识平台。事实上，我的一些同事甚至都觉得分子级别的东西有点儿吓人！我想强调的是，分子级别研究分析的推进速度超乎你的想象。如今，我们可以将多个基因与昼夜节律形成和调节的机制直接联系起来。至关重要的是，我们正在不断加深对这些基因突变的了解，以及它们是如何开启和关闭的、如何影响个体的健康状况和疾病易感性。这项研究在很大程度上是由好奇心驱动的。不过，我们目前处于有利地位，能够利用这些信息开发基于研究证据的、针对特定病症的疗法，纠正图 4 展示的各类昼夜节律紊乱（图 4 展示了各类昼夜睡眠／觉醒模式，以及与模式改变存在联系的疾病或症状）。

让我强调一下，了解形成和调节昼夜节律的分子机制，理解昼夜节律异常如何与不同病症相连，将为研发针对性药物奠定基础。例如，我们在牛津大学的研究小组就在研发多种药物。也就是说，这是牛津大学商业"拓展"的一部分，称为生物钟疗法。其中一种药物"模拟"光照对生物钟的影响，激活光同步所涉及的神经通路。从某种意义上来说，我们试图"愚弄"生物钟，让它"看见"光，希望这种药物能解决重度视障人士的非 24 小时睡眠／觉醒障碍（见图 4）。在研发过程中，我们的团队与英国盲人退伍军人协会密切合作。这种模拟光照的药物属于"再利用药物"。也就是说，它最初是为其他目的开发的，但发现不起作用。虽然早期临床试验证明这种药没有效果，但我们发现它相当安全。我们的生物钟药物筛选研究计划显示，这种药物对昼夜节律系统有显著影响。由于基础研究工作已经完成，我们得以迅速、稳妥地进入人体试验阶段。迄今为止最著名的再利用药物是伟哥。辉瑞公司当时在研究一种治疗心绞痛（心肌供血不足引起的胸痛）的药物，但早期临床试验显示它并不管用，整个研究项目差点撤销。就在这时，首席研究员从一些参加试验的男性那里听说，他们的勃起次数比平时大大增加。辉瑞公司将临床试验的重点转向了治疗勃起功能障碍，而伟哥也就摇身一变，从差点撤项变成了火爆新药。推出后仅 3 个月，伟哥在美国的销售额就超过了 4 亿美元。

我们正在研发的其他药物（不是再利用药物），则是通过加大生物钟振幅来发挥作用。至少小鼠试验已经证明，加大生物钟振幅能缓解若干种代谢综合征。我们最终的设想是，这种药物能治疗与睡眠片段化和失眠有关的问题，以及相关病症（例如痴呆症）引起的不良症状（见图4）。我们研发的另一种药能提升生物钟对光照的敏感度，应该能对精神疾病患者和老年患者有所帮助。因为有证据表明，这些患者的昼夜节律系统对光照敏感度较低，难以与外界同步。我们致力于开发基于研究证据的新药，以便矫正昼夜节律紊乱并改善健康状况。在这个过程中，我们并非孤军作战。世界各地还有许多像我们一样的研究人员，正在与资助机构和慈善机构合作，研发能矫正睡眠时相前移综合征和睡眠时相延迟综合征（见图4）等疾病的药物，以及针对细胞分裂和癌症发展的昼夜节律调节药物。大概还要再过若干年，我们的研究成果才能供临床使用，可能有些药物最终起不到任何作用，但我们已经离成功越来越近。对此，我非常乐观。我真诚地希望，你在本章中看见的那些叙述，也就是重度视障或神经发育疾病导致的睡眠及昼夜节律紊乱，会在不久的将来成为历史，而不是活生生的个人经历。这也是我投身这项研究的主要动力。

结语

过去60年中，世界各地的昼夜节律研究者大部分时间都在做一件事，那就是试图了解地球上大多数生命呈现出的以24小时为周期的节律。在了解生理机制的昼夜节律本质方面，我们取得了惊人的进展，相关知识使我们对生物界赞叹不已。在赞赏的同时，我们也逐渐认识到，昼夜节律对人的身心健康极其重要。何时做何事真的很重要。做事时机或多或少会影响我们的决策能力，感染、脑卒中或犯错的概率，摄取食物的过程，药物和治疗的功效，乃至锻炼效果。这些信息能彻底改变人的一生，但个人和社会往往会忽略这一点。昼夜节律与睡眠健康并没有被纳入中小学课程，就连医学生也没有学过。在职场环境中，人们更是对此彻底无视。睡眠及昼夜节律紊乱会影响青少年的学习成绩和身体健康。在新冠疫情期间，为保障社会安全和健康必须外出工作的关键工作人员不得不承受繁重的工作压力，以及睡眠及昼夜节律紊乱带来的额外伤害。社会经济掌握在那些长期疲乏紧张的人手中，这对解决新冠疫情造成的混乱而言绝非良好开端。社会没有接受昼夜节律这门科学，这会带来巨大的资源浪费，还会使我们错失从各个层面改善健康状况的机会。

当代某些最具挑战性的疾病都与睡眠及昼夜节律紊乱存在联系，并因睡眠及昼夜节律紊乱而恶化。如果能缓解睡眠及昼夜节律紊乱，则有可能消除这些疾病症状。通过了解昼夜节律形成和调节的机制，研究人员已经确定了全新的药物治疗目标，那就是应对睡眠及昼夜节律紊乱造成的破坏性影响。这些全新的"昼夜节律药物"将推动一场医学革命，为迄今为止无法治疗的疾病提供基于研究证据的、针对性的治疗方案。

无论是避免受到伤害（例如感染），还是通过做出明智的决定占据优势，人类往往都需要在一瞬间抓住机会。昼夜节律能帮我们在瞬息万变的世界更容易收获成功。它们关乎时机，而非时间本身；它们会调控各种行动，以便产生最佳效果。我们的身体需要在一天中适当的时间为适当的部位摄入适量的适当物质，而生物钟能预测并满足这些不同的需求。无论是聪明人还是蠢人，生命都将以死亡告终。但总的来说，了解昼夜节律的聪明人寿命更长，过得更快乐，活得也更充实。

附录一　研究自己的生物节律

第一部分　写睡眠日记

你如果觉得自己的睡眠可能有问题，或者只是对自己的睡眠感兴趣，那么记录睡眠／觉醒模式是个好方法。你可以设计自己专属的**睡眠日记**，但要尽可能包含以下信息。请连续几周收集信息，记下你认为可能影响自己睡眠的重大事件。

每天早上醒来后，请根据自己昨晚的睡眠情况回答问题。问卷需要涵盖的问题包括：

1. 你是什么时候上床的？

2. 你是什么时候开始试着入睡的？

3. 你花了多长时间才睡着？

4. 在最终醒来之前，你醒过多少次？

5. 你中途总共醒来了多长时间？

6. 你最终醒来是什么时候？

7. 最后一次醒来后，你是什么时候起床的？

8. 你如何评价自己的睡眠质量？

  A. 非常差

  B. 差

  C. 一般

D. 好

E. 非常好

9. 你有没有做梦，做的是噩梦还是美梦？

10. 记下对自己睡眠的其他观察结果。

11. 白天发生的什么事可能影响了你当晚的睡眠？请记录下来，例如在工作或在家中遇到的问题。

第二部分　睡眠时型调查问卷

你的睡眠时型是早晨型（早鸟型）、夜晚型（夜猫子型）还是中间型？

睡眠时型调查问卷

阅读下列问题，选择最能描述自身情况的答案，圈出最能代表自己近几周感受的分值。做完问卷后，请把所有得分相加，评估自己属于哪种睡眠时型。

1. 如果能自由地安排白天的时间，你大约会在什么时候起床？

上午 5:00 到 6:30	5
上午 6:30 到 7:45	4
上午 7:45 到 9:45	3
上午 9:45 到 11:00	2
上午 11:00 到 12:00	1

2. 如果能自由地安排晚上的时间，你大约会在什么时候睡觉？

晚上 8:00 到 9:00	5
晚上 9:00 到 10:15	4
晚上 10:15 到 12:30	3
凌晨 12:30 到 1:45	2
凌晨 1:45 到 3:00	1

3. 如果平时必须在早上的特定时间起床，你对闹钟的依赖性如何？

完全不依赖	4
有点依赖	3
相当依赖	2
非常依赖	1

4. 你觉得早上起床容易吗（如果你没有突然被叫醒）？

非常容易	4
相当容易	3
有点困难	2
非常困难	1

5. 早上起床后的头半个小时里，你觉得自己的警觉性如何？

毫不警觉	1
有点警觉	2
相当警觉	3
非常警觉	4

6. 醒来后的头半个小时里，你的饥饿程度如何？

完全不饿	1
有点饿	2
相当饿	3
非常饿	4

7. 早上醒来后的头半个小时里，你感觉怎么样？

非常疲乏	1
相当疲乏	2
相当神清气爽	3
非常神清气爽	4

8. 如果第二天没事，你会在什么时候上床睡觉（与平时相比）？

和平时一样或稍晚	4
比平时晚一个多小时	3
比平时晚一到两小时	2
比平时晚超过两小时	1

9. 你决定锻炼身体。有个朋友建议你每周锻炼 2 次，每次 1 小时。对他来说，最佳锻炼时段是早上 7 点到 8 点。如果只考虑体内的"生物钟"，你觉得自己表现会怎么样？

表现良好	4
表现一般	3
表现较差	2
表现很差	1

10. 你大约在晚上什么时候开始犯困，需要上床睡觉？

晚上 8:00 到 9:00	5
晚上 9:00 到 10:15	4
晚上 10:15 到 12:45	3
凌晨 12:45 到 2:00	2
凌晨 2:00 到 3:00	1

11. 你希望以最佳状态参加考试。考试要持续 2 小时，会让你筋疲力尽。你可以自由安排一整天的时间。如果只考虑体内的"生物钟"，你会选择在以下哪个时段考试？

上午 8:00 到 10:00	6
上午 11:00 到下午 1:00	4
下午 3:00 到 5:00	2
晚上 7:00 到 9:00	0

12. 如果你晚上 11 点上床睡觉，这个时候你有多困？

完全不困	0
有点困	2
相当困	3
非常困	5

13. 出于某些原因，你比平时晚睡了几个小时，但第二天早上不需要在特定时间起床。你最有可能出现以下哪种情况？

在平常时间醒来，但不会再睡	4

在平常时间醒来，起床后打瞌睡	3
在平常时间醒来，但会再睡着	2
比平时晚醒	1

14. 某天晚上你要值夜班，必须在凌晨 4 点到 6 点保持清醒，第二天没有其他事情需要处理。以下哪个方案最适合你？

值班结束前不上床睡觉	1
值班前打个盹儿，值完班再睡觉	2
值班前睡一觉，值完班再小睡	3
只在值班前睡觉	4

15. 你要进行 2 小时艰苦的体力劳动，可以自由地安排一整天的时间。如果只考虑体内的"生物钟"，你会选择以下哪个时段？

上午 8:00 到 10:00	4
上午 11:00 到下午 1:00	3
下午 3:00 到 5:00	2
晚上 7:00 到 9:00	1

16. 你决定锻炼身体。有个朋友建议你每周锻炼 2 次，每次 1 小时。对他来说，最佳锻炼时段是晚上 10 点到 11 点。如果只考虑体内的"生物钟"，你觉得自己表现会怎么样？

表现良好	1
表现一般	2
表现较差	3
表现很差	4

17. 假设你能自己选择工作时间，每天工作5小时（包括中途休息），工作内容很有趣，报酬取决于你的表现。你会选择大约从什么时候开始工作？

凌晨 4:00 到上午 8:00 开始	5
上午 8:00 到 9:00 开始	4
上午 9:00 到下午 2:00 开始	3
下午 2:00 到 5:00 开始	2
下午 5:00 到凌晨 4:00 开始	1

18. 通常你在一天中哪个时段感觉最好？

早晨 5:00 到上午 8:00	5
上午 8:00 到 10:00	4
上午 10:00 到下午 5:00	3
下午 5:00 到晚上 10:00	2
晚上 10:00 到早晨 5:00	1

19. 你应该听说过"早晨型"和"夜晚型"，你觉得自己属于哪一类？

绝对是早晨型	6
与夜晚型相比，更像是早晨型	4
与早晨型相比，更像是夜晚型	2
绝对是夜晚型	1

以上19个问题的总得分：_____

解读你的睡眠时型得分

以上问卷共有 19 个问题，每个问题都对应一定的分值。请把你圈出的分值相加，算出睡眠时型总得分。

总得分在 16—86 分。41 分及以下属于"夜晚型"；59 分及以上属于"早晨型"；42—58 分属于"中间型"。

16—30 分	31—41 分	42—58 分	59—69 分	70—86 分
夜晚型	偏夜晚型	中间型	偏早晨型	早晨型

本问卷改编自 J. A. 霍恩（J. A. Horne）和 O. 奥斯博格（O.Ostberg）1976 年发表的论文《确定人类昼夜节律早晚型的自我评估问卷》（*A self-assessment questionnaire to determine morningness-eveningness in human circadian rhythms*），《国际时间生物学期刊》（*International Journal of Chronobiology*），第 4 卷，第 97—110 页。

附录二 免疫系统的关键要素与概述

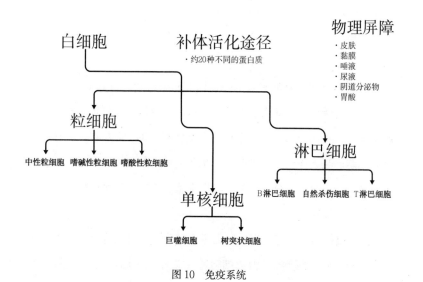

图 10 免疫系统

正如第十一章提到的，预防感染的第一道物理屏障是皮肤，它由紧密排列的细胞组成，通常能防止感染型病毒、细菌或寄生虫进入体内。皮肤的最上层由死细胞组成，形成抵御入侵的致密物理层。此外，皮肤表面覆盖有分泌物，可以抑制某些病原体生长。不过，有些细菌和病毒能在皮肤表面存活一段时间，还能转移到防护较差的部位（例如眼睛和鼻子），进入肺部并造成破坏。为了防止这种情况发生，鼻腔和肺部都长有黏膜，黏膜会分泌黏液，黏液能"抓捕"外来入侵者。肺部纤毛（细小的毛发状结构）会将黏液转移到上呼吸道，随后黏液和病菌的混合物被吞进胃里，遭到胃酸破坏。此外，黏液还能和被"捕获"的病菌一起被咳出来，或者通过打喷嚏排出体外。勤洗手能清除皮肤表面的入侵者，打喷嚏时用手帕遮嘴则能防止暂时被黏液"捕获"的病原体进一步传播。此外，膀胱里的尿液和眼睛中的泪水能起到冲洗和杀菌的作用，有助于冲走这些易感染部位的细菌和病毒。最后，阴道分泌物和精液都含有抗菌物质，也能为人体提供额外的保护（见图10）。

皮肤是预防感染的有效屏障，因此感染一般通过其他途径实现，通常是通过肺部。但如果病原体真的进入了身体，免疫细胞和补体会保护我们（见图10）。白细胞只占血细胞总数的1%左右，但它们是免疫细胞。当人体受到攻击时，白细胞会冲上前去消灭入侵者。白细胞也被称为白血球，分为三类：淋巴细胞、单核细胞和粒细胞。

· **淋巴细胞**是参与免疫反应的重要细胞。淋巴细胞分为B淋巴细胞和T淋巴细胞两类。**B淋巴细胞**通过检测病菌表面的特定抗原（通常是某种类型的蛋白质）来识别入侵者。每个B淋巴细胞都有自己的受体，会与特定的抗原结合。值得注意的是，这些受体是提前生成的，以备在特定抗原出现时使用。这有点儿像你在口袋里装着数万把钥匙，以备遇到某扇装有特定锁的大门时使用。B淋巴细胞活化后会引发一系列事件。B淋巴细胞能分化成不同类型的细胞，我在下面会提到其中两种，一种是浆细胞，一种是记忆B细胞。浆细胞形成后会分泌抗体，抗体的作用是锁定外来入侵者的特定抗原。但抗体无法直接杀死细菌和病毒，补体活化途径会"接手"后续工作（见下文）。此外，附着在病原体上的抗体使巨噬细胞（见下文）更容易识别、攻击、吞噬并杀死病原体。抗体通常会留在血液中，如果免疫系统再次被同一病原体激活，记忆 B 细胞就会迅速分泌出更多抗体。某些疫苗就是靠这种方式预防疾病的。免疫接种是从病原体中提取出非感染性蛋白（以前是从死去的病原体中提取），然后注射到体内。**T 淋巴细胞**和 B 淋巴细胞一样，也有自己的受体。这些受体也是提前生成的，会与特定抗原结合。据估计，人体内可能有多达 10 亿个不同的 T 淋巴细胞，每个都拥有特定受体，每种受体只与一种抗原结合，以备该抗原出现时使用。也就是说，T 淋巴细胞时刻准备采取行动，等待外来入侵者的到来。与特定抗原结合后，T 淋巴细胞活化，随后大量增殖，分化出更多 T 淋巴细胞。T 淋巴细胞主要有两类，一类是辅助性 T 细胞，一类是细胞毒性 T 淋巴细胞。辅助性 T 细胞在免疫反应中起着关键作用。它一旦活化，就会刺激 B 淋巴细胞分泌针对特定抗原的抗体，让固有免疫系统的补体活化途径和吞噬细胞发动攻击。此外，辅助性 T 细胞产生的因子（例如细胞因子）几乎能激活其他所有免疫反应。它们会针对一个病原体，召集吞噬细胞和补体活化途径发起全面进攻。辅助性 T 细胞活化并不需要直接接触病原体抗原。在消化病原体后，巨噬细胞或树突状细胞（见下文）会在细胞表面呈递病原体抗原，相应的辅助性 T 细胞会检测到这些抗原并发起攻击。细胞毒性 T 淋巴细胞被抗原激活后，会使靶细胞的细胞膜出现孔洞，进而杀死靶细胞。细胞毒性 T 淋巴细胞还能识别被病毒感染的细胞并将其杀死，防止病毒进一步扩散。此外还有调节性 T 细胞（也称为抑制性 T 细胞），它们会调节免疫系统，促进其对自体抗原（能引起免疫应答的自身组织成分）的耐受性。调节性 T 细胞对于预防自身免疫疾病非常重要，例如类风湿关节炎、炎症性肠病或多发性硬化症。**自然杀伤细胞**是一种淋巴细胞，与 T 淋巴细胞和 B 淋巴细胞同属一个家族，因此也能通过检测特定抗原来识别外来入侵者。自然杀伤细胞会对众多类型的病原体迅速做出反应，最为人熟知的作用是杀死感染病毒的细胞、检测并控制癌症的早期症状。自然杀伤细胞也能触发炎症反应。

·**单核细胞**是白细胞的一种，其中一类是**巨噬细胞**。它们是类似变形虫的细胞，会冲向感染部位，直接识别或靠附着的抗体识别入侵者，而且能吞噬并杀死病原体。它们也会受细胞因子（来自 T 淋巴细胞）的刺激而发动攻击。有趣的是，由于细胞内生物钟的作用，巨噬细胞对于细胞因子发出的信号的敏感度在一天之中会发生变化。在白天，也就是我们通常清醒的时候，巨噬细胞的敏感度较高。另一种单核细胞是**树突状细胞**，我们对它们了解不多。在检测到并吞噬病原体后，它们会在细胞表面呈递病原体抗原，这会激活 T 淋巴细胞和免疫系统的其他防御机制。**肿瘤坏死因子**包含多种蛋白，主要由活化的巨噬细胞、T 淋巴细胞和自然杀伤细胞释放。作为一种细胞信号蛋白（细胞因子），肿瘤坏死因子会促进免疫反应和炎症反应。

·**粒细胞**是第三大类白细胞，也有多种表现形式。有些粒细胞被称为**中性粒细胞**，它们是粒细胞中数量最多的一类，占人体所有白细胞的 40% 到 70%。中性粒细胞检测、吞噬并消化细菌和真菌。有趣的是，当血液中的葡萄糖和果糖等单糖增加时，中性粒细胞吞噬细菌的能力会降低。禁食能增强中性粒细胞吞噬细菌的能力。也许这能解释为什么 2 型糖尿病患者更容易感染。**嗜酸性粒细胞**能对众多抗原做出反应，这种粒细胞活化后会释放出各种细胞因子，这些细胞因子会吸引来 B 淋巴细胞和 T 淋巴细胞。嗜酸性粒细胞还会释放出细胞毒性蛋白，细胞毒性蛋白会向细胞发动攻击。嗜酸性粒细胞是防御寄生虫感染的重要手段，但对于哮喘等过敏性疾病患者而言，嗜酸性粒细胞也有可能造成组织损伤（见第十一章末尾的问答部分）。**嗜碱性粒细胞**会促进炎症反应。这种细胞会分泌抗凝血剂肝素，肝素能防止血液过快凝固，以便免疫细胞和免疫蛋白进入感染部位。出于同样的原因，嗜碱性粒细胞还富含组胺。组胺能舒张血管，促进血液流向组织。与嗜酸性粒细胞一样，嗜碱性粒细胞也能防御寄生虫感染，嗜碱性粒细胞过度活跃也会引起过敏反应。

·**补体活化途径**涉及大约20种不同的蛋白质，病原体的入侵可激活这些蛋白质。这些神奇的蛋白质有以下作用：（1）检测并穿透细菌的细胞壁，直接杀死细菌；（2）与B淋巴细胞（已经识别出病原体）产生的抗体结合，随后穿透细胞壁或吸引巨噬细胞，杀死病原体；（3）直接与病原体结合并吸引巨噬细胞，然后由巨噬细胞杀死病原体；（4）引起进一步的炎症反应，召集免疫系统的其他组成部分。

注：免疫反应通常分为**固有免疫**（也称为先天免疫）和**特异性免疫**（也称为后天免疫），前者是我们与生俱来的，后者则是我们受到疾病刺激后获得的。固有免疫涉及物理屏障、补体活化途径、粒细胞和单核细胞。特异性免疫涉及淋巴细胞，包括B淋巴细胞、T淋巴细胞和自然杀伤细胞。

致谢

　　我要感谢许多慷慨善良的人，感谢他们在本书撰写过程中给予我的指导、帮助和支持。这些人包括：伊丽莎白·福斯特（Elizabeth Foster）、维多利亚·福斯特（Victoria Foster）、雷娜塔·戈麦斯、阿尔蒂·贾甘纳特（Aarti Jagannath）、格伦·莱顿（Glenn Leighton）、威廉·麦克马洪（William McMahon）、彼得·麦克威廉姆（Peter McWilliam）、玛丽亚·穆萨吉、安德里亚·内梅斯、斯图尔特·皮尔逊、大卫·雷（David Ray）和斯里达尔·瓦苏德万（Sridhar Vasudevan）。我还要感谢阿拉斯泰尔·布坎、本·坎尼、大卫·豪威尔斯（David Howells）和克里斯托弗·肯纳德（Christopher Kennard），感谢他们提供的医学专业知识、众多建议和批判视角。书中若有疏漏之处，我愿承担所有责任，并提前向读者道歉。此外，我还要感谢过去 40 年来我的许多朋友和同事，我与他们进行了无数次讨论，共同做了许多实验。特别感谢我的博士生导师、英国皇家科学院院士布莱恩·福莱特（Brian Follett）教授，他教会了我该如何做科研。还要感谢我在弗吉尼亚大学的导师，已故的迈克尔·梅纳克教授，他教会了我相信自己的判断。那些数不胜数的互动构筑成了我的时间生物学观点。最重要的是，那些讨论也带来了欢声笑语和深厚的友谊，对此我深表感激。我还要感谢我的编辑，企鹅图书的汤姆·基林贝克（Tom Killingbeck），感谢他的鼓励、帮助、温和的指导和宽容之心。最后，感谢我的出版经纪人，Janklow & Nesbit 文学代理机构的丽贝卡·卡特（Rebecca Carter），感谢她的宽容与信任。她相信我能够写出这本书，也应该写下这本书。

参考文献

1 Ho Mien, I. et al. Effects of exposure to intermittent versus continuous red light on human circadian rhythms, melatonin suppression, and pupillary constriction. *PLoS One* **9**, e96532, doi:10.1371/journal.pone.0096532 (2014).

2 Trenell, M. I., Marshall, N. S. and Rogers, N. L. Sleep and metabolic control: waking to a problem? *Clin Exp Pharmacol Physiol* **34**, 1–9, doi:10.1111/j.1440–1681.2007.04541.x (2007).

3 Blatter, K. and Cajochen, C. Circadian rhythms in cognitive performance: methodological constraints, protocols, theoretical underpinnings. *Physiol Behav* **90**, 196–208, doi:10.1016/j.physbeh.2006.09.009 (2007).

4 Bagatell, C. J., Heiman, J. R., Rivier, J. E. and Bremner, W. J. Effects of endogenous testosterone and estradiol on sexual behavior in normal young men. *J Clin Endocrinol Metab* **78**, 711–16, doi:10.1210/jcem.78.3.8126146 (1994).

5 Kleitman, N. Studies on the physiology of sleep: VIII. Diurnal variation in performance. *Am J Physiol* **104**, 449–56 (1933).

6 Herculano-Houzel, S. The human brain in numbers: a linearly scaled-up primate brain. *Front Hum Neurosci* **3**, 31, doi:10.3389/neuro.09.031.2009 (2009).

7 Swaab, D. F., Fliers, E. and Partiman, T. S. The suprachiasmatic nucleus of the human brain in relation to sex, age and senile dementia. *Brain Res* **342**, 37–44, doi:10.1016/0006–8993(85)91350–2 (1985).

8 Schulkin, J. In honor of a great inquirer: Curt Richter. *Psychobiology* **17**, 113–14 (1989).

9 Moore, R. Y. and Lenn, N. J. A retinohypothalamic projection in the rat. *J Comp Neurol* **146**, 1–14, doi:10.1002/cne.901460102 (1972).

10 Stephan, F. K. and Zucker, I. Circadian rhythms in drinking behavior and locomotor activity of rats are eliminated by hypothalamic lesions. *Proc Natl Acad Sci USA* **69**, 1583–6, doi:10.1073/pnas.69.6.1583 (1972).

11 Ralph, M. R., Foster, R. G., Davis, F. C. and Menaker, M. Transplanted suprachiasmatic nucleus determines circadian period. *Science* **247**, 975–8 (1990).

12 Welsh, D. K., Logothetis, D. E., Meister, M. and Reppert, S. M. Individual neurons dissociated from rat suprachiasmatic nucleus express independently phased circadian firing rhythms. *Neuron* **14**, 697–706 (1995).

13 Tolwinski, N. S. Introduction: Drosophila – A model system for developmental biology. *J Dev Biol* **5**, doi:10.3390/jdb5030009 (2017).

14 Takahashi, J. S. Transcriptional architecture of the mammalian circadian clock. *Nat Rev Genet* **18**, 164–79, doi:10.1038/nrg.2016.150 (2017).

15 Lowrey, P. L. et al. Positional syntenic cloning and functional characterization of the mammalian circadian mutation tau. *Science* **288**, 483–92, doi:10.1126/science.288.5465.483 (2000).

16 Jones, S. E. et al. Genome-wide association analyses of chronotype in 697,828 individuals provides insights into circadian rhythms. *Nat Commun* **10**, 343, doi:10.1038/s41467–018–08259–7 (2019).

17 Nagoshi, E. et al. Circadian gene expression in individual fibroblasts: cell-autonomous and self-sustained oscillators pass time to daughter cells. *Cell* **119**, 693–705, doi:10.1016/j.cell.2004.11.015 (2004).

18 Richards, J. and Gumz, M. L. Advances in understanding the peripheral circadian clocks. *FASEB J* **26**, 3602–13, doi:10.1096/fj.12–203554 (2012).

19 Balsalobre, A., Damiola, F. and Schibler, U. A serum shock induces circadian gene expression in mammalian tissue culture cells. *Cell* **93**, 929–37, doi:10.1016/s0092–8674(00)81199-x (1998).

20 Albrecht, U. Timing to perfection: the biology of central and peripheral circadian clocks. *Neuron* **74**, 246–60, doi: 10. 1016/j.neuron. 2012. 04. 006 (2012).

21 Jagannath, A. et al. Adenosine integrates light and sleep signalling for the regulation of circadian timing in mice. *Nat Commun* **12**, 2113, doi: 10. 1038/s 41467–021–22179–z (2021).

22 Rijo-Ferreira, F. and Takahashi, J. S. Genomics of circadian rhythms in health and disease. *Genome Med* **11**, 82, doi: 10. 1186/s 13073–019–0704–0 (2019).

23 Lewczuk, B. et al. Influence of electric, magnetic, and electromagnetic fields on the circadian system: current stage of knowledge. *Biomed Res Int* **2014**, 169459, doi: 10. 1155/ 2014/ 169459 (2014).

24 Postolache, T. T. et al. Seasonal spring peaks of suicide in victims with and without prior history of hospitalization for mood disorders. *J Affect Disord* **121**, 88–93, doi: 10. 1016/j.jad. 2009. 05. 015 (2010).

25 Foster, R. G. and Roenneberg, T. Human responses to the geophysical daily, annual and lunar cycles. *Curr Biol* **18**, R 784–R 794, doi: 10. 1016/ j.cub. 2008. 07. 003 (2008).

26 Underwood, H., Steele, C. T. and Zivkovic, B. Circadian organization and the role of the pineal in birds. *Microsc Res Tech* **53**, 48–62, doi: 10. 1002/jemt. 1068 (2001).

27 Kovanen, L. et al. Circadian clock gene polymorphisms in alcohol use disorders and alcohol consumption. *Alcohol Alcohol* **45**, 303–11, doi: 10. 1093/alcalc/agq 035 (2010).

28 Levi, F. and Halberg, F. Circaseptan (about- 7-day) bioperiodicity – spontaneous and reactive – and the search for pacemakers. *Ric Clin Lab* **12**, 323–70, doi: 10. 1007/BF 02909422 (1982).

29 Walker, M. P. The role of slow wave sleep in memory processing. *J Clin Sleep Med* **5**, S 20–26 (2009).

30 Clemens, Z., Fabo, D. and Halasz, P. Overnight verbal memory retention correlates with the number of sleep spindles. *Neuroscience* **132**, 529–35, doi: 10. 1016/j.neuroscience. 2005. 01. 011 (2005).

31 Mednick, S. C. et al. The critical role of sleep spindles in hippocampal-dependent memory: a pharmacology study. *J Neurosci* **33**, 4494–504, doi: 10. 1523/JNEUROSCI. 3127–12. 2013 (2013).

32 Forget, D., Morin, C. M. and Bastien, C. H. The role of the spontaneous and evoked k-complex in good-sleeper controls and in individuals with insomnia. *Sleep* **34**, 1251–60, doi: 10. 5665/SLEEP. 1250 (2011).

33 Ben Simon, E., Rossi, A., Harvey, A. G. and Walker, M. P. Overanxious and underslept. *Nat Hum Behav* **4**, 100–110, doi: 10. 1038/s 41562–019–0754–8 (2020).

34 Meaidi, A., Jennum, P., Ptito, M. and Kupers, R. The sensory construction of dreams and nightmare frequency in congenitally blind and late blind individuals. *Sleep Med* **15**, 586–95, doi: 10. 1016/ j.sleep. 2013. 12. 008 (2014).

35 Lerner, I., Lupkin, S. M., Sinha, N., Tsai, A. and Gluck, M. A. Baseline levels of rapid eye movement sleep may protect against excessive activity in fear-related neural circuitry. *J Neurosci* **37**, 1123–44, doi: 10. 1523/JNEUROSCI. 0578–17. 2017 (2017).

36 Giedke, H. and Schwarzler, F. Therapeutic use of sleep deprivation in depression. *Sleep Med Rev* **6**, 361–77 (2002).

37 Mann, K., Pankok, J., Connemann, B. and Roschke, J. Temporal relationship between nocturnal erections and rapid eye movement episodes in healthy men. *Neuropsychobiology* **47**, 109–14, doi: 10. 1159/ 000070019 (2003).

38 Schmidt, M. H. and Schmidt, H. S. Sleep-related erections: neural mechanisms and clinical significance. *Curr Neurol Neurosci Rep* **4**, 170–78, doi: 10. 1007/s 11910–004–0033–5 (2004).

39 Oliveira, I., Deps, P. D. and Antunes, J. Armadillos and leprosy: from infection to biological model. *Rev Inst Med Trop Sao Paulo* **61**, e 44, doi: 10. 1590/S 1678–9946201961044 (2019).

40 Schenck, C. H. The spectrum of disorders causing violence during sleep. *Sleep Science and Practice* **3 (2)**, 1–14 (2019).

41 Cramer Bornemann, M. A., Schenck, C. H. and Mahowald, M. W. A review of sleep-related violence: the demographics of sleep forensics referrals to a single center. *Chest* **155**, 1059–66, doi: 10. 1016/j.chest. 2018. 11. 010 (2019).

42 Mistlberger, R. E. Circadian regulation of sleep in mammals: role of the suprachiasmatic nucleus. *Brain Res Rev* **49**, 429–54, doi: 10. 1016/j. brainresrev. 2005. 01. 005 (2005).

43 Greene, R. W., Bjorness, T. E. and Suzuki, A. The adenosine-mediated, neuronal-glial, homeostatic sleep response. *Curr Opin Neurobiol* **44**, 236–42, doi: 10. 1016/j.conb. 2017. 05. 015 (2017).

44 Reichert, C. F., Maire, M., Schmidt, C. and Cajochen, C. Sleep– wake regulation and its impact on working memory performance: the role of adenosine. *Biology (Basel)* **5**, doi: 10. 3390/biology 5010011

(2016).

45 O'Callaghan, F., Muurlink, O. and Reid, N. Effects of caffeine on sleep quality and daytime functioning. *Risk Manag Healthc Policy* **11**, 263–71, doi: 10.2147/RMHP.S156404 (2018).

46 Mets, M., Baas, D., van Boven, I., Olivier, B. and Verster, J. Effects of coffee on driving performance during prolonged simulated highway driving. *Psychopharmacology (Berl)* **222**, 337–42, doi: 10.1007/s00213–012–2647–7 (2012).

47 Charron, G., Souloumiac, J., Fournier, M. C. and Canivenc, R. Pineal rhythm of N-acetyltransferase activity and melatonin in the male badger, Meles meles L, under natural daylight: relationship with the photoperiod. *J Pineal Res* **11**, 80–85, doi: 10.1111/j.1600–079x.1991.tb00460.x (1991).

48 Verheggen, R. J. et al. Complete absence of evening melatonin increase in tetraplegics. *FASEB J* **26**, 3059–64, doi: 10.1096/fj.12–205401 (2012).

49 Whelan, A., Halpine, M., Christie, S. D. and McVeigh, S. A. Systematic review of melatonin levels in individuals with complete cervical spinal cord injury. *J Spinal Cord Med*, 1–14, doi: 10.1080/10790268.2018.1505312 (2018).

50 Spong, J., Kennedy, G. A., Brown, D. J., Armstrong, S. M. and Berlowitz, D. J. Melatonin supplementation in patients with complete tetraplegia and poor sleep. *Sleep Disord* **2013**, 128197, doi: 10.1155/2013/128197 (2013).

51 Kostis, J. B. and Rosen, R. C. Central nervous system effects of beta-adrenergic-blocking drugs: the role of ancillary properties. *Circulation* **75**, 204–12, doi: 10.1161/01.cir.75.1.204 (1987).

52 Scheer, F. A. et al. Repeated melatonin supplementation improves sleep in hypertensive patients treated with beta-blockers: a randomized controlled trial. *Sleep* **35**, 1395–1402, doi: 10.5665/sleep.2122 (2012).

53 Ferracioli-Oda, E., Qawasmi, A. and Bloch, M. H. Meta-analysis: melatonin for the treatment of primary sleep disorders. *PLoS One* **8**, e63773, doi: 10.1371/journal.pone.0063773 (2013).

54 Lockley, S. W. et al. Tasimelteon for non-24-hour sleep–wake disorder in totally blind people (SET and RESET): two multicentre, randomised, double-masked, placebo-controlled phase 3 trials. *Lancet* **386**, 1754–64, doi: 10.1016/S0140–6736(15)60031–9 (2015).

55 Arendt, J. Melatonin in humans: it's about time. *J Neuroendocrinol* **17**, 537–8, doi: 10.1111/j.1365–2826.2005.01333.x (2005).

56 Arendt, J. and Skene, D. J. Melatonin as a chronobiotic. *Sleep Med Rev* **9**, 25–39, doi: 10.1016/j.smrv.2004.05.002 (2005).

57 Medeiros, S. L. S. et al. Cyclic alternation of quiet and active sleep states in the octopus. *iScience* **24**, 102223, doi: 10.1016/j.isci.2021.102223 (2021).

58 Kanaya, H. J. et al. A sleep-like state in Hydra unravels conserved sleep mechanisms during the evolutionary development of the central nervous system. *Sci Adv* **6**, doi: 10.1126/sciadv.abb9415 (2020).

59 Eelderink-Chen, Z. et al. A circadian clock in a nonphotosynthetic prokaryote. *Sci Adv* **7**, doi: 10.1126/sciadv.abe2086 (2021).

60 Pittendrigh, C. S. Temporal organization: reflections of a Darwinian clock-watcher. *Annu Rev Physiol* **55**, 16–54, doi: 10.1146/annurev.ph.55.030193.000313 (1993).

61 Laposky, A. D., Bass, J., Kohsaka, A. and Turek, F. W. Sleep and circadian rhythms: key components in the regulation of energy metabolism. *FEBS Lett* **582**, 142–51, doi: 10.1016/j.febslet.2007.06.079 (2008).

62 Shokri-Kojori, E. et al. β-Amyloid accumulation in the human brain after one night of sleep deprivation. *Proc Natl Acad Sci USA* **115**, 4483–8, doi: 10.1073/pnas.1721694115 (2018).

63 Walker, M. P. and Stickgold, R. Sleep, memory, and plasticity. *Annu Rev Psychol* **57**, 139–66, doi: 10.1146/annurev.psych.56.091103.070307 (2006).

64 Foster, R. G. There is no mystery to sleep. *Psych J* **7**, 206–8, doi: 10.1002/pchj.247 (2018).

65 Vyazovskiy, V. V. et al. Local sleep in awake rats. *Nature* **472**, 443–7, doi: 10.1038/nature10009 (2011).

66 Shannon, S., Lewis, N., Lee, H. and Hughes, S. Cannabidiol in anxiety and sleep: a large case series. *Perm J* **23**, **18–041**, doi: 10.7812/TPP/18–041 (2019).

67 Gray, S. L. et al. Cumulative use of strong anticholinergics and incident dementia: a prospective cohort study. *JAMA Intern Med* **175**, 401–7, doi: 10.1001/jamainternmed.2014.7663 (2015).

68 Axelsson, J. et al. Beauty sleep: experimental study on the perceived health and attractiveness of sleep deprived people. *BMJ* **341**, c6614, doi: 10.1136/bmj.c6614 (2010).

69 Mascetti, G. G. Unihemispheric sleep and asymmetrical sleep: behavioral, neurophysiological, and functional perspectives. *Nat Sci Sleep* **8**, 221–38, doi: 10.2147/NSS.S 71970 (2016).

70 Rattenborg, N. C. et al. Evidence that birds sleep in mid-flight. *Nat Commun* **7**, 12468, doi: 10.1038/ncomms 12468 (2016).

71 Winer, G. A., Cottrell, J. E., Gregg, V., Fournier, J. S. and Bica, L. A. Fundamentally misunderstanding visual perception. Adults' belief in visual emissions. *Am Psychol* **57**, 417–24, doi: 10.1037//0003–066x.57.6–7.417 (2002).

72 Czeisler, C. A. et al. Stability, precision, and near-24-hour period of the human circadian pacemaker. *Science* **284**, 2177–81 (1999).

73 Campbell, S. S. and Murphy, P. J. Extraocular circadian phototransduction in humans. *Science* **279**, 396–9 (1998).

74 Foster, R. G. Shedding light on the biological clock. *Neuron* **20**, 829–32 (1998).

75 Lindblom, N. et al. Bright light exposure of a large skin area does not affect melatonin or bilirubin levels in humans. *Biol Psychiatry* **48**, 1098–1104 (2000).

76 Lindblom, N. et al. No evidence for extraocular light induced phase shifting of human melatonin, cortisol and thyrotropin rhythms. *Neuroreport* **11**, 713–17 (2000).

77 Yamazaki, S., Goto, M. and Menaker, M. No evidence for extraocular photoreceptors in the circadian system of the Syrian hamster. *J Biol Rhythms* **14**, 197–201, doi: 10.1177/07487309912900605 (1999).

78 Wright, K. P., Jr and Czeisler, C. A. Absence of circadian phase resetting in response to bright light behind the knees. *Science* **297**, 571, doi: 10.1126/science. 1071697 (2002).

79 Foster, R. G. et al. Circadian photoreception in the retinally degenerate mouse (rd/rd). *J Comp Physiol A* **169**, 39–50 (1991).

80 Foster, R. G. et al. Photoreceptors regulating circadian behavior: a mouse model. *J Biol Rhythms* **8 Suppl**, S 17–23 (1993).

81 Freedman, M. S. et al. Regulation of mammalian circadian behavior by non-rod, non-cone, ocular photoreceptors. *Science* **284**, 502–4 (1999).

82 Lucas, R. J., Freedman, M. S., Munoz, M., Garcia-Fernandez, J. M. and Foster, R. G. Regulation of the mammalian pineal by non-rod, non-cone, ocular photoreceptors. *Science* **284**, 505–7 (1999).

83 Soni, B. G., Philp, A. R., Knox, B. E. and Foster, R. G. Novel retinal photoreceptors. *Nature* **394**, 27–8, doi: 10.1038/27794 (1998).

84 Berson, D. M., Dunn, F. A. and Takao, M. Phototransduction by retinal ganglion cells that set the circadian clock. *Science* **295**, 1070–73, doi: 10.1126/science. 1067262 (2002).

85 Sekaran, S., Foster, R. G., Lucas, R. J. and Hankins, M. W. Calcium imaging reveals a network of intrinsically light-sensitive inner-retinal neurons. *Curr Biol* **13**, 1290–98 (2003).

86 Lucas, R. J., Douglas, R. H. and Foster, R. G. Characterization of an ocular photopigment capable of driving pupillary constriction in mice. *Nat Neurosci* **4**, 621–6, doi: 10.1038/88443 (2001).

87 Hattar, S. et al. Melanopsin and rod-cone photoreceptive systems account for all major accessory visual functions in mice. *Nature* **424**, 76–81, doi: 10.1038/nature01761 (2003).

88 Provencio, I., Jiang, G., De Grip, W. J., Hayes, W. P. and Rollag, M. D. Melanopsin: an opsin in melanophores, brain, and eye. *Proc Natl Acad Sci USA* **95**, 340–45 (1998).

89 Foster, R. G., Hughes, S. and Peirson, S. N. Circadian photoentrainment in mice and humans. *Biology (Basel)* **9**, doi: 10.3390/ biology 9070180 (2020).

90 Honma, K., Honma, S. and Wada, T. Entrainment of human circadian rhythms by artificial bright light cycles. *Experientia* **43**, 572–4 (1987).

91 Randall, M. Labour in the agriculture industry, UK: February 2018. *Office for National Statistics, UK*, 1–11 (2018).

92 Porcheret, K. et al. Chronotype and environmental light exposure in a student population. *Chronobiol Int* **35**, 1365–74, doi: 10.1080/07420528. 2018.1482556 (2018).

93 Wright, K. P., Jr et al. Entrainment of the human circadian clock to the natural light-dark cycle. *Curr Biol* **23**, 1554–8, doi: 10.1016/j. cub.2013.06.039 (2013).

94 Figueiro, M. G., Wood, B., Plitnick, B. and Rea, M. S. The impact of light from computer monitors on melatonin levels in college students. *Neuro Endocrinol Lett* **32**, 158–63 (2011).

95 Cajochen, C. et al. Evening exposure to a light-emitting diodes (LED)-backlit computer screen affects circadian physiology and cognitive performance. *J Appl Physiol (1985)* **110**, 1432–8, doi: 10.1152/ japplphysiol.00165.2011 (2011).

96 Chang, A. M., Aeschbach, D., Duffy, J. F. and Czeisler, C. A. Evening use of light-emitting eReaders negatively affects sleep, circadian timing, and next-morning alertness. *Proc Natl Acad Sci USA* **112**, 1232–7, doi: 10.1073/pnas.1418490112 (2015).

97 Green, A., Cohen-Zion, M., Haim, A. and Dagan, Y. Evening light exposure to computer screens disrupts human sleep, biological rhythms, and attention abilities. *Chronobiol Int* **34**, 855–65, doi: 10.1080/ 07420528.2017.1324878 (2017).

98 Kazemi, R., Alighanbari, N. and Zamanian, Z. The effects of screen light filtering software on cognitive performance and sleep among night workers. *Health Promot Perspect* **9**, 233–40, doi: 10.15171/ hpp.2019.32 (2019).

99 Harbard, E., Allen, N. B., Trinder, J. and Bei, B. What's keeping teenagers up? Prebedtime behaviors and actigraphy-assessed sleep over school and vacation. *J Adolesc Health* **58**, 426–32, doi: 10.1016/j. jadohealth.2015.12.011 (2016).

100 Zaidi, F. H. et al. Short-wavelength light sensitivity of circadian, pupillary, and visual awareness in humans lacking an outer retina. *Curr Biol* **17**, 2122–8, doi: 10.1016/j.cub.2007.11.034 (2007).

101 Chellappa, S. L. et al. Non-visual effects of light on melatonin, alertness and cognitive performance: can blue-enriched light keep us alert? *PLoS One* **6**, e16429, doi: 10.1371/journal. pone.0016429 (2011).

102 Mrosovsky, N. Masking: history, definitions, and measurement. *Chronobiol Int* **16**, 415–29, doi: 10.3109/07420529908998717 (1999).

103 Hazelhoff, E. M., Dudink, J., Meijer, J. H. and Kervezee, L. Beginning to see the light: lessons learned from the development of the circadian system for optimizing light conditions in the neonatal intensive care unit. *Front Neurosci* **15**, 634034, doi: 10.3389/fnins.2021.634034 (2021).

104 Kalafatakis, K., Russell, G. M. and Lightman, S. L. Mechanisms in endocrinology: does circadian and ultradian glucocorticoid exposure affect the brain? *Eur J Endocrinol* **180**, R73–R89, doi: 10.1530/ EJE-18–0853 (2019).

105 Andrews, R. C., Herlihy, O., Livingstone, D. E., Andrew, R. and Walker, B. R. Abnormal cortisol metabolism and tissue sensitivity to cortisol in patients with glucose intolerance. *J Clin Endocrinol Metab* **87**, 5587–93, doi: 10.1210/jc.2002–020048 (2002).

106 Van der Valk, E. S., Savas, M. and van Rossum, E. F. C. Stress and obesity: are there more susceptible individuals? *Curr Obes Rep* **7**, 193–203, doi: 10.1007/s13679–018–0306-y (2018).

107 Leal-Cerro, A., Soto, A., Martinez, M. A., Dieguez, C. and Casanueva, F. F. Influence of cortisol status on leptin secretion. *Pituitary* **4**, 111–16, doi: 10.1023/a: 1012903330944 (2001).

108 Spiegel, K., Leproult, R. and Van Cauter, E. Impact of sleep debt on metabolic and endocrine function. *Lancet* **354**, 1435–9, doi: 10.1016/ S0140–6736(99)01376–8 (1999).

109 Morey, J. N., Boggero, I. A., Scott, A. B. and Segerstrom, S. C. Current directions in stress and human immune function. *Curr Opin Psychol* **5**, 13–17, doi: 10.1016/j.copsyc.2015.03.007 (2015).

110 Nojkov, B., Rubenstein, J. H., Chey, W. D. and Hoogerwerf, W. A. The impact of rotating shift work on the prevalence of irritable bowel syndrome in nurses. *Am J Gastroenterol* **105**, 842–7, doi: 10.1038/ ajg.2010.48 (2010).

111 Vyas, M. V. et al. Shift work and vascular events: systematic review and meta-analysis. *BMJ* **345**, e4800, doi: 10.1136/bmj.e4800 (2012).

112 Ackermann, S., Hartmann, F., Papassotiropoulos, A., de Quervain, D. J. and Rasch, B. Associations between basal cortisol levels and memory retrieval in healthy young individuals. *J Cogn Neurosci* **25**, 1896–1907, doi: 10.1162/jocn_a_00440 (2013).

113 Spira, A. P., Chen-Edinboro, L. P., Wu, M. N. and Yaffe, K. Impact of sleep on the risk of cognitive decline and dementia. *Curr Opin Psychiatry* **27**, 478–83, doi: 10.1097/ YCO.0000000000000106 (2014).

114 Ouanes, S. and Popp, J. High cortisol and the risk of dementia and Alzheimer's disease: a review of the literature. *Front Aging Neurosci* **11**, 43, doi: 10.3389/fnagi.2019.00043 (2019).

115 Zankert, S., Bellingrath, S., Wust, S. and Kudielka, B. M. HPA axis responses to psychological challenge linking stress and disease: what do we know on sources of intra- and interindividual variability? *Psychoneuroendocrinology* **105**, 86–97, doi: 10.1016/j.psyneuen.2018.10.027 (2019).

116 Lavretsky, H. and Newhouse, P. A. Stress, inflammation, and aging. *Am J Geriatr Psychiatry* **20**, 729–33, doi: 10.1097/JGP.0b013e31826573cf (2012).

117 Costa, G. and Di Milia, L. Aging and shift work: a complex problem to face. *Chronobiol Int* **25**, 165–81, doi: 10.1080/ 07420520802103410 (2008).

118 Dimitrov, S. et al. Cortisol and epinephrine control opposing circadian rhythms in T cell subsets.

Blood **113**, 5134–43, doi:10.1182/ blood-2008–11–190769 (2009).

119 Buckley, T. M. and Schatzberg, A. F. On the interactions of the hypothalamic-pituitary-adrenal (HPA) axis and sleep: normal HPA axis activity and circadian rhythm, exemplary sleep disorders. *J Clin Endocrinol Metab* **90**, 3106–14, doi:10.1210/jc.2004–1056 (2005).

120 Abell, J. G., Shipley, M. J., Ferrie, J. E., Kivimaki, M. and Kumari, M. Recurrent short sleep, chronic insomnia symptoms and salivary cortisol: a 10-year follow-up in the Whitehall II study. *Psychoneuroendocrinology* **68**, 91–9, doi:10.1016/j.psyneuen.2016.02.021 (2016).

121 Van Cauter, E. et al. Impact of sleep and sleep loss on neuroendocrine and metabolic function. *Horm Res* **67 Suppl 1**, 2–9, doi:10.1159/ 000097543 (2007).

122 Van Cauter, E., Spiegel, K., Tasali, E. and Leproult, R. Metabolic consequences of sleep and sleep loss. *Sleep Med* **9 Suppl 1**, S23–8, doi:10.1016/S1389–9457(08)70013–3 (2008).

123 Akerstedt, T. Psychosocial stress and impaired sleep. *Scand J Work Environ Health* **32**, 493–501 (2006).

124 Schwarz, J. et al. Does sleep deprivation increase the vulnerability to acute psychosocial stress in young and older adults? *Psychoneuroendocrinology* **96**, 155–65, doi:10.1016/ j.psyneuen.2018.06.003 (2018).

125 Banks, S. and Dinges, D. F. Behavioral and physiological consequences of sleep restriction. *J Clin Sleep Med* **3**, 519–28 (2007).

126 Oginska, H. and Pokorski, J. Fatigue and mood correlates of sleep length in three age-social groups: school children, students, and employees. *Chronobiol Int* **23**, 1317–28, doi:10.1080/07420520601089349 (2006).

127 Scott, J. P., McNaughton, L. R. and Polman, R. C. Effects of sleep deprivation and exercise on cognitive, motor performance and mood. P*hysiol Behav* **87**, 396–408, doi:10.1016/ j.physbeh.2005.11.009 (2006).

128 Selvi, Y., Gulec, M., Agargun, M. Y. and Besiroglu, L. Mood changes after sleep deprivation in morningness–eveningness chronotypes in healthy individuals. *J Sleep Res* **16**, 241–4, doi:10.1111/ j.1365–2869.2007.00596.x (2007).

129 Dahl, R. E. and Lewin, D. S. Pathways to adolescent health: sleep regulation and behavior. *J Adolesc Health* **31**, 175–84 (2002).

130 Kelman, B. B. The sleep needs of adolescents. *J Sch Nurs* **15**, 14–19 (1999).

131 Muecke, S. Effects of rotating night shifts: literature review. *J Adv Nurs* **50**, 433–9, doi:10.1111/ j.1365–2648.2005.03409.x (2005).

132 Acheson, A., Richards, J. B. and de Wit, H. Effects of sleep deprivation on impulsive behaviors in men and women. *Physiol Behav* **91**, 579–87, doi:10.1016/j.physbeh.2007.03.020 (2007).

133 McKenna, B. S., Dickinson, D. L., Orff, H. J. and Drummond, S. P. The effects of one night of sleep deprivation on known-risk and ambiguous-risk decisions. *J Sleep Res* **16**, 245–52, doi:10.1111/ j.1365–2869.2007.00591.x (2007).

134 O'Brien, E. M. and Mindell, J. A. Sleep and risk-taking behavior in adolescents.*BehavSleepMed* **3**, 113–33, doi:10.1207/s15402010bsm0303_1 (2005).

135 Venkatraman, V., Chuah, Y. M., Huettel, S. A. and Chee, M. W. Sleep deprivation elevates expectation of gains and attenuates response to losses following risky decisions. *Sleep* **30**, 603–9, doi:10.1093/sleep/30.5.603 (2007).

136 Baranski, J. V. and Pigeau, R. A. Self-monitoring cognitive performance during sleep deprivation: effects of modafinil, d-amphetamine and placebo. *J Sleep Res* **6**, 84–91 (1997).

137 Boivin, D. B., Tremblay, G. M. and James, F. O. Working on atypical schedules. *Sleep Med* **8**, 578–89, doi:10.1016/j.sleep.2007.03.015 (2007).

138 Killgore, W. D., Balkin, T. J. and Wesensten, N. J. Impaired decision making following 49 h of sleep deprivation. *J Sleep Res* **15**, 7–13, doi:10.1111/j.1365–2869.2006.00487.x (2006).

139 Roehrs, T. and Roth, T. Sleep, sleepiness, sleep disorders and alcohol use and abuse. *Sleep Med Rev* **5**, 287–97, doi:10.1053/smrv.2001.0162 (2001).

140 Roehrs, T. and Roth, T. Sleep, sleepiness, and alcohol use. *Alcohol Res Health* **25**, 101–9 (2001).

141 Mednick, S. C., Christakis, N. A. and Fowler, J. H. The spread of sleep loss influences drug use in adolescent social networks. *PLoS One* **5**, e9775, doi:10.1371/journal.pone.0009775 (2010).

142 Dinges, D. F. et al. Cumulative sleepiness, mood disturbance, and psychomotor vigilance performance decrements during a week of sleep restricted to 4–5 hours per night. *Sleep* **20**, 267–77 (1997).

143 Lamond, N. et al. The dynamics of neurobehavioural recovery following sleep loss. *J Sleep Res* **16**, 33–41, doi: 10.1111/j.1365–2869. 2007.00574.x (2007).

144 Pilcher, J. J. and Huffcutt, A. I. Effects of sleep deprivation on performance: a meta-analysis. *Sleep* **19**, 318–26, doi: 10.1093/sleep/19.4.318 (1996).

145 Chee, M. W. and Chuah, L. Y. Functional neuroimaging insights into how sleep and sleep deprivation affect memory and cognition. *Curr Opin Neurol* **21**, 417–23, doi: 10.1097/WCO.0b013e3283052cf7 (2008).

146 Dworak, M., Schierl, T., Bruns, T. and Struder, H. K. Impact of singular excessive computer game and television exposure on sleep patterns and memory performance of school-aged children. *Pediatrics* **120**, 978–85, doi: 10.1542/peds.2007–0476 (2007).

147 Goder, R., Scharffetter, F., Aldenhoff, J. B. and Fritzer, G. Visual declarative memory is associated with non-rapid eye movement sleep and sleep cycles in patients with chronic non-restorative sleep. *Sleep Med* **8**, 503–8, doi: 10.1016/j.sleep.2006.11.014 (2007).

148 Oken, B. S., Salinsky, M. C. and Elsas, S. M. Vigilance, alertness, or sustained attention: physiological basis and measurement. *Clin Neurophysiol* **117**, 1885–1901, doi: 10.1016/j.clinph.2006.01.017 (2006).

149 Baranski, J. V. et al. Effects of sleep loss on team decision making: motivational loss or motivational gain? *Hum Factors* **49**, 646–60, doi: 10.1518/001872007X215728 (2007).

150 Harrison, Y. and Horne, J. A. The impact of sleep deprivation on decision making: a review. *J Exp Psychol Appl* **6**, 236–49 (2000).

151 Killgore, W. D. et al. The effects of 53 hours of sleep deprivation on moral judgment. *Sleep* **30**, 345–52, doi: 10.1093/sleep/30.3.345 (2007).

152 Lucidi, F. et al. Sleep-related car crashes: risk perception and decision-making processes in young drivers. *Accid Anal Prev* **38**, 302–9, doi: 10.1016/j.aap.2005.09.013 (2006).

153 Horne, J. A. Sleep loss and 'divergent' thinking ability. *Sleep* **11**, 528–36, doi: 10.1093/sleep/11.6.528 (1988).

154 Jones, K. and Harrison, Y. Frontal lobe function, sleep loss and fragmented sleep. *Sleep Med Rev* **5**, 463–75, doi: 10.1053/smrv.2001.0203 (2001).

155 Killgore, W. D. et al. Sleep deprivation reduces perceived emotional intelligence and constructive thinking skills. *Sleep Med* **9**, 517–26, doi: 10.1016/j.sleep.2007.07.003 (2008).

156 Randazzo, A. C., Muehlbach, M. J., Schweitzer, P. K. and Walsh, J. K. Cognitive function following acute sleep restriction in children ages 10–14. *Sleep* **21**, 861–8 (1998).

157 Kahol, K. et al. Effect of fatigue on psychomotor and cognitive skills. *Am J Surg* **195**, 195–204, doi: 10.1016/j.amjsurg.2007.10.004 (2008).

158 Tucker, A. M., Whitney, P., Belenky, G., Hinson, J. M. and Van Dongen, H. P. Effects of sleep deprivation on dissociated components of executive functioning. *Sleep* **33**, 47–57, doi: 10.1093/sleep/33.1.47 (2010).

159 Giesbrecht, T., Smeets, T., Leppink, J., Jelicic, M. and Merckelbach, H. Acute dissociation after 1 night of sleep loss. *J Abnorm Psychol* **116**, 599–606, doi: 10.1037/0021–843X.116.3.599 (2007).

160 Basner, M., Glatz, C., Griefahn, B., Penzel, T. and Samel, A. Aircraft noise: effects on macro- and microstructure of sleep. *Sleep Med* **9**, 382–7, doi: 10.1016/j.sleep.2007.07.002 (2008).

161 Philip, P. and Akerstedt, T. Transport and industrial safety, how are they affected by sleepiness and sleep restriction? *Sleep Med Rev* **10**, 347–56, doi: 10.1016/j.smrv.2006.04.002 (2006).

162 Pilcher, J. J., Lambert, B. J. and Huffcutt, A. I. Differential effects of permanent and rotating shifts on self-report sleep length: a meta-analytic review. *Sleep* **23**, 155–63 (2000).

163 Scott, L. D. et al. The relationship between nurse work schedules, sleep duration, and drowsy driving. *Sleep* **30**, 1801–7, doi: 10.1093/ sleep/30.12.1801 (2007).

164 Meerlo, P., Sgoifo, A. and Suchecki, D. Restricted and disrupted sleep: effects on autonomic function, neuroendocrine stress systems and stress responsivity. *Sleep Med Rev* **12**, 197–210, doi: 10.1016/j.smrv.2007.07.007 (2008).

165 Phan, T. X. and Malkani, R. G. Sleep and circadian rhythm disruption and stress intersect in Alzheimer's disease. *Neurobiol Stress* **10**, 100133, doi: 10.1016/j.ynstr.2018.10.001 (2019).

166 Kundermann, B., Krieg, J. C., Schreiber, W. and Lautenbacher, S. The effect of sleep deprivation on pain. *Pain Res Manag* **9**, 25–32, doi: 10.1155/2004/949187 (2004).

167 Landis, C. A., Savage, M. V., Lentz, M. J. and Brengelmann, G. L. Sleep deprivation alters body temperature dynamics to mild cooling and heating not sweating threshold in women. *Sleep* **21**, 101–8, doi: 10.1093/sleep/21.1.101 (1998).

168 Roehrs, T., Hyde, M., Blaisdell, B., Greenwald, M. and Roth, T. Sleep loss and REM sleep loss are hyperalgesic. *Sleep* **29**, 145–51, doi: 10.1093/sleep/29.2.145 (2006).

169 Irwin, M. Effects of sleep and sleep loss on immunity and cytokines. *Brain Behav Immun* **16**, 503–12 (2002).

170 Lorton, D. et al. Bidirectional communication between the brain and the immune system: implications for physiological sleep and disorders with disrupted sleep. *Neuroimmunomodulation* **13**, 357–74, doi: 10.1159/000104864 (2006).

171 Davis, S. and Mirick, D. K. Circadian disruption, shift work and the risk of cancer: a summary of the evidence and studies in Seattle. *Cancer Causes Control* **17**, 539–45, doi: 10.1007/s 10552–005–9010–9 (2006).

172 Hansen, J. Risk of breast cancer after night- and shift work: current evidence and ongoing studies in Denmark. *Cancer Causes Control* **17**, 531–7, doi: 10.1007/s 10552–005–9006–5 (2006).

173 Kakizaki, M. et al. Sleep duration and the risk of breast cancer: the Ohsaki Cohort Study. *Br J Cancer* **99**, 1502–5, doi: 10.1038/sj.bjc.6604684 (2008).

174 Gangwisch, J. E., Malaspina, D., Boden-Albala, B. and Heymsfield, S. B. Inadequate sleep as a risk factor for obesity: analyses of the NHANES I. *Sleep* **28**, 1289–96, doi: 10.1093/sleep/28.10.1289 (2005).

175 Knutson, K. L., Spiegel, K., Penev, P. and Van Cauter, E. The metabolic consequences of sleep deprivation. *Sleep Med Rev* **11**, 163–78, doi: 10.1016/j.smrv.2007.01.002 (2007).

176 Luyster, F. S. et al. Sleep: a health imperative. *Sleep* **35**, 727–34, doi: 10.5665/sleep.1846 (2012).

177 Maemura, K., Takeda, N. and Nagai, R. Circadian rhythms in the CNS and peripheral clock disorders: role of the biological clock in cardiovascular diseases. *J Pharmacol Sci* **103**, 134–8 (2007).

178 Young, M. E. and Bray, M. S. Potential role for peripheral circadian clock dyssynchrony in the pathogenesis of cardiovascular dysfunction. *Sleep Med* **8**, 656–67, doi: 10.1016/j.sleep.2006.12.010 (2007).

179 Johnson, E. O., Roth, T. and Breslau, N. The association of insomnia with anxiety disorders and depression: exploration of the direction of risk. *J Psychiatr Res* **40**, 700–708, doi: 10.1016/j.jpsychires.2006.07.008 (2006).

180 Kahn-Greene, E. T., Killgore, D. B., Kamimori, G. H., Balkin, T. J. and Killgore, W. D. The effects of sleep deprivation on symptoms of psychopathology in healthy adults. *Sleep Med* **8**, 215–21, doi: 10.1016/j.sleep.2006.08.007 (2007).

181 Riemann, D. and Voderholzer, U. Primary insomnia: a risk factor to develop depression? *J Affect Disord* **76**, 255–9 (2003).

182 Sharma, V. and Mazmanian, D. Sleep loss and postpartum psychosis. *Bipolar Disord* **5**, 98–105 (2003).

183 Carskadon, M. A. Sleep in adolescents: the perfect storm. *Pediatr Clin North Am* **58**, 637–47, doi: 10.1016/j.pcl.2011.03.003 (2011).

184 Sleep Health Foundation. *Asleep on the job: costs of inadequate sleep in Australia.* August 2017.

185 Hirotsu, C., Tufik, S. and Andersen, M. L. Interactions between sleep, stress, and metabolism: from physiological to pathological conditions. *Sleep Sci* **8**, 143–52, doi: 10.1016/j.slsci.2015.09.002 (2015).

186 Ancoli-Israel, S., Ayalon, L. and Salzman, C. Sleep in the elderly: normal variations and common sleep disorders. *Harv Rev Psychiatry* **16**, 279–86, doi: 10.1080/10673220802432210 (2008).

187 Dalziel, J. R. and Job, R. F. Motor vehicle accidents, fatigue and optimism bias in taxi drivers. *Accid Anal Prev* **29**, 489–94, doi: 10.1016/s 0001–4575(97)00028–6 (1997).

188 Folkard, S. Do permanent night workers show circadian adjustment? A review based on the endogenous melatonin rhythm. *Chronobiol Int* **25**, 215–24 (2008).

189 *The Lighting Handbook: Reference and Application (Illuminating Engineering Society of North America//Lighting Handbook)* 10th edn (Illuminating Engineering, 2019).

190 Czeisler, C. A. and Dijk, D. J. Use of bright light to treat maladaptation to night shift work and circadian rhythm sleep disorders. *J Sleep Res* **4**, 70–73 (1995).

191 Arendt, J. Shift work: coping with the biological clock. *Occup Med (Lond)* **60**, 10–20, doi: 10.1093/occmed/kqp 162 (2010).

192 Maidstone, R. et al. Shift work is associated with positive COVID-19 status in hospitalised patients. *Thorax* **76**, 601–6, doi: 10.1136/ thoraxjnl-2020–216651 (2021).

193 Hansen, J. Night shift work and risk of breast cancer. *Curr Environ Health Rep* **4**, 325–39,

doi: 10. 1007/s 40572–017–0155-y (2017).

194 Marquie, J. C., Tucker, P., Folkard, S., Gentil, C. and Ansiau, D. Chronic effects of shift work on cognition: findings from the VISAT longitudinal study. *Occup Environ Med* **72**, 258–64, doi: 10. 1136/ oemed- 2013– 101993 (2015).

195 Wittmann, M., Dinich, J., Merrow, M. and Roenneberg, T. Social jetlag: misalignment of biological and social time. *Chronobiol Int* **23**, 497–509, doi: 10. 1080/ 07420520500545979 (2006).

196 Levandovski, R. et al. Depression scores associate with chronotype and social jetlag in a rural population. *Chronobiol Int* **28**, 771–8, doi: 10. 3109/ 07420528. 2011. 602445 (2011).

197 Mitler, M. M. et al. Catastrophes, sleep, and public policy: consensus report. *Sleep* **11**, 100–109, doi: 10. 1093/sleep/ 11. 1. 100 (1988).

198 Cho, K. Chronic 'jet lag' produces temporal lobe atrophy and spatial cognitive deficits. *Nat Neurosci* **4**, 567–8, doi: 10. 1038/ 88384 (2001).

199 Cho, K., Ennaceur, A., Cole, J. C. and Suh, C. K. Chronic jet lag produces cognitive deficits. *J Neurosci* **20**, RC 66 (2000).

200 Waterhouse, J. et al. Further assessments of the relationship between jet lag and some of its symptoms. *Chronobiol Int* **22**, 121–36, doi: 10. 1081/cbi- 200036909 (2005).

201 Herxheimer, A. and Petrie, K. J. Melatonin for the prevention and treatment of jet lag. *Cochrane Database Syst Rev*, CD 001520, doi: 10. 1002/ 14651858.CD 001520 (2002).

202 Tortorolo, F., Farren, F. and Rada, G. Is melatonin useful for jet lag? *Medwave* **15 Suppl 3**, e 6343, doi: 10. 5867/medwave. 2015. 6343 (2015).

203 Arendt, J. Does melatonin improve sleep? Efficacy of melatonin. *BMJ* **332**, 550, doi: 10. 1136/ bmj. 332. 7540. 550 (2006).

204 Wehrens, S. M. T. et al. Meal timing regulates the human circadian system. *Curr Biol* **27**, 1768–75 e 1763, doi: 10. 1016/j.cub. 2017. 04. 059 (2017).

205 Roenneberg, T., Kumar, C. J. and Merrow, M. The human circadian clock entrains to sun time. *Curr Biol* **17**, R 44–5, doi: 10. 1016/j. cub. 2006. 12. 011 (2007).

206 Roenneberg, T. et al. Why should we abolish daylight saving time? *J Biol Rhythms* **34**, 227–30, doi: 10. 1177/ 0748730419854197 (2019).

207 Hadlow, N. C., Brown, S., Wardrop, R. and Henley, D. The effects of season, daylight saving and time of sunrise on serum cortisol in a large population. *Chronobiol Int* **31**, 243–51, doi: 10. 3109/ 0742 0528. 2013. 844162 (2014).

208 Harrison, Y. The impact of daylight saving time on sleep and related behaviours. *Sleep Med Rev* **17**, 285–92, doi: 10. 1016/j.smrv. 2012. 10. 001 (2013).

209 Zhang, H., Dahlen, T., Khan, A., Edgren, G. and Rzhetsky, A. Measurable health effects associated with the daylight saving time shift. *PLoS Comput Biol* **16**, e 1007927, doi: 10. 1371/journal. pcbi. 1007927 (2020).

210 Manfredini, R. et al. Daylight saving time and myocardial infarction: should we be worried? A review of the evidence. *Eur Rev Med Pharmacol Sci* **22**, 750–55, doi: 10. 26355/ eurrev_ 201802_ 14306 (2018).

211 Sipilä, J. O., Ruuskanen, J. O., Rautava, P. and Kytö, V. Changes in ischemic stroke occurrence following daylight saving time transitions. *Sleep Med* **27–28**, 20–24, doi: 10. 1016/ j.sleep. 2016. 10. 009 (2016).

212 Barnes, C. M. and Wagner, D. T. Changing to daylight saving time cuts into sleep and increases workplace injuries. *J Appl Psychol* **94**, 1305–17, doi: 10. 1037/a 0015320 (2009).

213 Fritz, J., VoPham, T., Wright, K. P., Jr and Vetter, C. A chronobiological evaluation of the acute effects of daylight saving time on traffic accident risk. *Curr Biol* **30**, 729–35 e 722, doi: 10. 1016/ j.cub. 2019. 12. 045 (2020).

214 Todd, W. D. Potential pathways for circadian dysfunction and sundowning-related behavioral aggression in Alzheimer's disease and related dementias. *Front Neurosci* **14**, 910, doi: 10. 3389/ fnins. 2020. 00910 (2020).

215 Fabbian, F. et al. Chronotype, gender and general health. *Chronobiol Int* **33**, 863–82, doi: 10. 1080 / 07420528. 2016. 1176927 (2016).

216 Coppeta, L., Papa, F. and Magrini, A. Are shiftwork and indoor work related to D 3 vitamin deficiency? A systematic review of current evidences. *J Environ Public Health* **2018**, 8468742, doi: 10. 1155/ 2018/ 8468742 (2018).

217 Perez-Lopez, F. R., Pilz, S. and Chedraui, P. Vitamin D supplementation during pregnancy: an overview. *Curr Opin Obstet Gynecol* **32**, 316–21, doi: 10. 1097/GCO. 0000000000000641 (2020).

218 Friedman, M. Analysis, nutrition, and health benefits of tryptophan. *Int J Tryptophan Res* **11**, 1178646918802282, doi: 10. 1177/ 1178646918802282 (2018).

219 Casetta, G., Nolfo, A. P. and Palagi, E. Yawn contagion promotes motor synchrony in wild lions, Panthera leo. *Animal Behaviour* **174**, 149–59 (2021).

220 Giuntella, O. and Mazzonna, F. Sunset time and the economic effects of social jetlag: evidence from US time zone borders. *J Health Econ* **65**, 210–26, doi: 10. 1016/j.jhealeco. 2019. 03. 007 (2019).

221 Dean, K. and Murray, R. M. Environmental risk factors for psychosis. *Dialogues Clin Neurosci* **7**, 69–80 (2005).

222 Gaine, M. E., Chatterjee, S. and Abel, T. Sleep deprivation and the epigenome. *Front Neural Circuits* **12**, 14, doi: 10. 3389/fncir. 2018. 00014 (2018).

223 Lindberg, E. et al. Sleep time and sleep-related symptoms across two generations – results of the community-based RHINE and RHINESSA studies. *Sleep Med* **69**, 8–13, doi: 10. 1016/ j.sleep. 2019. 12. 017 (2020).

224 Thorpy, M. J. Classification of sleep disorders. *Neurotherapeutics* **9**, 687–701, doi: 10. 1007/ s 13311– 012– 0145– 6 (2012).

225 Greenberg, D. B. Clinical dimensions of fatigue. *Prim Care Companion J Clin Psychiatry* **4**, 90–93, doi: 10. 4088/pcc.v 04n 0301 (2002).

226 Marshall, M. The lasting misery of coronavirus long-haulers. *Nature* **585**, 339–41, doi: 10. 1038/ d 41586– 020– 02598– 6 (2020).

227 Wehr, T. A. In short photoperiods, human sleep is biphasic. *J Sleep Res* **1**, 103–7 (1992).

228 Ekirch, A. R. Segmented sleep in pre-industrial societies. *Sleep* **39**, 715–16, doi: 10. 5665/ sleep. 5558 (2016).

229 Yetish, G. et al. Natural sleep and its seasonal variations in three pre-industrial societies. *Curr Biol* **25**, 2862–8, doi: 10. 1016/j.cub. 2015. 09. 046 (2015).

230 Ekirch, A. R. *At Day's Close: A History of Nighttime* (W. W. Norton and Company, 2005).

231 Handley, S. *Sleep in Early Modern England* (Yale University Press, 2016).

232 Duncan, W. C., Barbato, G., Fagioli, I., Garcia-Borreguero, D. and Wehr, T. A. A biphasic daily pattern of slow wave activity during a two-day 90-minute sleep–wake schedule. *Arch Ital Biol* **147**, 117–30 (2009).

233 Kleitman, N. Basic rest–activity cycle – 22 years later. *Sleep* **5**, 311–17, doi: 10. 1093/ sleep/ 5. 4. 311 (1982).

234 Weaver, M. D. et al. Adverse impact of polyphasic sleep patterns in humans: Report of the National Sleep Foundation sleep timing and variability consensus panel. *Sleep Health*, doi: 10. 1016/ j.sleh. 2021. 02. 009 (2021).

235 Shanware, N. P. et al. Casein kinase 1-dependent phosphorylation of familial advanced sleep phase syndrome-associated residues controls PERIOD 2 stability. *J Biol Chem* **286**, 12766–74, doi: 10. 1074/jbc.M 111. 224014 (2011).

236 Toh, K. L. et al. An hPer 2 phosphorylation site mutation in familial advanced sleep phase syndrome. *Science* **291**, 1040–43, doi: 10. 1126/ science. 1057499 (2001).

237 Reid, K. J. et al. Familial advanced sleep phase syndrome. *Arch Neurol* **58**, 1089–94, doi: 10. 1001/archneur. 58. 7. 1089 (2001).

238 Stepnowsky, C. J. and Ancoli-Israel, S. Sleep and its disorders in seniors. *Sleep Med Clin* **3**, 281–93, doi: 10. 1016/j.jsmc. 2008. 01. 011 (2008).

239 Ancoli-Israel, S., Schnierow, B., Kelsoe, J. and Fink, R. A pedigree of one family with delayed sleep phase syndrome. *Chronobiol Int* **18**, 831–40, doi: 10. 1081/cbi- 100107518 (2001).

240 Patke, A. et al. Mutation of the human circadian clock gene cry 1 in familial delayed sleep phase disorder. *Cell* **169**, 203–15 e 213, doi: 10. 1016/j.cell. 2017. 03. 027 (2017).

241 Crowley, S. J., Acebo, C. and Carskadon, M. A. Sleep, circadian rhythms, and delayed phase in adolescence. *Sleep Med* **8**, 602–12, doi: 10. 1016/j.sleep. 2006. 12. 002 (2007).

242 Obeysekare, J. L. et al. Delayed sleep timing and circadian rhythms in pregnancy and transdiagnostic symptoms associated with postpartum depression. *Transl Psychiatry* **10**, 14, doi: 10. 1038/s 41398– 020– 0683– 3 (2020).

243 Turner, J. et al. A prospective study of delayed sleep phase syndrome in patients with severe resistant obsessive-compulsive disorder. *World Psychiatry* **6**, 108–11 (2007).

244 Esbensen, A. J. and Schwichtenberg, A. J. Sleep in neurodevelopmental disorders. *Int Rev Res Dev Disabil* **51**, 153–91, doi: 10. 1016/ bs.irrdd. 2016. 07. 005 (2016).

245 Andrews, C. D. et al. Sleep–wake disturbance related to ocular disease: a systematic review of phase-shifting pharmaceutical therapies. *Transl Vis Sci Technol* **8**, 49, doi: 10. 1167/tvst. 8. 3. 49 (2019).

246 Wulff, K., Dijk, D. J., Middleton, B., Foster, R. G. and Joyce, E. M. Sleep and circadian rhythm disruption in schizophrenia. *Br J psychiatry* **200**, 308–16, doi: 10. 1192/bjp.bp. 111.096321 (2012).

247 Wulff, K., Gatti, S., Wettstein, J. G. and Foster, R. G. Sleep and circadian rhythm disruption in psychiatric and neurodegenerative disease. *Nat Rev Neurosci* **11**, 589–99, doi: 10. 1038/nrn 2868 (2010).

248 Brennan, K. C. et al. Casein kinase I∂ mutations in familial migraine and advanced sleep phase. *Sci Transl Med* **5**, 183ra 156–11, doi: 10. 1126/ scitranslmed. 3005784 (2013).

249 Arendt, J. Melatonin: countering chaotic time cues. *Front Endocrinol (Lausanne)* **10**, 391, doi: 10. 3389/fendo. 2019. 00391 (2019).

250 Brown, M. A., Quan, S. F. and Eichling, P. S. Circadian rhythm sleep disorder, free-running type in a sighted male with severe depression, anxiety, and agoraphobia. *J Clin Sleep Med* **7**, 93–4 (2011).

251 Leng, Y., Musiek, E. S., Hu, K., Cappuccio, F. P. and Yaffe, K. Association between circadian rhythms and neurodegenerative diseases. *Lancet Neurol* **18**, 307–18, doi: 10. 1016/S 1474–4422(18)30461–7 (2019).

252 American Academy of Sleep Medicine *International Classification of Sleep Disorders*, 3rd edn (2014).

253 Patel, D., Steinberg, J. and Patel, P. Insomnia in the elderly: a review. *J Clin Sleep Med* **14**, 1017–24, doi: 10. 5664/jcsm. 7172 (2018).

254 Wennberg, A. M. V., Wu, M. N., Rosenberg, P. B. and Spira, A. P. Sleep disturbance, cognitive decline, and dementia: a review. *Semin Neurol* **37**, 395–406, doi: 10. 1055/s- 0037– 1604351 (2017).

255 Nutt, D., Wilson, S. and Paterson, L. Sleep disorders as core symptoms of depression. *Dialogues Clin Neurosci* **10**, 329–36 (2008).

256 Dauvilliers, Y. Insomnia in patients with neurodegenerative conditions. *Sleep Med* **8 Suppl 4**, S 27–34, doi: 10. 1016/S 1389– 9457(08) 70006– 6 (2007).

257 Troxel, W. M. et al. Sleep symptoms predict the development of the metabolic syndrome. *Sleep* **33**, 1633–40, doi: 10. 1093/sleep/ 33. 12. 1633 (2010).

258 Kaneshwaran, K. et al. Sleep fragmentation, microglial aging, and cognitive impairment in adults with and without Alzheimer's dementia. *Sci Adv* **5**, eaax 7331, doi: 10. 1126/sciadv.aax 7331 (2019).

259 Abbott, S. M. and Videnovic, A. Chronic sleep disturbance and neural injury: links to neurodegenerative disease. *Nat Sci Sleep* **8**, 55–61, doi: 10.2147/NSS.S78947 (2016).

260 Stamatakis, K. A. and Punjabi, N. M. Effects of sleep fragmentation on glucose metabolism in normal subjects. *Chest* **137**, 95–101, doi: 10. 1378/chest. 09– 0791 (2010).

261 Kim, A. M. et al. Tongue fat and its relationship to obstructive sleep apnea. *Sleep* **37**, 1639–48, doi: 10. 5665/sleep. 4072 (2014).

262 Santos, M. and Hofmann, R. J. Ocular manifestations of obstructive sleep apnea. *J Clin Sleep Med* **13**, 1345–8, doi: 10. 5664/jcsm. 6812 (2017).

263 Findley, L. J. and Suratt, P. M. Serious motor vehicle crashes: the cost of untreated sleep apnoea. *Thorax* **56**, 505, doi: 10. 1136/thorax. 56. 7. 505 (2001).

264 Eckert, D. J. and Sweetman, A. Impaired central control of sleep depth propensity as a common mechanism for excessive overnight wake time: implications for sleep apnea, insomnia and beyond. *J Clin Sleep Med* **16**, 341–3, doi: 10. 5664/jcsm. 8268 (2020).

265 Boing, S. and Randerath, W. J. Chronic hypoventilation syndromes and sleep-related hypoventilation. *J Thorac Dis* **7**, 1273–85, doi: 10. 3978/j.issn. 2072– 1439.2015. 06. 10 (2015).

266 Jen, R., Li, Y., Owens, R. L. and Malhotra, A. Sleep in chronic obstructive pulmonary disease: evidence gaps and challenges. *Can Respir J* **2016**, 7947198, doi: 10. 1155/2016/ 7947198 (2016).

267 Levy, P. et al. Intermittent hypoxia and sleep-disordered breathing: current concepts and perspectives. *Eur Respir J* **32**, 1082– 95, doi: 10. 1183/ 09031936. 00013308 (2008).

268 Mahoney, C. E., Cogswell, A., Koralnik, I. J. and Scammell, T. E. The neurobiological basis of narcolepsy. *Nat Rev Neurosci* **20**, 83–93, doi: 10. 1038/s 41583– 018– 0097-x (2019).

269 Kaushik, M. K. et al. Continuous intrathecal orexin delivery inhibits cataplexy in a murine model of narcolepsy. *Proc Natl Acad Sci USA* **115**, 6046– 51, doi: 10. 1073/pnas. 1722686115 (2018).

270 Nellore, A. and Randall, T. D. Narcolepsy and influenza vaccination – the inappropriate awakening of immunity. *Ann Transl Med* **4**, S 29, doi: 10. 21037/atm. 2016. 10. 60 (2016).

271 Bonvalet, M., Ollila, H. M., Ambati, A. and Mignot, E. Autoimmunity in narcolepsy. *Curr Opin*

Pulm Med **23**, 522–9, doi: 10. 1097/ MCP. 0000000000000426 (2017).

272 Luo, G. et al. Autoimmunity to hypocretin and molecular mimicry to flu in type 1 narcolepsy. *Proc Natl Acad Sci USA* **115**, E 12323-E 12332, doi: 10. 1073/pnas. 1818150116 (2018).

273 Singh, S., Kaur, H., Singh, S. and Khawaja, I. Parasomnias: a comprehensive review. *Cureus* **10**, e 3807, doi: 10. 7759/cureus. 3807 (2018).

274 Tekriwal, A. et al. REM sleep behaviour disorder: prodromal and mechanistic insights for Parkinson's disease. *J Neurol Neurosurg Psychiatry* **88**, 445–51, doi: 10. 1136/jnnp- 2016- 314471 (2017).

275 Reddy, S. V., Kumar, M. P., Sravanthi, D., Mohsin, A. H. and Anuhya, V. Bruxism: a literature review. *J Int Oral Health* **6**, 105–9 (2014).

276 Walters, A. S. Clinical identification of the simple sleep-related movement disorders. *Chest* **131**, 1260– 66, doi: 10. 1378/chest. 06– 1602 (2007).

277 Ferini-Strambi, L., Carli, G., Casoni, F. and Galbiati, A. Restless legs syndrome and Parkinson disease: a causal relationship between the two disorders? *Front Neurol* **9**, 551, doi: 10. 3389/ fneur. 2018. 00551 (2018).

278 Patrick, L. R. Restless legs syndrome: pathophysiology and the role of iron and folate. *Altern Med Rev* **12**, 101– 12 (2007).

279 Novak, M., Winkelman, J. W. and Unruh, M. Restless legs syndrome in patients with chronic kidney disease. *Semin Nephrol* **35**, 347– 58, doi: 10. 1016/j.semnephrol.2015. 06. 006 (2015).

280 Sateia, M. J. International classification of sleep disorders – third edition: highlights and modifications. *Chest* **146**, 1387– 94, doi: 10. 1378/ chest. 14– 0970 (2014).

281 Pittler, M. H. and Ernst, E. Kava extract for treating anxiety. *Cochrane Database Syst Rev*, CD 003383, doi: 10. 1002/ 14651858.CD 003383 (2003).

282 Shinomiya, K. et al. Effects of kava-kava extract on the sleep–wake cycle in sleep-disturbed rats. *Psychopharmacology (Berl)* **180**, 564–9, doi: 10. 1007/s 00213– 005– 2196– 4 (2005).

283 Wick, J. Y. The history of benzodiazepines. *Consult Pharm* **28**, 538– 48, doi: 10. 4140/TCP. n. 2013. 538 (2013).

284 Ferentinos, P. and Paparrigopoulos, T. Zopiclone and sleepwalking. *Int J Neuropsychopharmacol* **12**, 141–2, doi: 10. 1017/S 1461145708009541 (2009).

285 Fernandez-Mendoza, J. et al. Sleep misperception and chronic insomnia in the general population: role of objective sleep duration and psychological profiles. *Psychosom Med* **73**, 88–97, doi: 10. 1097/ PSY. 0b 013e 3181fe 365a (2011).

286 Van Maanen, A., Meijer, A. M., van der Heijden, K. B. and Oort, F. J. The effects of light therapy on sleep problems: A systematic review and meta-analysis. *Sleep Med Rev* **29**, 52–62, doi: 10. 1016/ j.smrv. 2015. 08. 009 (2016).

287 Milner, C. E. and Cote, K. A. Benefits of napping in healthy adults: impact of nap length, time of day, age, and experience with napping. *J Sleep Res* **18**, 272–81, doi: 10. 1111/j. 1365– 2869. 2008. 00718.x (2009).

288 Donskoy, I. and Loghmanee, D. Insomnia in adolescence. *Med Sci (Basel)* **6**, doi: 10. 3390/ medsci 6030072 (2018).

289 Fukuda, K. and Ishihara, K. Routine evening naps and night-time sleep patterns in junior high and high school students. *Psychiatry Clin Neurosci* **56**, 229– 30, doi: 10. 1046/j. 1440– 1819. 2002. 00986.x (2002).

290 Dolezal, B. A., Neufeld, E. V., Boland, D. M., Martin, J. L. and Cooper, C. B. Interrelationship between sleep and exercise: a systematic review. *Adv Prev Med* **2017**, 1364387, doi: 10. 1155/2017/ 1364387 (2017).

291 Murray, K. et al. The relations between sleep, time of physical activity, and time outdoors among adult women. *PLoS One* **12**, e 0182013, doi: 10. 1371/journal.pone. 0182013 (2017).

292 Harding, E. C., Franks, N. P. and Wisden, W. The temperature dependence of sleep. *Front Neurosci* **13**, 336, doi: 10. 3389/fnins. 2019. 00336 (2019).

293 Stutz, J., Eiholzer, R. and Spengler, C. M. Effects of evening exercise on sleep in healthy participants: a systematic review and meta-analysis. *Sports Med* **49**, 269–87, doi: 10. 1007/s 40279– 018– 1015– 0 (2019).

294 Thomas, C., Jones, H., Whitworth-Turner, C. and Louis, J. High-intensity exercise in the evening does not disrupt sleep in endurance runners. *Eur J Appl Physiol* **120**, 359– 68, doi: 10. 1007/s 00421– 019– 04280-w (2020).

295 Dietrich, A. and McDaniel, W. F. Endocannabinoids and exercise. *Br J Sports Med* **38**, 536–41,

doi: 10.1136/bjsm.2004.011718 (2004).

296 McHill, A. W. et al. Later circadian timing of food intake is associated with increased body fat. *Am J Clin Nutr* **106**, 1213–19, doi: 10.3945/ ajcn. 117. 161588 (2017).

297 Beccuti, G. et al. Timing of food intake: Sounding the alarm about metabolic impairments? A systematic review. *Pharmacol Res* **125**, 132–41, doi: 10.1016/j.phrs. 2017. 09. 005 (2017).

298 Jehan, S. et al. Obesity, obstructive sleep apnea and type 2 diabetes mellitus: epidemiology and pathophysiologic insights. *Sleep Med Disord* **2**, 52–8 (2018).

299 Ruddick-Collins, L. C., Johnston, J. D., Morgan, P. J. and Johnstone, A.M. The big breakfast study: chrono-nutrition influence on energy expenditure and bodyweight. *Nutr Bull* **43**, 174–83, doi: 10.1111/nbu. 12323 (2018).

300 Fang, B., Liu, H., Yang, S., Xu, R. and Chen, G. Effect of subjective and objective sleep quality on subsequent peptic ulcer recurrence in older adults. *J Am Geriatr Soc* **67**, 1454–60, doi: 10.1111/ jgs.15871 (2019).

301 Verlander, L. A., Benedict, J. O. and Hanson, D. P. Stress and sleep patterns of college students. *Percept Mot Skills* **88**, 893–8, doi: 10.2466/ pms. 1999. 88. 3. 893 (1999).

302 Cajochen, C. et al. High sensitivity of human melatonin, alertness, thermoregulation, and heart rate to short wavelength light. *J Clin Endocrinol Metab* **90**, 1311–16, doi: 10.1210/jc.2004–0957 (2005).

303 Mehta, R. and Zhu, R. J. Blue or red? Exploring the effect of color on cognitive task performances. *Science* **323**, 1226–9, doi: 10.1126/ science. 1169144 (2009).

304 Lemmer, B. The sleep–wake cycle and sleeping pills. *Physiol Behav* **90**, 285–93, doi: 10.1016/ j.physbeh. 2006. 09. 006 (2007).

305 He, Q., Chen, X., Wu, T., Li, L. and Fei, X. Risk of dementia in long-term benzodiazepine users: evidence from a meta-analysis of observational studies. *J Clin Neurol* **15**, 9–19, doi: 10.3988/ jcn.2019.15.1.9 (2019).

306 Osler, M. and Jorgensen, M. B. Associations of benzodiazepines, z-drugs, and other anxiolytics with subsequent dementia in patients with affective disorders: a nationwide cohort and nested case-control study. *Am J Psychiatry* **177**, 497–505, doi: 10.1176/appi.ajp. 2019. 19030315 (2020).

307 Singleton, R. A., Jr and Wolfson, A. R. Alcohol consumption, sleep, and academic performance among college students. *J Stud Alcohol Drugs* **70**, 355–63, doi: 10.15288/jsad. 2009. 70. 355 (2009).

308 Raymann, R. J., Swaab, D. F. and Van Someren, E. J. Skin temperature and sleep-onset latency: changes with age and insomnia. *Physiol Behav* **90**, 257–66, doi: 10.1016/j.physbeh. 2006. 09. 008 (2007).

309 Krauchi, K., Cajochen, C., Werth, E. and Wirz-Justice, A. Functional link between distal vasodilation and sleep-onset latency? *Am J Physiol Regul Integr Comp Physiol* **278**, R741–8, doi: 10.1152/ajpregu. 2000. 278. 3.R 741 (2000).

310 Fietze, I. et al. The effect of room acoustics on the sleep quality of healthy sleepers. *Noise Health* **18**, 240–46, doi: 10.4103/ 1463– 1741. 192480 (2016).

311 Berk, M. Sleep and depression – theory and practice. *Aust Fam Physician* **38**, 302–4 (2009).

312 Cook, J. D., Eftekari, S. C., Dallmann, E., Sippy, M. and Plante, D. T. Ability of the Fitbit Alta HR to quantify and classify sleep in patients with suspected central disorders of hypersomnolence: a comparison against polysomnography. *J Sleep Res* **28**, e 12789, doi: 10.1111/jsr. 12789 (2019).

313 Gavriloff, D. et al. Sham sleep feedback delivered via actigraphy biases daytime symptom reports in people with insomnia: Implications for insomnia disorder and wearable devices. *J Sleep Res* **27**, e 12726, doi: 10.1111/jsr. 12726 (2018).

314 Fino, E. et al. (Not so) Smart sleep tracking through the phone: findings from a polysomnography study testing the reliability of four sleep applications. *J Sleep Res* **29**, e 12935, doi: 10.1111/jsr. 12935 (2020).

315 Ko, P. R. et al. Consumer sleep technologies: a review of the landscape. *J Clin Sleep Med* **11**, 1455–61, doi: 10.5664/jcsm. 5288 (2015).

316 LeBourgeois, M. K., Giannotti, F., Cortesi, F., Wolfson, A. R. and Harsh, J. The relationship between reported sleep quality and sleep hygiene in Italian and American adolescents. *Pediatrics* **115**, 257–65, doi: 10.1542/peds. 2004–0815H (2005).

317 Kalmbach, D. A., Arnedt, J. T., Pillai, V. and Ciesla, J. A. The impact of sleep on female sexual response and behavior: a pilot study. *J Sex Med* **12**, 1221–32, doi: 10.1111/jsm. 12858 (2015).

318 Lastella, M., O'Mullan, C., Paterson, J. L. and Reynolds, A. C. Sex and sleep: perceptions of sex as a sleep promoting behavior in the general adult population. *Front Public Health* **7**, 33,

doi: 10.3389/fpubh.2019.00033 (2019).

319 Kroeger, M. Oxytocin: key hormone in sexual intercourse, parturition, and lactation. *Birth Gaz* **13**, 28–30 (1996).

320 Alley, J., Diamond, L. M., Lipschitz, D. L. and Grewen, K. Associations between oxytocin and cortisol reactivity and recovery in response to psychological stress and sexual arousal. *Psychoneuroendocrinology* **106**, 47–56, doi: 10.1016/j.psyneuen.2019.03.031 (2019).

321 Kruger, T. H., Haake, P., Hartmann, U., Schedlowski, M. and Exton, M. S. Orgasm-induced prolactin secretion: feedback control of sexual drive? *Neurosci Biobehav Rev* **26**, 31–44, doi: 10.1016/s0149-7634(01)00036-7 (2002).

322 Exton, M. S. et al. Coitus-induced orgasm stimulates prolactin secretion in healthy subjects. *Psychoneuroendocrinology* **26**, 287–94, doi: 10.1016/s0306-4530(00)00053-6 (2001).

323 Bader, G. G. and Engdal, S. The influence of bed firmness on sleep quality. *Appl Ergon* **31**, 487–97 (2000).

324 Jacobson, B. H., Boolani, A. and Smith, D. B. Changes in back pain, sleep quality, and perceived stress after introduction of new bedding systems. *J Chiropr Med* **8**, 1–8, doi: 10.1016/j.jcm.2008.09.002 (2009).

325 Krauchi, K. et al. Sleep on a high heat capacity mattress increases conductive body heat loss and slow wave sleep. *Physiol Behav* **185**, 23–30, doi: 10.1016/j.physbeh.2017.12.014 (2018).

326 Chiba, S. et al. High rebound mattress toppers facilitate core body temperature drop and enhance deep sleep in the initial phase of nocturnal sleep. *PLoS One* **13**, e0197521, doi: 10.1371/journal.pone.0197521 (2018).

327 Lytle, J., Mwatha, C. and Davis, K. K. Effect of lavender aromatherapy on vital signs and perceived quality of sleep in the intermediate care unit: a pilot study. *Am J Crit Care* **23**, 24–9, doi: 10.4037/ajcc2014958 (2014).

328 Guadagna, S., Barattini, D. F., Rosu, S. and Ferini-Strambi, L. Plant extracts for sleep disturbances: a systematic review. *Evid Based Complement Alternat Med* **2020**, 3792390, doi: 10.1155/2020/3792390 (2020).

329 Robertson, S., Loughran, S. and MacKenzie, K. Ear protection as a treatment for disruptive snoring: do ear plugs really work? *J Laryngol Otol* **120**, 381–4, doi: 10.1017/S0022215106000363 (2006).

330 Blumen, M. et al. Effect of sleeping alone on sleep quality in female bed partners of snorers. *Eur Respir J* **34**, 1127–31, doi: 10.1183/09031936.00012209 (2009).

331 Palagini, L. and Rosenlicht, N. Sleep, dreaming, and mental health: a review of historical and neurobiological perspectives. *Sleep Med Rev* **15**, 179–86, doi: 10.1016/j.smrv.2010.07.003 (2011).

332 Paulson, S., Barrett, D., Bulkeley, K. and Naiman, R. Dreaming: a gateway to the unconscious? *Ann NY Acad Sci* **1406**, 28–45, doi: 10.1111/nyas.13389 (2017).

333 Komasi, S., Soroush, A., Khazaie, H., Zakiei, A. and Saeidi, M. Dreams content and emotional load in cardiac rehabilitation patients and their relation to anxiety and depression. *Ann Card Anaesth* **21**, 388–92, doi: 10.4103/aca.ACA_210_17 (2018).

334 Hartmann, E. and Brezler, T. A systematic change in dreams after 9/11/01. *Sleep* **31**, 213–18, doi: 10.1093/sleep/31.2.213 (2008).

335 Revonsuo, A. The reinterpretation of dreams: an evolutionary hypothesis of the function of dreaming. *Behav Brain Sci* **23**, 877–901; discussion 904–1121, doi: 10.1017/s0140525x00004015 (2000).

336 Rouder, J. N. and Morey, R. D. A Bayes factor meta-analysis of Bem's ESP claim. *Psychon Bull Rev* **18**, 682–9, doi: 10.3758/s13423-011-0088-7 (2011).

337 Breslau, N. The epidemiology of trauma, PTSD, and other post-trauma disorders. *Trauma Violence Abuse* **10**, 198–210, doi: 10.1177/1524838009334448 (2009).

338 Colvonen, P. J., Straus, L. D., Acheson, D. and Gehrman, P. A Review of the relationship between emotional learning and memory, sleep, and PTSD. *Curr Psychiatry Rep* **21**, 2, doi: 10.1007/s11920-019-0987-2 (2019).

339 Porcheret, K., Holmes, E. A., Goodwin, G. M., Foster, R. G. and Wulff, K. Psychological effect of an analogue traumatic event reduced by sleep deprivation. *Sleep* **38**, 1017–25, doi: 10.5665/sleep.4802 (2015).

340 Porcheret, K. et al. Investigation of the impact of total sleep deprivation at home on the number of intrusive memories to an analogue trauma. *Transl Psychiatry* **9**, 104, doi: 10.1038/s41398-019-0403-z (2019).

341 Lal, S. K. and Craig, A. A critical review of the psychophysiology of driver fatigue. *Biol Psychol* **55**, 173–94 (2001).

342 Cai, Q., Gao, Z. K., Yang, Y. X., Dang, W. D. and Grebogi, C. Multiplex limited penetrable horizontal visibility graph from EEG signals for driver fatigue detection. *Int J Neural Syst* **29**, 1850057, doi: 10.1142/S0129065718500570 (2019).

343 Lok, R., Smolders, K., Beersma, D. G. M. and de Kort, Y. A. W. Light, alertness, and alerting effects of white light: a literature overview. *J Biol Rhythms* **33**, 589–601, doi: 10.1177/0748730418796443 (2018).

344 Perry-Jenkins, M., Goldberg, A. E., Pierce, C. P. and Sayer, A. G. Shift work, role overload, and the transition to parenthood. *J Marriage Fam* **69**, 123–38, doi: 10.1111/j.1741-3737.2006.00349.x (2007).

345 Roenneberg, T., Allebrandt, K. V., Merrow, M. and Vetter, C. Social jetlag and obesity. *Curr Biol* **22**, 939–43, doi: 10.1016/j.cub.2012.03.038 (2012).

346 Baird, B., Castelnovo, A., Gosseries, O. and Tononi, G. Frequent lucid dreaming associated with increased functional connectivity between frontopolar cortex and temporoparietal association areas. *Sci Rep* **8**, 17798, doi: 10.1038/s41598-018-36190-w (2018).

347 Lawson, C. C. et al. Rotating shift work and menstrual cycle characteristics. *Epidemiology* **22**, 305–12, doi: 10.1097/EDE.0b013e3182130016 (2011).

348 Kang, W., Jang, K. H., Lim, H. M., Ahn, J. S. and Park, W. J. The menstrual cycle associated with insomnia in newly employed nurses performing shift work: a 12-month follow-up study. *Int Arch Occup Environ Health* **92**, 227–35, doi: 10.1007/s00420-018-1371-y (2019).

349 Garcia, J. E., Jones, G. S. and Wright, G. L., Jr. Prediction of the time of ovulation. *Fertil Steril* **36**, 308–15 (1981).

350 Wilcox, A. J., Weinberg, C. R. and Baird, D. D. Timing of sexual intercourse in relation to ovulation. Effects on the probability of conception, survival of the pregnancy, and sex of the baby. *N Engl J Med* **333**, 1517–21, doi: 10.1056/NEJM199512073332301 (1995).

351 Kerdelhue, B. et al. Timing of initiation of the preovulatory luteinizing hormone surge and its relationship with the circadian cortisol rhythm in the human. *Neuroendocrinology* **75**, 158–63, doi: 10.1159/000048233 (2002).

352 Sellix, M. T. and Menaker, M. Circadian clocks in the ovary. *Trends Endocrinol Metab* **21**, 628–36, doi: 10.1016/j.tem.2010.06.002 (2010).

353 Miller, B. H. and Takahashi, J. S. Central circadian control of female reproductive function. *Front Endocrinol (Lausanne)* **4**, 195, doi: 10.3389/fendo.2013.00195 (2013).

354 Baker, F. C. and Driver, H. S. Circadian rhythms, sleep, and the menstrual cycle. *Sleep Med* **8**, 613–22, doi: 10.1016/j.sleep.2006.09.011 (2007).

355 Nurminen, T. Shift work and reproductive health. *Scand J Work Environ Health* **24 Suppl 3**, 28–34 (1998).

356 Lemmer, B. No correlation between lunar and menstrual cycle – an early report by the French physician J. A. Murat in 1806. *Chronobiol Int* **36**, 587–90, doi: 10.1080/07420528.2019.1583669 (2019).

357 Ilias, I., Spanoudi, F., Koukkou, E., Adamopoulos, D. A. and Nikopoulou, S. C. Do lunar phases influence menstruation? A year-long retrospective study. *Endocr Regul* **47**, 121–2, doi: 10.4149/endo_2013_03_121 (2013).

358 Helfrich-Forster, C. et al. Women temporarily synchronize their menstrual cycles with the luminance and gravimetric cycles of the Moon. *Sci Adv* **7**, doi: 10.1126/sciadv.abe1358 (2021).

359 Vyazovskiy, V. V. and Foster, R. G. Sleep: a biological stimulus from our nearest celestial neighbor? *Curr Biol* **24**, R557–60, doi: 10.1016/j.cub.2014.05.027 (2014).

360 Staboulidou, I., Soergel, P., Vaske, B. and Hillemanns, P. The influence of lunar cycle on frequency of birth, birth complications, neonatal outcome and the gender: a retrospective analysis. *Acta Obstet Gynecol Scand* **87**, 875–9, doi: 10.1080/00016340802233090 (2008).

361 Naylor, E. Tidally rhythmic behaviour of marine animals. *Symp Soc Exp Biol* **39**, 63–93 (1985).

362 Bulla, M., Oudman, T., Bijleveld, A. I., Piersma, T. and Kyriacou, C. P. Marine biorhythms: bridging chronobiology and ecology. *Philos Trans R Soc Lond B Biol Sci* **372**, doi: 10.1098/rstb.2016.0253 (2017).

363 Palmer, J. D., Udry, J. R. and Morris, N. M. Diurnal and weekly, but no lunar rhythms in human copulation. *Hum Biol* **54**, 111–21 (1982).

364 Refinetti, R. Time for sex: nycthemeral distribution of human sexual behavior. *J Circadian*

Rhythms **3**, 4, doi: 10. 1186/ 1740–3391–3–4 (2005).

365 Junger, J. et al. Do women's preferences for masculine voices shift across the ovulatory cycle? *Horm Behav* **106**, 122–34, doi: 10. 1016/j. yhbeh. 2018. 10. 008 (2018).

366 Little, A. C., Jones, B. C. and Burriss, R. P. Preferences for masculinity in male bodies change across the menstrual cycle. *Horm Behav* **51**, 633–9, doi: 10. 1016/j.yhbeh. 2007. 03. 006 (2007).

367 DeBruine, L. et al. Evidence for menstrual cycle shifts in women's preferences for masculinity: a response to Harris (in press), 'Menstrual cycle and facial preferences reconsidered'. *Evol Psychol* **8**, 768–75 (2010).

368 Gildersleeve, K., Haselton, M. G. and Fales, M. R. Do women's mate preferences change across the ovulatory cycle? A meta-analytic review. *Psychol Bull* **140**, 1205–59, doi: 10. 1037/a 0035438 (2014).

369 Williams, M. N. and Jacobson, A. Effect of copulins on rating of female attractiveness, mate-guarding, and self-perceived sexual desirability. *Evolutionary Psychology* **14** (2016).

370 Kuukasjärvi, S. et al. Attractiveness of women's body odors over the menstrual cycle: the role of oral contraceptives and receiver sex. *Behavioral Ecology* **15**, 579–84 (2004).

371 Doty, R. L., Ford, M., Preti, G. and Huggins, G. R. Changes in the intensity and pleasantness of human vaginal odors during the menstrual cycle. *Science* **190**, 1316–18, doi: 10. 1126/ science. 1239080 (1975).

372 Su, H. W., Yi, Y. C., Wei, T. Y., Chang, T. C. and Cheng, C. M. Detection of ovulation, a review of currently available methods. *Bioeng Transl Med* **2**, 238–46, doi: 10. 1002/btm 2. 10058 (2017).

373 Winters, S. J. Diurnal rhythm of testosterone and luteinizing hormone in hypogonadal men. *J Androl* **12**, 185–90 (1991).

374 Xie, M., Utzinger, K. S., Blickenstorfer, K. and Leeners, B. Diurnal and seasonal changes in semen quality of men in subfertile partnerships. *Chronobiol Int* **35**, 1375–84, doi: 10. 1080/ 07420528. 2018. 1483942 (2018).

375 Kaiser, I. H. and Halberg, F. Circadian periodic aspects of birth. *Ann NY Acad Sci* **98**, 1056–68, doi: 10. 1111/j. 1749–6632. 1962.tb 30618.x (1962).

376 Chaney, C., Goetz, T. G. and Valeggia, C. A time to be born: variation in the hour of birth in a rural population of Northern Argentina. *Am J Phys Anthropol* **166**, 975–8, doi: 10. 1002/ajpa. 23483 (2018).

377 Sharkey, J. T., Cable, C. and Olcese, J. Melatonin sensitizes human myometrial cells to oxytocin in a protein kinase C alpha/extracellular-signal regulated kinase-dependent manner. *J Clin Endocrinol Metab* **95**, 2902–8, doi: 10. 1210/jc. 2009–2137 (2010).

378 Millar, L. J., Shi, L., Hoerder-Suabedissen, A. and Molnar, Z. Neonatal hypoxia ischaemia: mechanisms, models, and therapeutic challenges. *Front Cell Neurosci* **11**, 78, doi: 10. 3389/ fncel. 2017. 00078 (2017).

379 Anderson, S. T. and FitzGerald, G. A. Sexual dimorphism in body clocks. *Science* **369**, 1164–5, doi: 10. 1126/science.abd 4964 (2020).

380 Boivin, D. B., Shechter, A., Boudreau, P., Begum, E. A. and Ng Ying-Kin, N. M. Diurnal and circadian variation of sleep and alertness in men vs. naturally cycling women. *Proc Natl Acad Sci USA* **113**, 10980–85, doi: 10. 1073/pnas. 1524484113 (2016).

381 Roenneberg, T. et al. A marker for the end of adolescence. *Curr Biol* **14**, R 1038–9, doi: 10. 1016/ j.cub. 2004. 11. 039 (2004).

382 Fischer, D., Lombardi, D. A., Marucci-Wellman, H. and Roenneberg, T. Chronotypes in the US – influence of age and sex. *PLoS One* **12**, e 0178782, doi: 10. 1371/journal.pone. 0178782 (2017).

383 Feillet, C. et al. Sexual dimorphism in circadian physiology is altered in LXRalpha deficient mice. *PLoS One* **11**, e 0150665, doi: 10. 1371/journal.pone. 0150665 (2016).

384 Meers, J. M. and Nowakowski, S. Sleep, premenstrual mood disorder, and women's health. *Curr Opin Psychol* **34**, 43–9, doi: 10. 1016/j. copsyc. 2019. 09. 003 (2020).

385 Yonkers, K. A., O'Brien, P. M. and Eriksson, E. Premenstrual syndrome. *Lancet* **371**, 1200–1210, doi: 10. 1016/S 0140–6736(08) 60527–9 (2008).

386 Kruijver, F. P. and Swaab, D. F. Sex hormone receptors are present in the human suprachiasmatic nucleus. *Neuroendocrinology* **75**, 296–305, doi: 10. 1159/ 000057339 (2002).

387 Wollnik, F. and Turek, F. W. Estrous correlated modulations of circadian and ultradian wheel-running activity rhythms in LEW/Ztm rats. *Physiol Behav* **43**, 389–96, doi: 10. 1016/ 0031– 9384(88) 90204–1 (1988).

388 Parry, B. L. et al. Reduced phase-advance of plasma melatonin after bright morning light in the

luteal, but not follicular, menstrual cycle phase in premenstrual dysphoric disorder: an extended study. *Chronobiol Int* **28**, 415–24, doi: 10.3109/07420528.2011.567365 (2011).

389 Van Reen, E. and Kiesner, J. Individual differences in self-reported difficulty sleeping across the menstrual cycle. *Arch Womens Ment Health* **19**, 599–608, doi: 10.1007/s00737–016–0621–9 (2016).

390 Tempesta, D. et al. Lack of sleep affects the evaluation of emotional stimuli. *Brain Res Bull* **82**, 104–8, doi: 10.1016/j.brainresbull.2010.01.014 (2010).

391 Schwarz, J. F. et al. Shortened night sleep impairs facial responsiveness to emotional stimuli. *Biol Psychol* **93**, 41–4, doi: 10.1016/j. biopsycho.2013.01.008 (2013).

392 Meers, J. M., Bower, J. L. and Alfano, C. A. Poor sleep and emotion dysregulation mediate the association between depressive and premenstrual symptoms in young adult women. *Arch Womens Ment Health* **23**, 351–9, doi: 10.1007/s00737–019–00984–2 (2020).

393 Hollander, L. E. et al. Sleep quality, estradiol levels, and behavioral factors in late reproductive age women. *Obstet Gynecol* **98**, 391–7, doi: 10.1016/s0029–7844(01)01485–5 (2001).

394 Manber, R. and Armitage, R. Sex, steroids, and sleep: a review. *Sleep* **22**, 540–55 (1999).

395 Proserpio, P. et al. Insomnia and menopause: a narrative review on mechanisms and treatments. *Climacteric* **23**, 539–49, doi: 10.1080/136 97137.2020.1799973 (2020).

396 Shaver, J. L. and Woods, N. F. Sleep and menopause: a narrative review. *Menopause* **22**, 899–915, doi: 10.1097/GME.0000000000000499 (2015).

397 Kravitz, H. M. et al. Sleep difficulty in women at midlife: a community survey of sleep and the menopausal transition. *Menopause* **10**, 19–28, doi: 10.1097/00042192–200310010–00005 (2003).

398 Walters, J. F., Hampton, S. M., Ferns, G. A. and Skene, D. J. Effect of menopause on melatonin and alertness rhythms investigated in constant routine conditions. *Chronobiol Int* **22**, 859–72, doi: 10.1080/07420520500263193 (2005).

399 Freedman, R. R. Hot flashes: behavioral treatments, mechanisms, and relation to sleep. *Am J Med* **118 Suppl 12B**, 124–30, doi: 10.1016/j. amjmed.2005.09.046 (2005).

400 Baker, F. C., de Zambotti, M., Colrain, I. M. and Bei, B. Sleep problems during the menopausal transition: prevalence, impact, and management challenges. *Nat Sci Sleep* **10**, 73–95, doi: 10.2147/NSS.S125807 (2018).

401 Kravitz, H. M. and Joffe, H. Sleep during the perimenopause: a SWAN story. *Obstet Gynecol Clin North Am* **38**, 567–86, doi: 10.1016/j. ogc.2011.06.002 (2011).

402 Moe, K. E. Hot flashes and sleep in women. *Sleep Med Rev* **8**, 487– 97, doi: 10.1016/j.smrv.2004.07.005 (2004).

403 Franklin, K. A., Sahlin, C., Stenlund, H. and Lindberg, E. Sleep apnoea is a common occurrence in females. *Eur Respir J* **41**, 610–15, doi: 10.1183/09031936.00212711 (2013).

404 Kapsimalis, F. and Kryger, M. H. Gender and obstructive sleep apnea syndrome, part 2: mechanisms. *Sleep* **25**, 499–506 (2002).

405 Cintron, D. et al. Efficacy of menopausal hormone therapy on sleep quality: systematic review and meta-analysis. *Endocrine* **55**, 702–11, doi: 10.1007/s12020–016–1072–9 (2017).

406 McCurry, S. M. et al. Telephone-based cognitive behavioral therapy for insomnia in perimenopausal and postmenopausal women with vasomotor symptoms: a MsFLASH randomized clinical trial. *JAMA Intern Med* **176**, 913–20, doi: 10.1001/jamainternmed.2016.1795 (2016).

407 Salk, R. H., Hyde, J. S. and Abramson, L. Y. Gender differences in depression in representative national samples: meta-analyses of diagnoses and symptoms. *Psychol Bull* **143**, 783–822, doi: 10.1037/bul0000102 (2017).

408 Barrett-Connor, E. et al. The association of testosterone levels with overall sleep quality, sleep architecture, and sleep-disordered breathing. *J Clin Endocrinol Metab* **93**, 2602–9, doi: 10.1210/jc.2007–2622 (2008).

409 Swaab, D. F., Gooren, L. J. and Hofman, M. A. Brain research, gender and sexual orientation. *J Homosex* **28**, 283–301, doi: 10.1300/ J082v28n03_07 (1995).

410 Swaab, D. F. and Hofman, M. A. An enlarged suprachiasmatic nucleus in homosexual men. *Brain Res* **537**, 141–8, doi: 10.1016/0006– 8993(90)90350-k (1990).

411 Román-Gálvez, R. M. et al. Factors associated with insomnia in pregnancy: a prospective Cohort Study. *Eur J Obstet Gynecol Reprod Biol* **221**, 70–75, doi: 10.1016/j.ejogrb.2017.12.007 (2018).

412 Kivela, L., Papadopoulos, M. R. and Antypa, N. Chronotype and psychiatric disorders. *Curr Sleep Med Rep* **4**, 94–103, doi: 10.1007/s40675–018–0113–8 (2018).

413 Goyal, D., Gay, C. L. and Lee, K. A. Patterns of sleep disruption and depressive symptoms in new

mothers. *J Perinat Neonatal Nurs* **21**, 123–9, doi: 10.1097/01.JPN.0000270629.58746.96 (2007).

414 Doan, T., Gay, C. L., Kennedy, H. P., Newman, J. and Lee, K. A. Nighttime breastfeeding behavior is associated with more nocturnal sleep among first-time mothers at one month postpartum. *J Clin Sleep Med* **10**, 313–19, doi: 10.5664/jcsm.3538 (2014).

415 Wulff, K. and Siegmund, R. Emergence of circadian rhythms in infants before and after birth: evidence for variations by parental influence. *Z Geburtshilfe Neonatol* **206**, 166–71, doi: 10.1055/s-2002–34963 (2002).

416 Gay, C. L., Lee, K. A. and Lee, S. Y. Sleep patterns and fatigue in new mothers and fathers. *Biol Res Nurs* **5**, 311–18, doi: 10.1177/1099800403262142 (2004).

417 Stremler, R. et al. A behavioral-educational intervention to promote maternal and infant sleep: a pilot randomized, controlled trial. *Sleep* **29**, 1609–15, doi: 10.1093/sleep/29.12.1609 (2006).

418 Hunter, L. P., Rychnovsky, J. D. and Yount, S. M. A selective review of maternal sleep characteristics in the postpartum period. *J Obstet Gynecol Neonatal Nurs* **38**, 60–68, doi: 10.1111/j.1552–6909.2008.00309.x (2009).

419 Kennedy, H. P., Gardiner, A., Gay, C. and Lee, K. A. Negotiating sleep: a qualitative study of new mothers. *J Perinat Neonatal Nurs* **21**, 114–22, doi: 10.1097/01.JPN.0000270628.51122.1d (2007).

420 Cronin, R. S. et al. An individual participant data meta-analysis of maternal going-to-sleep position, interactions with fetal vulnerability, and the risk of late stillbirth. *EClinicalMedicine* **10**, 49–57, doi: 10.1016/j.eclinm.2019.03.014 (2019).

421 Condon, R. G. and Scaglion, R. The ecology of human birth seasonality. *Hum Ecol* **10**, 495–511, doi: 10.1007/BF01531169 (1982).

422 Lundin, C. et al. Combined oral contraceptive use is associated with both improvement and worsening of mood in the different phases of the treatment cycle – a double-blind, placebo-controlled randomized trial. *Psychoneuroendocrinology* **76**, 135–43, doi: 10.1016/j.psyneuen.2016.11.033 (2017).

423 Yonkers, K. A., Cameron, B., Gueorguieva, R., Altemus, M. and Kornstein, S. G. The influence of cyclic hormonal contraception on expression of premenstrual syndrome. *J Womens Health (Larchmt)* **26**, 321–8, doi: 10.1089/jwh.2016.5941 (2017).

424 Simmons, R. G. et al. Predictors of contraceptive switching and discontinuation within the first 6 months of use among Highly Effective Reversible Contraceptive Initiative Salt Lake study participants. *Am J Obstet Gynecol* **220**, 376 e371–6 e312, doi: 10.1016/j.ajog.2018.12.022 (2019).

425 Smith, K. et al. Do progestin-only contraceptives contribute to the risk of developing depression as implied by Beta-Arrestin 1 levels in leukocytes? A pilot study. *Int J Environ Res Public Health* **15**, doi: 10.3390/ijerph15091966 (2018).

426 Lewis, C. A. et al. Effects of hormonal contraceptives on mood: a focus on emotion recognition and reactivity, reward processing, and stress response. *Curr Psychiatry Rep* **21**, 115, doi: 10.1007/s11920–019–1095-z (2019).

427 Jocz, P., Stolarski, M. and Jankowski, K. S. Similarity in chronotype and preferred time for sex and its role in relationship quality and sexual satisfaction. *Front Psychol* **9**, 443, doi: 10.3389/fpsyg.2018.00443 (2018).

428 Richter, K., Adam, S., Geiss, L., Peter, L. and Niklewski, G. Two in a bed: the influence of couple sleeping and chronotypes on relationship and sleep. An overview. *Chronobiol Int* **33**, 1464–72, doi: 10.10 80/07420528.2016.1220388 (2016).

429 Cooke, P. S., Nanjappa, M. K., Ko, C., Prins, G. S. and Hess, R. A. Estrogens in Male Physiology. *Physiol Rev* **97**, 995–1043, doi: 10.1152/physrev.00018.2016 (2017).

430 Fillinger, L., Janussen, D., Lundälv, T. and Richter, C. Rapid glass sponge expansion after climate-induced Antarctic ice shelf collapse. *Curr Biol* **23**, 1330–34, doi: 10.1016/j.cub.2013.05.051 (2013).

431 Poblano, A., Haro, R. and Arteaga, C. Neurophysiologic measurement of continuity in the sleep of fetuses during the last week of pregnancy and in newborns. *Int J Biol Sci* **4**, 23–8, doi: 10.7150/ijbs.4.23 (2007).

432 Lancel, M., Faulhaber, J., Holsboer, F. and Rupprecht, R. Progesterone induces changes in sleep comparable to those of agonistic GABAA receptor modulators. *Am J Physiol* **271**, E763–72, doi: 10.1152/ajpendo.1996.271.4.E763 (1996).

433 Silvestri, R. and Arico, I. Sleep disorders in pregnancy. *Sleep Sci* **12**, 232–9, doi: 10.5935/1984–0063.20190098 (2019).

434 Bell, A. V., Hinde, K. and Newson, L. Who was helping? The scope for female cooperative breeding in early Homo. *PLoS One* **8**, e83667, doi: 10.1371/journal.pone.0083667 (2013).

435 Bruni, O. et al. Longitudinal study of sleep behavior in normal infants during the first year of life. *J Clin Sleep Med* **10**, 1119–27, doi:10.5664/jcsm.4114 (2014).

436 Tham, E. K., Schneider, N. and Broekman, B. F. Infant sleep and its relation with cognition and growth: a narrative review. *Nat Sci Sleep* **9**, 135–49, doi:10.2147/NSS.S125992 (2017).

437 Mindell, J. A. et al. Behavioral treatment of bedtime problems and night wakings in infants and young children. *Sleep* **29**, 1263–76 (2006).

438 Rivkees, S. A. Developing circadian rhythmicity in infants. *Pediatrics* **112**, 373–81, doi:10.1542/peds.112.2.373 (2003).

439 Bateson, P. et al. Developmental plasticity and human health. *Nature* **430**, 419–21, doi:10.1038/nature02725 (2004).

440 Burnham, M. M., Goodlin-Jones, B. L., Gaylor, E. E. and Anders, T. F. Nighttime sleep–wake patterns and self-soothing from birth to one year of age: a longitudinal intervention study. *J Child Psychol Psychiatry* **43**, 713–25, doi:10.1111/1469-7610.00076 (2002).

441 Gaylor, E. E., Burnham, M. M., Goodlin-Jones, B. L. and Anders, T. F. A longitudinal follow-up study of young children's sleep patterns using a developmental classification system. *Behav Sleep Med* **3**, 44–61, doi:10.1207/s15402010bsm0301_6 (2005).

442 Matricciani, L., Paquet, C., Galland, B., Short, M. and Olds, T. Children's sleep and health: A meta-review. *Sleep Med Rev* **46**, 136–50, doi:10.1016/j.smrv.2019.04.011 (2019).

443 Stormark, K. M., Fosse, H. E., Pallesen, S. and Hysing, M. The association between sleep problems and academic performance in primary school-aged children: findings from a Norwegian longitudinal population-based study. *PLoS One* **14**, e0224139, doi:10.1371/journal.pone.0224139 (2019).

444 Sluggett, L., Wagner, S. L. and Harris, R. L. Sleep duration and obesity in children and adolescents. *Can J Diabetes* **43**, 146–52, doi:10.1016/j.jcjd.2018.06.006 (2019).

445 Meltzer, L. J. and Montgomery-Downs, H. E. Sleep in the family. *Pediatr Clin North Am* **58**, 765–74, doi:10.1016/j.pcl.2011.03.010 (2011).

446 Mindell, J. A. and Williamson, A. A. Benefits of a bedtime routine in young children: sleep, development, and beyond. *Sleep Med Rev* **40**, 93–108, doi:10.1016/j.smrv.2017.10.007 (2018).

447 Moturi, S. and Avis, K. Assessment and treatment of common pediatric sleep disorders. *Psychiatry (Edgmont)* **7**, 24–37 (2010).

448 Akacem, L. D., Wright, K. P., Jr and LeBourgeois, M. K. Bedtime and evening light exposure influence circadian timing in preschool-age children: a field study. *Neurobiol Sleep Circadian Rhythms* **1**, 27–31, doi:10.1016/j.nbscr.2016.11.002 (2016).

449 Patton, G. C. et al. Our future: a Lancet commission on adolescent health and wellbeing. *Lancet* **387**, 2423–78, doi:10.1016/S0140-6736(16)00579-1 (2016).

450 Crowley, S. J., Wolfson, A. R., Tarokh, L. and Carskadon, M. A. An update on adolescent sleep: new evidence informing the perfect storm model. *J Adolesc* **67**, 55–65, doi:10.1016/j.adolescence.2018.06.001 (2018).

451 Keyes, K. M., Maslowsky, J., Hamilton, A. and Schulenberg, J. The great sleep recession: changes in sleep duration among US adolescents, 1991–2012. *Pediatrics* **135**, 460–68, doi:10.1542/peds.2014-2707 (2015).

452 Matricciani, L., Olds, T. and Petkov, J. In search of lost sleep: secular trends in the sleep time of school-aged children and adolescents. *Sleep Med Rev* **16**, 203–11, doi:10.1016/j.smrv.2011.03.005 (2012).

453 Hirshkowitz, M. et al. National Sleep Foundation's sleep time duration recommendations: methodology and results summary. *Sleep Health* **1**, 40–43, doi:10.1016/j.sleh.2014.12.010 (2015).

454 Paruthi, S. et al. Recommended amount of sleep for pediatric populations: a consensus statement of the American Academy of Sleep Medicine. *J Clin Sleep Med* **12**, 785–6, doi:10.5664/jcsm.5866 (2016).

455 Gradisar, M., Gardner, G. and Dohnt, H. Recent worldwide sleep patterns and problems during adolescence: a review and meta-analysis of age, region, and sleep. *Sleep Med* **12**, 110–18, doi:10.1016/j.sleep.2010.11.008 (2011).

456 Basch, C. E., Basch, C. H., Ruggles, K. V. and Rajan, S. Prevalence of sleep duration on an average school night among 4 nationally representative successive samples of American high school students, 2007–2013. *Prev Chronic Dis* **11**, E216, doi:10.5888/pcd11.140383 (2014).

457 Owens, J., Adolescent Sleep Working Group and Committee on Adolescence. Insufficient sleep in adolescents and young adults: an update on causes and consequences. *Pediatrics* **134**, e921–32,

doi: 10. 1542/peds. 2014–1696 (2014).

458 Chaput, J. P. et al. Systematic review of the relationships between sleep duration and health indicators in school-aged children and youth. *Appl Physiol Nutr Metab* **41**, S266–82, doi: 10. 1139/apnm-2015–0627 (2016).

459 McKnight-Eily, L. R. et al. Relationships between hours of sleep and health-risk behaviors in US adolescent students. *Prev Med* **53**, 271–3, doi: 10. 1016/j.ypmed. 2011. 06. 020 (2011).

460 Shochat, T., Cohen-Zion, M. and Tzischinsky, O. Functional consequences of inadequate sleep in adolescents: a systematic review. *Sleep Med Rev* **18**, 75–87, doi: 10. 1016/j.smrv. 2013. 03. 005 (2014).

461 Hysing, M., Harvey, A. G., Linton, S. J., Askeland, K. G. and Sivertsen, B. Sleep and academic performance in later adolescence: results from a large population-based study. *J Sleep Res* **25**, 318–24, doi: 10. 1111/jsr. 12373 (2016).

462 Beebe, D. W., Field, J., Miller, M. M., Miller, L. E. and LeBlond, E. Impact of multi-night experimentally induced short sleep on adolescent performance in a simulated classroom. *Sleep* **40**, doi: 10. 1093/sleep/zsw035 (2017).

463 Godsell, S. and White, J. Adolescent perceptions of sleep and influences on sleep behaviour: a qualitative study. *J Adolesc* **73**, 18–25, doi: 10. 1016/j.adolescence.2019. 03. 010 (2019).

464 Van Dyk, T. R., Becker, S. P. and Byars, K. C. Rates of mental health symptoms and associations with self-reported sleep quality and sleep hygiene in adolescents presenting for insomnia treatment. *J Clin Sleep Med* **15**, 1433–42, doi: 10. 5664/jcsm. 7970 (2019).

465 Jankowski, K. S., Fajkowska, M., Domaradzka, E. and Wytykowska, A.Chronotype, social jetlag and sleep loss in relation to sex steroids. *Psychoneuroendocrinology* **108**, 87–93, doi: 10. 1016/j.psyneuen.2019. 05. 027 (2019).

466 Jenni, O. G., Achermann, P. and Carskadon, M. A. Homeostatic sleep regulation in adolescents. *Sleep* **28**, 1446–54, doi: 10. 1093/sleep/28. 11. 1446 (2005).

467 Taylor, D. J., Jenni, O. G., Acebo, C. and Carskadon, M. A. Sleep tendency during extended wakefulness: insights into adolescent sleep regulation and behavior. *J Sleep Res* **14**, 239–44, doi: 10. 1111/j. 1365–2869.2005. 00467.x (2005).

468 Basheer, R., Strecker, R. E., Thakkar, M. M. and McCarley, R. W. Adenosine and sleep–wake regulation. *Prog Neurobiol* **73**, 379–96, doi: 10. 1016/j.pneurobio. 2004. 06. 004 (2004).

469 Illingworth, G. The challenges of adolescent sleep. *Interface Focus* **10**, 20190080, doi: 10. 1098/rsfs.2019. 0080 (2020).

470 Cain, N. and Gradisar, M. Electronic media use and sleep in school-aged children and adolescents: a review. *Sleep Med* **11**, 735–42, doi: 10. 1016/j.sleep. 2010. 02. 006 (2010).

471 Twenge, J. M., Krizan, Z. and Hisler, G. Decreases in self-reported sleep duration among U.S. adolescents 2009–2015 and association with new media screen time. *Sleep Med* **39**, 47–53, doi: 10. 1016/j.sleep. 2017. 08. 013 (2017).

472 Bartel, K. A., Gradisar, M. and Williamson, P. Protective and risk factors for adolescent sleep: a meta-analytic review. *Sleep Med Rev* **21**, 72–85, doi: 10. 1016/j.smrv.2014. 08. 002 (2015).

473 Vernon, L., Modecki, K. L. and Barber, B. L. Mobile phones in the bedroom: trajectories of sleep habits and subsequent adolescent psychosocial development. *Child Dev* **89**, 66–77, doi: 10. 1111/cdev. 12836 (2018).

474 Orzech, K. M., Grandner, M. A., Roane, B. M. and Carskadon, M. A. Digital media use in the 2 h before bedtime is associated with sleep variables in university students. *Comput Human Behav* **55**, 43–50, doi: 10. 1016/j.chb.2015. 08. 049 (2016).

475 Perrault, A. A. et al. Reducing the use of screen electronic devices in the evening is associated with improved sleep and daytime vigilance in adolescents. *Sleep* **42**, doi: 10. 1093/sleep/zsz125 (2019).

476 Crowley, S. J. et al. A longitudinal assessment of sleep timing, circadian phase, and phase angle of entrainment across human adolescence. *PLoS One* **9**, e112199, doi: 10. 1371/journal.pone.0112199 (2014).

477 Troxel, W. M. and Wolfson, A. R. The intersection between sleep science and policy: introduction to the special issue on school start times. *Sleep Health* **3**, 419–22, doi: 10. 1016/j.sleh. 2017. 10. 001 (2017).

478 Minges, K. E. and Redeker, N. S. Delayed school start times and adolescent sleep: a systematic review of the experimental evidence. *Sleep Med Rev* **28**, 86–95, doi: 10. 1016/j.smrv.2015. 06. 002 (2016).

479 Bowers, J. M. and Moyer, A. Effects of school start time on students' sleep duration, daytime sleepiness, and attendance: a meta-analysis. *Sleep Health* **3**, 423–31, doi: 10. 1016/j.sleh. 2017. 08. 004

(2017).

480 Wheaton, A. G., Chapman, D. P. and Croft, J. B. School start times, sleep, behavioral, health, and academic outcomes: a review of the literature. *J Sch Health* **86**, 363–81, doi: 10.1111/josh.12388 (2016).

481 Foster, R. G. Sleep, circadian rhythms and health. *Interface Focus* **10**, 20190098, doi: 10.1098/rsfs.2019.0098 (2020).

482 Kobak, R., Abbott, C., Zisk, A. and Bounoua, N. Adapting to the changing needs of adolescents: parenting practices and challenges to sensitive attunement. *Curr Opin Psychol* **15**, 137–42, doi: 10.1016/j.copsyc.2017.02.018 (2017).

483 Blunden, S. L., Chapman, J. and Rigney, G. A. Are sleep education programs successful? The case for improved and consistent research efforts. *Sleep Med Rev* **16**, 355–70, doi: 10.1016/j.smrv.2011.08.002 (2012).

484 Blunden. S. and Rigney, G. Lessons learned from sleep education in schools: a review of dos and don'ts. *J Clin Sleep Med* **11**, 671–80, doi: 10.5664/jcsm.4782 (2015).

485 Facer-Childs, E. R., Middleton, B., Skene, D. J. and Bagshaw, A. P. Resetting the late timing of 'night owls' has a positive impact on mental health and performance. *Sleep Med* **60**, 236–47, doi: 10.1016/j.sleep.2019.05.001 (2019).

486 Van Dyk, T. R. et al. Feasibility and emotional impact of experimentally extending sleep in short-sleeping adolescents. *Sleep* **40**, doi: 10.1093/sleep/zsx123 (2017).

487 Livingston, G. et al. Dementia prevention, intervention, and care: 2020 report of the *Lancet* Commission. *Lancet* **396**, 413–46, doi: 10.1016/S0140–6736(20)30367–6 (2020).

488 Ohayon, M. M., Carskadon, M. A., Guilleminault, C. and Vitiello, M. V. Meta-analysis of quantitative sleep parameters from childhood to old age in healthy individuals: developing normative sleep values across the human lifespan. *Sleep* **27**, 1255–73, doi: 10.1093/sleep/27.7.1255 (2004).

489 Dijk, D. J., Duffy, J. F. and Czeisler, C. A. Age-related increase in awakenings: impaired consolidation of nonREM sleep at all circadian phases. *Sleep* **24**, 565–77, doi: 10.1093/sleep/24.5.565 (2001).

490 Bliwise, D. L. Sleep in normal aging and dementia. *Sleep* **16**, 40–81, doi: 10.1093/sleep/16.1.40 (1993).

491 Czeisler, C. A. et al. Association of sleep–wake habits in older people with changes in output of circadian pacemaker. *Lancet* **340**, 933–96, doi: 10.1016/0140–6736(92)92817-y (1992).

492 Duffy, J. F. et al. Peak of circadian melatonin rhythm occurs later within the sleep of older subjects. *Am J Physiol Endocrinol Metab* **282**, E297–303, doi: 10.1152/ajpendo.00268.2001 (2002).

493 Sherman, B., Wysham, C. and Pfohl, B. Age-related changes in the circadian rhythm of plasma cortisol in man. *J Clin Endocrinol Metab* **61**, 439–43, doi: 10.1210/jcem-61–3–439 (1985).

494 Van Someren, E. J. Circadian and sleep disturbances in the elderly. *Exp Gerontol* **35**, 1229–37, doi: 10.1016/s0531–5565(00)00191–1 (2000).

495 Munch, M. et al. Age-related attenuation of the evening circadian arousal signal in humans. *Neurobiol Aging* **26**, 1307–19, doi: 10.1016/j.neurobiolaging.2005.03.004 (2005).

496 Zeitzer, J. M. et al. Do plasma melatonin concentrations decline with age? *Am J Med* **107**, 432–6, doi: 10.1016/s0002–9343(99)00266–1 (1999).

497 Farajnia, S. et al. Evidence for neuronal desynchrony in the aged suprachiasmatic nucleus clock. *J Neurosci* **32**, 5891–9, doi: 10.1523/ JNEUROSCI.0469–12.2012 (2012).

498 Zhou, J. N., Hofman, M. A. and Swaab, D. F. VIP neurons in the human SCN in relation to sex, age, and Alzheimer's disease. *Neurobiol Aging* **16**, 571–6, doi: 10.1016/0197–4580(95)00043-e (1995).

499 Pagani, L. et al. Serum factors in older individuals change cellular clock properties. *Proc Natl Acad Sci USA* **108**, 7218–23, doi: 10.1073/ pnas.1008882108 (2011).

500 Crowley, S. J., Cain, S. W., Burns, A. C., Acebo, C. and Carskadon, M. A. Increased sensitivity of the circadian system to light in early/mid-puberty. *J Clin Endocrinol Metab* **100**, 4067–73, doi: 10.1210/jc.2015–2775 (2015).

501 Duffy, J. F., Zeitzer, J. M. and Czeisler, C. A. Decreased sensitivity to phase-delaying effects of moderate intensity light in older subjects. *Neurobiol Aging* **28**, 799–807, doi: 10.1016/j.neurobiolaging.2006.03.005 (2007).

502 Cuthbertson, F. M., Peirson, S. N., Wulff, K., Foster, R. G. and Downes, S. M. Blue light-filtering intraocular lenses: review of potential benefits and side effects. *J Cataract Refract Surg* **35**, 1281–97, doi: 10.1016/j.jcrs.2009.04.017 (2009).

503 Alexander, I. et al. Impact of cataract surgery on sleep in patients receiving either ultraviolet-blocking or blue-filtering intraocular lens implants. *Invest Ophthalmol Vis Sci* **55**, 4999–5004, doi: 10. 1167/iovs. 14–14054 (2014).

504 Dijk, D. J. and Czeisler, C. A. Contribution of the circadian pacemaker and the sleep homeostat to sleep propensity, sleep structure, electroencephalographic slow waves, and sleep spindle activity in humans. *J Neurosci* **15**, 3526–38 (1995).

505 Gadie, A., Shafto, M., Leng, Y., Kievit, R. A. and Cam, C. A. N. How are age-related differences in sleep quality associated with health outcomes? An epidemiological investigation in a UK cohort of 2406 adults. *BMJ Open* **7**, e014920, doi: 10. 1136/bmjopen- 2016- 014920 (2017).

506 Schmidt, C., Peigneux, P. and Cajochen, C. Age-related changes in sleep and circadian rhythms: impact on cognitive performance and underlying neuroanatomical networks. *Front Neurol* **3**, 118, doi: 10. 3389/fneur. 2012. 00118 (2012).

507 Pengo, M. F., Won, C. H. and Bourjeily, G. Sleep in women across the life span. *Chest* **154**, 196–206, doi: 10. 1016/j.chest. 2018. 04. 005 (2018).

508 Cheung, S. S. Responses of the hands and feet to cold exposure. *Temperature (Austin)* **2**, 105–20, doi: 10. 1080/ 23328940. 2015. 1008890 (2015).

509 Oshima-Saeki, C., Taniho, Y., Arita, H. and Fujimoto, E. Lower-limb warming improves sleep quality in elderly people living in nursing homes. *Sleep Sci* **10**, 87–91, doi: 10. 5935/ 1984–0063.20170016 (2017).

510 Middelkoop, H. A., Smilde-van den Doel, D. A., Neven, A. K., Kamphuisen, H. A. and Springer, C. P. Subjective sleep characteristics of 1,485 males and females aged 50–93: effects of sex and age, and factors related to self-evaluated quality of sleep. *J Gerontol A Biol Sci Med Sci* **51**, M108–15, doi: 10. 1093/gerona/ 51a. 3.m 108 (1996).

511 Fonda, D. Nocturia: a disease or normal ageing? *BJU Int* **84 Suppl 1**, 13–15, doi: 10. 1046/ j. 1464– 410x. 1999. 00055.x (1999).

512 Van Dijk, L., Kooij, D. G. and Schellevis, F. G. Nocturia in the Dutch adult population. *BJU Int* **90**, 644– 8, doi: 10. 1046/j. 1464– 410x. 2002. 03011.x (2002).

513 Duffy, J. F., Scheuermaier, K. and Loughlin, K. R. Age-related sleep disruption and reduction in the circadian rhythm of urine output: contribution to nocturia? *Curr Aging Sci* **9**, 34–43, doi: 10. 2174/ 187460 9809666151130220343 (2016).

514 Sugaya, K., Nishijima, S., Miyazato, M., Kadekawa, K. and Ogawa, Y. Effects of melatonin and rilmazafone on nocturia in the elderly. *J Int Med Res* **35**, 685–91, doi: 10. 1177/ 147323000703500513 (2007).

515 Homma, Y. et al. Nocturia in the adult: classification on the basis of largest voided volume and nocturnal urine production. *J Urol* **163**, 777–81, doi: 10. 1016/s 0022– 5347(05) 67802–0 (2000).

516 Jin, M. H. and Moon, G. du. Practical management of nocturia in urology. *Indian J Urol* **24**, 289–94, doi: 10. 4103/ 0970– 1591. 42607 (2008).

517 Moon, D. G. et al. Antidiuretic hormone in elderly male patients with severe nocturia: a circadian study. *BJU Int* **94**, 571–5, doi: 10. 1111/j. 1464– 410X. 2004. 05003.x (2004).

518 Asplund, R., Sundberg, B. and Bengtsson, P. Oral desmopressin for nocturnal polyuria in elderly subjects: a double-blind, placebo-controlled randomized exploratory study. *BJU Int* **83**, 591–5, doi: 10. 1046/j. 1464– 410x. 1999. 00012.x (1999).

519 Oelke, M., Fangmeyer, B., Zinke, J. and Witt, J. H. Nocturia in men with benign prostatic hyperplasia. *Aktuelle Urol* **49**, 319–27, doi: 10. 1055/a- 0650– 3700 (2018).

520 Umlauf, M. G. et al. Obstructive sleep apnea, nocturia and polyuria in older adults. *Sleep* **27**, 139–44, doi: 10. 1093/sleep/ 27. 1. 139 (2004).

521 Margel, D., Shochat, T., Getzler, O., Livne, P. M. and Pillar, G. Continuous positive airway pressure reduces nocturia in patients with obstructive sleep apnea. *Urology* **67**, 974– 7, doi: 10. 1016/ j.urology. 2005. 11. 054 (2006).

522 Charloux, A., Gronfier, C., Lonsdorfer-Wolf, E., Piquard, F. and Brandenberger, G. Aldosterone release during the sleep–wake cycle in humans. *Am J Physiol* **276**, E43– 9, doi: 10. 1152/ ajpendo. 1999. 276. 1.E43 (1999).

523 Stewart, R. B., Moore, M. T., May, F. E., Marks, R. G. and Hale, W. E. Nocturia: a risk factor for falls in the elderly. *J Am Geriatr Soc* **40**, 1217–20, doi: 10. 1111/j. 1532– 5415. 1992.tb 03645.x (1992).

524 Asplund, R., Johansson, S., Henriksson, S. and Isacsson, G. Nocturia, depression and antidepressant medication. *BJU Int* **95**, 820–23, doi: 10. 1111/j. 1464– 410X. 2005. 05408.x (2005).

525 Asplund, R. Nocturia in relation to sleep, health, and medical treatment in the elderly. *BJU Int* **96**

Suppl 1, 15–21, doi:10.1111/j.1464–410X.2005.05653.x (2005).

526 Hall, S. A. et al. Commonly used antihypertensives and lower urinary tract symptoms: results from the Boston Area Community Health (BACH) Survey. *BJU Int* **109**, 1676–84, doi:10.1111/j.1464–410X.2011.10593.x (2012).

527 Washino, S., Ugata, Y., Saito, K. and Miyagawa, T. Calcium channel blockers are associated with nocturia in men aged 40 years or older. *J Clin Med* **10**, doi:10.3390/jcm10081603 (2021).

528 Salman, M. et al. Effect of calcium channel blockers on lower urinary tract symptoms: a systematic review. *Biomed Res Int* **2017**, 4269875, doi:10.1155/2017/4269875 (2017).

529 Rongve, A., Boeve, B. F. and Aarsland, D. Frequency and correlates of caregiver-reported sleep disturbances in a sample of persons with early dementia. *J Am Geriatr Soc* **58**, 480–86, doi:10.1111/j.1532–5415.2010.02733.x (2010).

530 Naismith, S. L. et al. Sleep disturbance relates to neuropsychological functioning in late-life depression. *J Affect Disord* **132**, 139–45, doi:10.1016/j.jad.2011.02.027 (2011).

531 Ancoli-Israel, S., Klauber, M. R., Butters, N., Parker, L. and Kripke, D. F. Dementia in institutionalized elderly: relation to sleep apnea. *J Am Geriatr Soc* **39**, 258–63, doi:10.1111/j.1532–5415.1991.tb01647.x (1991).

532 Jaussent, I. et al. Excessive sleepiness is predictive of cognitive decline in the elderly. *Sleep* **35**, 1201–7, doi:10.5665/sleep.2070 (2012).

533 Ayalon, L. et al. Adherence to continuous positive airway pressure treatment in patients with Alzheimer's disease and obstructive sleep apnea. *Am J Geriatr Psychiatry* **14**, 176–80, doi:10.1097/01.JGP.0000192484.12684.cd (2006).

534 Alzheimer's Association. 2016 Alzheimer's disease facts and figures. *Alzheimers Dement* **12**, 459–509, doi:10.1016/j.jalz.2016.03.001 (2016).

535 Jack, C. R., Jr et al. Tracking pathophysiological processes in Alzheimer's disease: an updated hypothetical model of dynamic biomarkers. *Lancet Neurol* **12**, 207–16, doi:10.1016/S1474–4422(12)70291–0 (2013).

536 Kar, S. and Quirion, R. Amyloid beta peptides and central cholinergic neurons: functional interrelationship and relevance to Alzheimer's disease pathology. *Prog Brain Res* **145**, 261–74, doi:10.1016/S0079–6123(03)45018–8 (2004).

537 Kar, S., Slowikowski, S. P., Westaway, D. and Mount, H. T. Interactions between beta-amyloid and central cholinergic neurons: implications for Alzheimer's disease. *J Psychiatry Neurosci* **29**, 427–41 (2004).

538 Song, H. R., Woo, Y. S., Wang, H. R., Jun, T. Y. and Bahk, W. M. Effect of the timing of acetylcholinesterase inhibitor ingestion on sleep. *Int Clin Psychopharmacol* **28**, 346–8, doi:10.1097/YIC.0b013e328364f58d (2013).

539 Hatfield, C. F., Herbert, J., van Someren, E. J., Hodges, J. R. and Hastings, M. H. Disrupted daily activity/rest cycles in relation to daily cortisol rhythms of home-dwelling patients with early Alzheimer's dementia. *Brain* **127**, 1061–74, doi:10.1093/brain/awh129 (2004).

540 Hahn, E. A., Wang, H. X., Andel, R. and Fratiglioni, L. A change in sleep pattern may predict Alzheimer disease. *Am J Geriatr psychiatry* **22**, 1262–71, doi:10.1016/j.jagp.2013.04.015 (2014).

541 Benito-Leon, J., Bermejo-Pareja, F., Vega, S. and Louis, E. D. Total daily sleep duration and the risk of dementia: a prospective population-based study. *Eur J Neurol* **16**, 990–97, doi:10.1111/j.1468–1331.2009.02618.x (2009).

542 Lim, A. S., Kowgier, M., Yu, L., Buchman, A. S. and Bennett, D. A. Sleep fragmentation and the risk of incident Alzheimer's disease and cognitive decline in older persons. *Sleep* **36**, 1027–32, doi:10.5665/sleep.2802 (2013).

543 Kang, J. E. et al. Amyloid-beta dynamics are regulated by orexin and the sleep–wake cycle. *Science* **326**, 1005–7, doi:10.1126/science.1180962 (2009).

544 Xie, L. et al. Sleep drives metabolite clearance from the adult brain. *Science* **342**, 373–7, doi:10.1126/science.1241224 (2013).

545 Reeves, B. C. et al. Glymphatic system impairment in Alzheimer's disease and idiopathic normal pressure hydrocephalus. *Trends Mol Med* **26**, 285–95, doi:10.1016/j.molmed.2019.11.008 (2020).

546 Cordone, S., Annarumma, L., Rossini, P. M. and De Gennaro, L. Sleep and beta-amyloid deposition in Alzheimer disease: insights on mechanisms and possible innovative treatments. *Front Pharmacol* **10**, 695, doi:10.3389/fphar.2019.00695 (2019).

547 Sundaram, S. et al. Inhibition of casein kinase 1delta/epsilon improves cognitive-affective behavior and reduces amyloid load in the APP-PS1 mouse model of Alzheimer's disease. *Sci Rep* **9**,

13743, doi: 10.1038/s41598-019-50197-x (2019).

548 Tandberg, E., Larsen, J. P. and Karlsen, K. A community-based study of sleep disorders in patients with Parkinson's disease. *Mov Disord* **13**, 895–9, doi: 10.1002/mds.870130606 (1998).

549 Nussbaum, R. L. and Ellis, C. E. Alzheimer's disease and Parkinson's disease. *N Engl J Med* **348**, 1356–64, doi: 10.1056/NEJM2003ra020003 (2003).

550 Kudo, T., Loh, D. H., Truong, D., Wu, Y. and Colwell, C. S. Circadian dysfunction in a mouse model of Parkinson's disease. *Exp Neurol* **232**, 66–75, doi: 10.1016/j.expneurol.2011.08.003 (2011).

551 Willison, L. D., Kudo, T., Loh, D. H., Kuljis, D. and Colwell, C. S. Circadian dysfunction may be a key component of the non-motor symptoms of Parkinson's disease: insights from a transgenic mouse model. *Exp Neurol* **243**, 57–66, doi: 10.1016/j.expneurol.2013.01.014 (2013).

552 McCurry, S. M. et al. Increasing walking and bright light exposure to improve sleep in community-dwelling persons with Alzheimer's disease: results of a randomized, controlled trial. *J Am Geriatr Soc* **59**, 1393–1402, doi: 10.1111/j.1532-5415.2011.03519.x (2011).

553 Ettcheto, M. et al. Benzodiazepines and related drugs as a risk factor in Alzheimer's disease dementia. *Front Aging Neurosci* **11**, 344, doi: 10.3389/fnagi.2019.00344 (2019).

554 Mendelson, W. B. A review of the evidence for the efficacy and safety of trazodone in insomnia. *J Clin Psychiatry* **66**, 469–76, doi: 10.4088/jcp.v66n0409 (2005).

555 Molano, J. and Vaughn, B. V. Approach to insomnia in patients with dementia. *Neurol Clin Pract* **4**, 7–15, doi: 10.1212/CPJ.0b013e3182a78edf (2014).

556 Shochat, T., Martin, J., Marler, M. and Ancoli-Israel, S. Illumination levels in nursing home patients: effects on sleep and activity rhythms. *J Sleep Res* **9**, 373–9, doi: 10.1046/j.1365-2869.2000.00221.x (2000).

557 Martins da Silva, R., Afonso, P., Fonseca, M. and Teodoro, T. Comparing sleep quality in institutionalized and non-institutionalized elderly individuals. *Aging Ment Health* **24**, 1452–8, doi: 10.1080/13607863.2019.1619168 (2020).

558 Riemersma-van der Lek, R. F. et al. Effect of bright light and melatonin on cognitive and noncognitive function in elderly residents of group care facilities: a randomized controlled trial. *JAMA* **299**, 2642–55, doi: 10.1001/jama.299.22.2642 (2008).

559 Figueiro, M. G. Light, sleep and circadian rhythms in older adults with Alzheimer's disease and related dementias. *Neurodegener Dis Manag* **7**, 119–45, doi: 10.2217/nmt-2016-0060 (2017).

560 Chapell, M. et al. Myopia and night-time lighting during sleep in children and adults. *Percept Mot Skills* **92**, 640–42, doi: 10.2466/pms.2001.92.3.640 (2001).

561 Guggenheim, J. A., Hill, C. and Yam, T. F. Myopia, genetics, and ambient lighting at night in a UK sample. *Br J Ophthalmol* **87**, 580–82, doi: 10.1136/bjo.87.5.580 (2003).

562 Gee, B. M., Lloyd, K., Sutton, J. and McOmber, T. Weighted blankets and sleep quality in children with autism spectrum disorders: a single-subject design. *Children (Basel)* **8**, doi: 10.3390/children8010010 (2020).

563 Dawson, D. and Reid, K. Fatigue, alcohol and performance impairment. *Nature* **388**, 235, doi: 10.1038/40775 (1997).

564 Goldstein, D., Hahn, C. S., Hasher, L., Wiprzycka, U. J. and Zelazo, P. D. Time of day, intellectual performance, and behavioral problems in morning versus evening type adolescents: is there a synchrony effect? *Pers Individ Dif* **42**, 431–40, doi: 10.1016/j.paid.2006.07.008 (2007).

565 Zerbini, G. and Merrow, M. Time to learn: how chronotype impacts education. *Psych J* **6**, 263–76, doi: 10.1002/pchj.178 (2017).

566 Van der Vinne, V. et al. Timing of examinations affects school performance differently in early and late chronotypes. *J Biol Rhythms* **30**, 53–60, doi: 10.1177/0748730414564786 (2015).

567 Van Dongen, H. P., Maislin, G., Mullington, J. M. and Dinges, D. F. The cumulative cost of additional wakefulness: dose-response effects on neurobehavioral functions and sleep physiology from chronic sleep restriction and total sleep deprivation. *Sleep* **26**, 117–26, doi: 10.1093/sleep/26.2.117 (2003).

568 Belenky, G. et al. Patterns of performance degradation and restoration during sleep restriction and subsequent recovery: a sleep dose-response study. *J Sleep Res* **12**, 1–12, doi: 10.1046/j.1365-2869.2003.00337.x (2003).

569 Lim, J. and Dinges, D. F. A meta-analysis of the impact of short-term sleep deprivation on cognitive variables. *Psychol Bull* **136**, 375–89, doi: 10.1037/a0018883 (2010).

570 Durmer, J. S. and Dinges, D. F. Neurocognitive consequences of sleep deprivation. *Semin Neurol* **25**, 117–29, doi: 10.1055/s-2005-867080 (2005).

571 Bioulac, S. et al. Risk of motor vehicle accidents related to sleepiness at the wheel: a systematic review and meta-analysis. *Sleep* **41**, doi: 10.1093/sleep/zsy075 (2018).

572 Saper, C. B., Fuller, P. M., Pedersen, N. P., Lu, J. and Scammell, T. E. Sleep state switching. *Neuron* **68**, 1023–42, doi: 10.1016/j.neuron.2010.11.032 (2010).

573 Bendor, D. and Wilson, M. A. Biasing the content of hippocampal replay during sleep. *Nat Neurosci* **15**, 1439–44, doi: 10.1038/nn.3203 (2012).

574 Yoo, S. S., Hu, P. T., Gujar, N., Jolesz, F. A. and Walker, M. P. A deficit in the ability to form new human memories without sleep. *Nat Neurosci* **10**, 385–92, doi: 10.1038/nn1851 (2007).

575 Ong, J. L. et al. Auditory stimulation of sleep slow oscillations modulates subsequent memory encoding through altered hippocampal function. *Sleep* **41**, doi: 10.1093/sleep/zsy031 (2018).

576 Marshall, L. and Born, J. The contribution of sleep to hippocampus-dependent memory consolidation. *Trends Cogn Sci* **11**, 442–50, doi: 10.1016/j.tics.2007.09.001 (2007).

577 Schmid, D., Erlacher, D., Klostermann, A., Kredel, R. and Hossner, E. J. Sleep-dependent motor memory consolidation in healthy adults: a meta-analysis. *Neurosci Biobehav Rev* **118**, 270–81, doi: 10.1016/j.neubiorev.2020.07.028 (2020).

578 Schonauer, M., Geisler, T. and Gais, S. Strengthening procedural memories by reactivation in sleep. *J Cogn Neurosci* **26**, 143–53, doi: 10.1162/jocn_a_00471 (2014).

579 Kurniawan, I. T., Cousins, J. N., Chong, P. L. and Chee, M. W. Procedural performance following sleep deprivation remains impaired despite extended practice and an afternoon nap. *Sci Rep* **6**, 36001, doi: 10.1038/srep36001 (2016).

580 Wagner, U., Gais, S., Haider, H., Verleger, R. and Born, J. Sleep inspires insight. *Nature* **427**, 352–5, doi: 10.1038/nature02223 (2004).

581 Murray, G. Diurnal mood variation in depression: a signal of disturbed circadian function? *J Affect Disord* **102**, 47–53, doi: 10.1016/j.jad.2006.12.001 (2007).

582 Wirz-Justice, A. Diurnal variation of depressive symptoms. *Dialogues Clin Neurosci* **10**, 337–43 (2008).

583 Roiser, J. P., Howes, O. D., Chaddock, C. A., Joyce, E. M. and McGuire, P. Neural and behavioral correlates of aberrant salience in individuals at risk for psychosis. *Schizophr Bull* **39**, 1328–36, doi: 10.1093/schbul/sbs147 (2013).

584 Benca, R. M., Obermeyer, W. H., Thisted, R. A. and Gillin, J. C. Sleep and psychiatric disorders. A meta-analysis. *Arch Gen Psychiatry* **49**, 651–68; discussion 669–70, doi: 10.1001/archpsyc.1992.01820080059010 (1992).

585 Kessler, R. C. et al. Lifetime prevalence and age-of-onset distributions of mental disorders in the World Health Organization's World Mental Health Survey Initiative. *World Psychiatry* **6**, 168–76 (2007).

586 Manoach, D. S. and Stickgold, R. Does abnormal sleep impair memory consolidation in schizophrenia? *Front Hum Neurosci* **3**, 21, doi: 10.3389/neuro.09.021.2009 (2009).

587 Cohrs, S. Sleep disturbances in patients with schizophrenia: impact and effect of antipsychotics. *CNS Drugs* **22**, 939–62, doi: 10.2165/00023210-200822110-00004 (2008).

588 Martin, J. et al. Actigraphic estimates of circadian rhythms and sleep/wake in older schizophrenia patients. *Schizophr Res* **47**, 77–86 (2001).

589 Martin, J. L., Jeste, D. V. and Ancoli-Israel, S. Older schizophrenia patients have more disrupted sleep and circadian rhythms than age-matched comparison subjects. *J Psychiatr Res* **39**, 251–9, doi: 10.1016/j.jpsychires.2004.08.011 (2005).

590 Wulff, K., Joyce, E., Middleton, B., Dijk, D. J. and Foster, R. G. The suitability of actigraphy, diary data, and urinary melatonin profiles for quantitative assessment of sleep disturbances in schizophrenia: acasereport.*ChronobiolInt* **23**, 485–95, doi: 10.1080/07420520500545987 (2006).

591 Wulff, K., Porcheret, K., Cussans, E. and Foster, R. G. Sleep and circadian rhythm disturbances: multiple genes and multiple phenotypes. *Curr Opin Genet Dev* **19**, 237–46, doi: 10.1016/j.gde.2009.03.007 (2009).

592 Goldman, M. et al. Biological predictors of 1-year outcome in schizophrenia in males and females. *Schizophr Res* **21**, 65–73 (1996).

593 Hofstetter, J. R., Lysaker, P. H. and Mayeda, A. R. Quality of sleep in patients with schizophrenia is associated with quality of life and coping. *BMC Psychiatry* **5**, 13, doi: 10.1186/1471-244X-5-13 (2005).

594 Auslander, L. A. and Jeste, D. V. Perceptions of problems and needs for service among middle-aged and elderly outpatients with schizophrenia and related psychotic disorders. *Community Ment*

Health J **38**, 391–402 (2002).

595 Ehlers, C. L., Frank, E. and Kupfer, D. J. Social zeitgebers and biological rhythms. A unified approach to understanding the etiology of depression. *Arch Gen Psychiatry* **45**, 948–52, doi:10.1001/archpsyc.1988.01800340076012 (1988).

596 Chemerinski, E. et al. Insomnia as a predictor for symptom worsening following antipsychotic withdrawal in schizophrenia. *Compr Psychiatry* **43**, 393–6 (2002).

597 Pritchett, D. et al. Evaluating the links between schizophrenia and sleep and circadian rhythm disruption. *J Neural Transm (Vienna)* **119**, 1061–75, doi:10.1007/s00702–012–0817–8 (2012).

598 Oliver, P. L. et al. Disrupted circadian rhythms in a mouse model of schizophrenia. *Curr Biol* **22**, 314–19, doi:10.1016/j.cub.2011.12.051 (2012).

599 Pritchett, D. et al. Deletion of metabotropic glutamate receptors 2 and 3 (mGlu2 and mGlu3) in mice disrupts sleep and wheel-running activity, and increases the sensitivity of the circadian system to light. *PLoS One* **10**, e0125523, doi:10.1371/journal.pone.0125523 (2015).

600 Uhlhaas, P. J. and Singer, W. Neural synchrony in brain disorders: relevance for cognitive dysfunctions and pathophysiology. *Neuron* **52**, 155–68, doi:10.1016/j.neuron.2006.09.020 (2006).

601 Richardson, G. and Wang-Weigand, S. Effects of long-term exposure to ramelteon, a melatonin receptor agonist, on endocrine function in adults with chronic insomnia. *Hum Psychopharmacol* **24**, 103–11, doi:10.1002/hup.993 (2009).

602 Jagannath, A., Peirson, S. N. and Foster, R. G. Sleep and circadian rhythm disruption in neuropsychiatric illness. *Curr Opin Neurobiol* **23**, 888–94, doi:10.1016/j.conb.2013.03.008 (2013).

603 Freeman, D. et al. The effects of improving sleep on mental health (OASIS): a randomised controlled trial with mediation analysis. *Lancet Psychiatry* **4**, 749–58, doi:10.1016/S2215–0366(17)30328–0 (2017).

604 Alvaro, P. K., Roberts, R. M. and Harris, J. K. A systematic review assessing bidirectionality between sleep disturbances, anxiety, and depression. *Sleep* **36**, 1059–68, doi:10.5665/sleep.2810 (2013).

605 Goldstein, T. R., Bridge, J. A. and Brent, D. A. Sleep disturbance preceding completed suicide in adolescents. *J Consult Clin Psychol* **76**, 84–91, doi:10.1037/0022–006X.76.1.84 (2008).

606 Rumble, M. E. et al. The relationship of person-specific eveningness chronotype, greater seasonality, and less rhythmicity to suicidal behavior: a literature review. *J Affect Disord* **227**, 721–30, doi:10.1016/j.jad.2017.11.078 (2018).

607 Gold, A. K. and Sylvia, L. G. The role of sleep in bipolar disorder. *Nat Sci Sleep* **8**, 207–14, doi:10.2147/NSS.S85754 (2016).

608 Monk, T. H., Germain, A. and Reynolds, C. F. Sleep disturbance in bereavement. *Psychiatr Ann* **38**, 671–5, doi:10.3928/00485713–20081001–06 (2008).

609 Noguchi, T., Lo, K., Diemer, T. and Welsh, D. K. Lithium effects on circadian rhythms in fibroblasts and suprachiasmatic nucleus slices from Cry knockout mice. *Neurosci Lett* **619**, 49–53, doi:10.1016/j.neulet.2016.02.030 (2016).

610 Sanghani, H. R. et al. Patient fibroblast circadian rhythms predict lithium sensitivity in bipolar disorder. *Mol Psychiatry*, doi:10.1038/s41380–020–0769–6 (2020).

611 Desborough, M. J. R. and Keeling, D. M. The aspirin story – from willow to wonder drug. *Br J Haematol* **177**, 674–83, doi:10.1111/bjh.14520 (2017).

612 Levi, F., Le Louarn, C. and Reinberg, A. Timing optimizes sustained-release indomethacin treatment of osteoarthritis. *Clin Pharmacol Ther* **37**, 77–84, doi:10.1038/clpt.1985.15 (1985).

613 Maurer, M., Ortonne, J. P. and Zuberbier, T. Chronic urticaria: an internet survey of health behaviours, symptom patterns and treatment needs in European adult patients. *Br J Dermatol* **160**, 633–41, doi:10.1111/j.1365–2133.2008.08920.x (2009).

614 Labrecque, G. and Vanier, M. C. Biological rhythms in pain and in the effects of opioid analgesics. *Pharmacol Ther* **68**, 129–47, doi:10.1016/0163–7258(95)02003–9 (1995).

615 Rund, S. S., O'Donnell, A. J., Gentile, J. E. and Reece, S. E. Daily rhythms in mosquitoes and their consequences for malaria transmission. *Insects* **7**, doi:10.3390/insects7020014 (2016).

616 Smolensky, M. H. et al. Diurnal and twenty-four hour patterning of human diseases: acute and chronic common and uncommon medical conditions. *Sleep Med Rev* **21**, 12–22, doi:10.1016/j.smrv.2014.06.005 (2015).

617 Jamieson, R. A. Acute perforated peptic ulcer; frequency and incidence in the West of Scotland. *Br Med J* **2**, 222–7, doi:10.1136/bmj.2.4933.222 (1955).

618 Kujubu, D. A. and Aboseif, S. R. An overview of nocturia and the syndrome of nocturnal polyuria

in the elderly. *Nat Clin Pract Nephrol* **4**, 426–35, doi: 10. 1038/ncpneph 0856 (2008).

619 Barloese, M. C., Jennum, P. J., Lund, N. T. and Jensen, R. H. Sleep in cluster headache – beyond a temporal rapid eye movement relationship? *Eur J Neurol* **22**, 656–64, doi: 10. 1111/ene. 12623 (2015).

620 Durrington, H. J., Farrow, S. N., Loudon, A. S. and Ray, D. W. The circadian clock and asthma. *Thorax* **69**, 90–92, doi: 10. 1136/thoraxjnl- 2013– 203482 (2014).

621 Nihei, T. et al. Circadian variation of Rho-kinase activity in circulating leukocytes of patients with vasospastic angina. *Circ J* **78**, 1183–90, doi: 10. 1253/circj.cj- 13– 1458 (2014).

622 Truong, K. K., Lam, M. T., Grandner, M. A., Sassoon, C. S. and Malhotra, A. Timing matters: circadian rhythm in sepsis, obstructive lung disease, obstructive sleep apnea, and cancer. *Ann Am Thorac Soc* **13**, 1144–54, doi: 10. 1513/AnnalsATS. 201602– 125FR (2016).

623 Scott, J. T. Morning stiffness in rheumatoid arthritis. *Ann Rheum Dis* **19**, 361–8, doi: 10. 1136/ ard. 19. 4. 361 (1960).

624 Cutolo, M. Chronobiology and the treatment of rheumatoid arthritis. *Curr Opin Rheumatol* **24**, 312–18, doi: 10. 1097/BOR. 0b013e3283521c78 (2012).

625 Smolensky, M. H., Reinberg, A. and Labrecque, G. Twenty-four hour pattern in symptom intensity of viral and allergic rhinitis: treatment implications. *J Allergy Clin Immunol* **95**, 1084–96, doi: 10. 1016/s0091– 6749(95) 70212– 1 (1995).

626 Van Oosterhout, W. et al. Chronotypes and circadian timing in migraine. *Cephalalgia* **38**, 617–25, doi: 10. 1177/ 0333102417698953 (2018).

627 Elliott, W. J. Circadian variation in the timing of stroke onset: a meta-analysis. *Stroke* **29**, 992–6, doi: 10. 1161/ 01.str. 29. 5. 992 (1998).

628 Suarez-Barrientos, A. et al. Circadian variations of infarct size in acute myocardial infarction. *Heart* **97**, 970–76, doi: 10. 1136/hrt. 2010. 212621 (2011).

629 Muller, J. E. et al. Circadian variation in the frequency of sudden cardiac death. *Circulation* **75**, 131–8, doi: 10. 1161/ 01.cir. 75. 1. 131 (1987).

630 Khachiyants, N., Trinkle, D., Son, S. J. and Kim, K. Y. Sundown syndrome in persons with dementia: an update. *Psychiatry Investig* **8**, 275–87, doi: 10. 4306/pi. 2011. 8. 4. 275 (2011).

631 Gallerani, M. et al. The time for suicide. *Psychol Med* **26**, 867–70, doi: 10. 1017/ s 0033291700037909 (1996).

632 Allada, R. and Bass, J. Circadian mechanisms in medicine. *N Engl J Med* **384**, 550–61, doi: 10. 1056/NEJMra 1802337 (2021).

633 Kaur, G., Phillips, C. L., Wong, K., McLachlan, A. J. and Saini, B. Timing of administration: for commonly-prescribed medicines in Australia. *Pharmaceutics* **8**, doi: 10. 3390/pharmaceutics 8020013 (2016).

634 Mangoni, A. A. and Jackson, S. H. Age-related changes in pharmacokinetics and pharmacodynamics: basic principles and practical applications. *Br J Clin Pharmacol* **57**, 6–14, doi: 10. 1046/j. 1365– 2125. 2003. 02007.x (2004).

635 Coleman, J. J. and Pontefract, S. K. Adverse drug reactions. *Clin Med (Lond)* **16**, 481–5, doi: 10. 7861/clinmedicine. 16– 5– 481 (2016).

636 Asher, G. N., Corbett, A. H. and Hawke, R. L. Common herbal dietary supplement-drug interactions. *Am Fam Physician* **96**, 101–7 (2017).

637 Baraldo, M. The influence of circadian rhythms on the kinetics of drugs in humans. Expert Opin Drug Metab *Toxicol* **4**, doi: 10. 1517/ 17425255. 4. 2. 175 (2008).

638 Mehta, S. R. et al. The circadian pattern of ischaemic heart disease events in Indian population. *J Assoc Physicians India* **46**, 767–71 (1998).

639 Stubblefield, J. J. and Lechleiter, J. D. Time to target stroke: examining the circadian system in stroke. *Yale J Biol Med* **92**, 349–57 (2019).

640 Scheer, F. A. et al. The human endogenous circadian system causes greatest platelet activation during the biological morning independent of behaviors. *PLoS One* **6**, e 24549, doi: 10. 1371/journal. pone. 0024549 (2011).

641 McLoughlin, S. C., Haines, P. and FitzGerald, G. A. Clocks and cardiovascular function. *Methods Enzymol* **552**, 211–28, doi: 10. 1016/ bs.mie. 2014. 11. 029 (2015).

642 Wong, P. M., Hasler, B. P., Kamarck, T. W., Muldoon, M. F. and Manuck, S. B. Social jetlag, chronotype, and cardiometabolic risk. *J Clin Endocrinol Metab* **100**, 4612–20, doi: 10. 1210/jc. 2015– 2923 (2015).

643 Morris, C. J., Purvis, T. E., Hu, K. and Scheer, F. A. Circadian misalignment increases cardiovascular disease risk factors in humans. *Proc Natl Acad Sci USA* **113**, E1402–11, doi:10.1073/pnas.1516953113 (2016).

644 Thosar, S. S., Butler, M. P. and Shea, S. A. Role of the circadian system in cardiovascular disease. *J Clin Invest* **128**, 2157–67, doi:10.1172/JCI80590 (2018).

645 Manfredini, R. et al. Circadian variation in stroke onset: identical temporal pattern in ischemic and hemorrhagic events. *Chronobiol Int* **22**, 417–53, doi:10.1081/CBI-200062927 (2005).

646 Butt, M. U., Zakaria, M. and Hussain, H. M. Circadian pattern of onset of ischaemic and haemorrhagic strokes, and their relation to sleep/wake cycle. *J Pak Med Assoc* **59**, 129–32 (2009).

647 Duss, S. B. et al. The role of sleep in recovery following ischemic stroke: a review of human and animal data. *Neurobiol Sleep Circadian Rhythms* **2**, 94–105, doi:10.1016/j.nbscr.2016.11.003 (2017).

648 Hodor, A., Palchykova, S., Baracchi, F., Noain, D. and Bassetti, C. L. Baclofen facilitates sleep, neuroplasticity, and recovery after stroke in rats. *Ann Clin Transl Neurol* **1**, 765–77, doi:10.1002/acn3.115 (2014).

649 Parra, O. et al. Early treatment of obstructive apnoea and stroke outcome: a randomised controlled trial. *Eur Respir J* **37**, 1128–36, doi:10.1183/09031936.00034410 (2011).

650 Zunzunegui, C., Gao, B., Cam, E., Hodor, A. and Bassetti, C. L. Sleep disturbance impairs stroke recovery in the rat. *Sleep* **34**, 1261–9, doi:10.5665/SLEEP.1252 (2011).

651 Fleming, M. K. et al. Sleep disruption after brain injury is associated with worse motor outcomes and slower functional recovery. *Neurorehabil Neural Repair* **34**, 661–71, doi:10.1177/1545968320929669 (2020).

652 Bowles, N. P., Thosar, S. S., Herzig, M. X. and Shea, S. A. Chronotherapy for hypertension. *Curr Hypertens Rep* **20**, 97, doi:10.1007/s11906-018-0897-4 (2018).

653 Hackam, D. G. and Spence, J. D. Antiplatelet therapy in ischemic stroke and transient ischemic attack. *Stroke* **50**, 773–8, doi:10.1161/STROKEAHA.118.023954 (2019).

654 Bonten, T. N. et al. Time-dependent effects of aspirin on blood pressure and morning platelet reactivity: a randomized cross-over trial. *Hypertension* **65**, 743–50, doi:10.1161/HYPERTENSIONAHA.114.04980 (2015).

655 Buurma, M., van Diemen, J. J. K., Thijs, A., Numans, M. E. and Bonten, T. N. Circadian rhythm of cardiovascular disease: the potential of chronotherapy with aspirin. *Front Cardiovasc Med* **6**, 84, doi:10.3389/fcvm.2019.00084 (2019).

656 Hermida, R. C. et al. Bedtime hypertension treatment improves cardiovascular risk reduction: the Hygia Chronotherapy Trial. *Eur Heart J*, doi:10.1093/eurheartj/ehz754 (2019).

657 Mayor, S. Taking antihypertensives at bedtime nearly halves cardiovascular deaths when compared with morning dosing, study finds. *BMJ* **367**, 16173, doi:10.1136/bmj.16173 (2019).

658 Sanders, G. D. et al. in *Angiotensin-Converting Enzyme Inhibitors (ACEIs), Angiotensin II Receptor Antagonists (ARBs), and Direct Renin Inhibitors for Treating Essential Hypertension: An Update; AHRQ Comparative Effectiveness Reviews* (2011).

659 Altman, R., Luciardi, H. L., Muntaner, J. and Herrera, R. N. The antithrombotic profile of aspirin. Aspirin resistance, or simply failure? *Thromb J* **2**, 1, doi:10.1186/1477-9560-2-1 (2004).

660 Zhu, L. L., Xu, L. C., Chen, Y., Zhou, Q. and Zeng, S. Poor awareness of preventing aspirin-induced gastrointestinal injury with combined protective medications. *World J Gastroenterol* **18**, 3167–72, doi:10.3748/wjg.v18.i24.3167 (2012).

661 Plakogiannis, R. and Cohen, H. Optimal low-density lipoprotein cholesterol lowering – morning versus evening statin administration. *Ann Pharmacother* **41**, 106–10, doi:10.1345/aph.1G659 (2007).

662 Peirson, S. N. and Foster, R. G. Bad light stops play. *EMBO Rep* **12**, 380, doi:10.1038/embor.2011.70 (2011).

663 Ede, M. C. Circadian rhythms of drug effectiveness and toxicity. *Clin Pharmacol Ther* **14**, 925–35, doi:10.1002/cpt1973146925 (1973).

664 Esposito, E. et al. Potential circadian effects on translational failure for neuroprotection. *Nature* **582**, 395–8, doi:10.1038/s41586-020-2348-z (2020).

665 Shankar, A. and Williams, C. T. The darkness and the light: diurnal rodent models for seasonal affective disorder. *Dis Model Mech* **14**, doi:10.1242/dmm.047217 (2021).

666 Segal, J. P., Tresidder, K. A., Bhatt, C., Gilron, I. and Ghasemlou, N. Circadian control of pain and neuroinflammation. *J Neurosci Res* **96**, 1002–20, doi:10.1002/jnr.24150 (2018).

667 Buttgereit, F., Smolen, J. S., Coogan, A. N. and Cajochen, C. Clocking in: chronobiology in

rheumatoid arthritis. *Nat Rev Rheumatol* **11**, 349–56, doi:10.1038/nrrheum.2015.31 (2015).

668 Broner, S. W. and Cohen, J. M. Epidemiology of cluster headache. *Curr Pain Headache Rep* **13**, 141–6, doi:10.1007/s11916–009–0024-y (2009).

669 Burish, M. J., Chen, Z. and Yoo, S. H. Emerging relevance of circadian rhythms in headaches and neuropathic pain. *Acta Physiol (Oxf)* **225**, e13161, doi:10.1111/apha.13161 (2019).

670 Noseda, R. and Burstein, R. Migraine pathophysiology: anatomy of the trigeminovascular pathway and associated neurological symptoms, CSD, sensitization and modulation of pain. *Pain* **154 Suppl 1**, doi:10.1016/j.pain.2013.07.021 (2013).

671 Rozen, T. D. and Fishman, R. S. Cluster headache in the United States of America: demographics, clinical characteristics, triggers, suicidality, and personal burden. *Headache* **52**, 99–113, doi:10.1111/j.1526–4610.2011.02028.x (2012).

672 Headache Classification Committee of the International Headache Society (IHS). The International Classification of Headache Disorders, 3rd edn. *Cephalalgia* **38**, 1–211, doi:10.1177/0333102417738202 (2018).

673 Stewart, W. F., Lipton, R. B., Celentano, D. D. and Reed, M. L. Prevalence of migraine headache in the United States. Relation to age, income, race, and other sociodemographic factors. *JAMA* **267**, 64–9 (1992).

674 Hemelsoet, D., Hemelsoet, K. and Devreese, D. The neurological illness of Friedrich Nietzsche. *Acta Neurol Belg* **108**, 9–16 (2008).

675 Borsook, D. et al. Sex and the migraine brain. *Neurobiol Dis* **68**, 200–214, doi:10.1016/j.nbd.2014.03.008 (2014).

676 Ong, J. C. et al. Can circadian dysregulation exacerbate migraines? *Headache* **58**, 1040–51, doi:10.1111/head.13310 (2018).

677 Leso, V. et al. Shift work and migraine: a systematic review. *J Occup Health* **62**, e12116, doi:10.1002/1348–9585.12116 (2020).

678 Chen, Z. What's next for chronobiology and drug discovery. *Expert Opin Drug Discov* **12**, 1181–5, doi:10.1080/17460441.2017.1378179 (2017).

679 Johansson, A. S., Brask, J., Owe-Larsson, B., Hetta, J. and Lundkvist, G. B. Valproic acid phase shifts the rhythmic expression of Period2::Luciferase. *J Biol Rhythms* **26**, 541–51, doi:10.1177/0748730411419775 (2011).

680 Biggs, K. R. and Prosser, R. A. GABAB receptor stimulation phase-shifts the mammalian circadian clock in vitro. *Brain Res* **807**, 250–54, doi:10.1016/s0006–8993(98)00820–8 (1998).

681 Glasser, S. P. Circadian variations and chronotherapeutic implications for cardiovascular management: a focus on COER verapamil. *Heart Dis* **1**, 226–32 (1999).

682 Mwamburi, M., Liebler, E. J. and Tenaglia, A. T. Review of noninvasive vagus nerve stimulation (gammaCore): efficacy, safety, potential impact on comorbidities, and economic burden for episodic and chronic cluster headache. *Am J Manag Care* **23**, S317–25 (2017).

683 Gilron, I., Bailey, J. M. and Vandenkerkhof, E. G. Chronobiological characteristics of neuropathic pain: clinical predictors of diurnal pain rhythmicity. *Clin J Pain* **29**, 755–9, doi:10.1097/AJP.0b013e318275f287 (2013).

684 Zhang, J. et al. Regulation of peripheral clock to oscillation of substance P contributes to circadian inflammatory pain. *Anesthesiology* **117**, 149–60, doi:10.1097/ALN.0b013e31825b4fc1 (2012).

685 Gong, J., Chehrazi-Raffle, A., Reddi, S. and Salgia, R. Development of PD-1 and PD-L1 inhibitors as a form of cancer immunotherapy: a comprehensive review of registration trials and future considerations. *J Immunother Cancer* **6**, 8, doi:10.1186/s40425–018–0316–z (2018).

686 Filipski, E. et al. Disruption of circadian coordination accelerates malignant growth in mice. *Pathol Biol (Paris)* **51**, 216–19, doi:10.1016/s0369–8114(03)00034–8 (2003).

687 Fu, L., Pelicano, H., Liu, J., Huang, P. and Lee, C. The circadian gene Period2 plays an important role in tumor suppression and DNA damage response in vivo. *Cell* **111**, 41–50, doi:10.1016/s0092–8674(02)00961–3 (2002).

688 Mteyrek, A., Filipski, E., Guettier, C., Okyar, A. and Lévi, F. Clock gene Per2 as a controller of liver carcinogenesis. *Oncotarget* **7**, 85832–47, doi:10.18632/oncotarget.11037 (2016).

689 Altman, B. J. et al. MYC disrupts the circadian clock and metabolism in cancer cells. *Cell Metab* **22**, 1009–19, doi:10.1016/j.cmet.2015.09.003 (2015).

690 Dakup, P. P. et al. The circadian clock protects against ionizing radiation-induced cardiotoxicity. *FASEB J* **34**, 3347–58, doi:10.1096/fj.201901850RR (2020).

691 Schernhammer, E. S. et al. Rotating night shifts and risk of breast cancer in women participating in the nurses' health study. *J Natl Cancer Inst* **93**, 1563–8, doi: 10.1093/jnci/93.20.1563 (2001).

692 Lozano-Lorca, M. et al. Night shift work, chronotype, sleep duration, and prostate cancer risk: CAPLIFE study. *Int J Environ Res Public Health* **17**, doi: 10.3390/ijerph17176300 (2020).

693 Erren, T. C., Morfeld, P. and Gross, V. J. Night shift work, chronotype, and prostate cancer risk: incentives for additional analyses and prevention. *Int J Cancer* **137**, 1784–5, doi: 10.1002/ijc.29524 (2015).

694 Papantoniou, K. et al. Night shift work, chronotype and prostate cancer risk in the MCC-Spain case-control study. *Int J Cancer* **137**, 1147–57, doi: 10.1002/ijc.29400 (2015).

695 Viswanathan, A. N., Hankinson, S. E. and Schernhammer, E. S. Night shift work and the risk of endometrial cancer. *Cancer Res* **67**, 10618–22, doi: 10.1158/0008-5472.CAN-07-2485 (2007).

696 Schernhammer, E. S. et al. Night-shift work and risk of colorectal cancer in the nurses' health study. *J Natl Cancer Inst* **95**, 825–8, doi: 10.1093/jnci/95.11.825 (2003).

697 Papantoniou, K. et al. Rotating night shift work and colorectal cancer risk in the nurses' health studies. *Int J Cancer* **143**, 2709–17, doi: 10.1002/ijc.31655 (2018).

698 Wegrzyn, L. R. et al. Rotating night-shift work and the risk of breast cancer in the nurses' health studies. *Am J Epidemiol* **186**, 532–40, doi: 10.1093/aje/kwx140 (2017).

699 Papantoniou, K. et al. Breast cancer risk and night shift work in a case-control study in a Spanish population. *Eur J Epidemiol* **31**, 867–78, doi: 10.1007/s10654-015-0073-y (2016).

700 Hansen, J. Light at night, shiftwork, and breast cancer risk. *J Natl Cancer Inst* **93**, 1513–15, doi: 10.1093/jnci/93.20.1513 (2001).

701 Cordina-Duverger, E. et al. Night shift work and breast cancer: a pooled analysis of population-based case-control studies with complete work history. *Eur J Epidemiol* **33**, 369–79, doi: 10.1007/s10654-018-0368-x (2018).

702 Straif, K. et al. Carcinogenicity of shift-work, painting, and fire-fighting. *Lancet Oncol* **8**, 1065–6, doi: 10.1016/S1470-2045(07)70373-X (2007).

703 Tokumaru, O. et al. Incidence of cancer among female flight attendants: a meta-analysis. *J Travel Med* **13**, 127–32, doi: 10.1111/j.1708-8305.2006.00029.x (2006).

704 Pukkala, E. et al. Cancer incidence among 10,211 airline pilots: a Nordic study. *Aviat Space Environ Med* **74**, 699–706 (2003).

705 Band, P. R. et al. Cohort study of Air Canada pilots: mortality, cancer incidence, and leukemia risk. *Am J Epidemiol* **143**, 137–43, doi: 10.1093/oxfordjournals.aje.a008722 (1996).

706 Kettner, N. M. et al. Circadian homeostasis of liver metabolism suppresses hepatocarcinogenesis. *Cancer Cell* **30**, 909–24, doi: 10.1016/j.ccell.2016.10.007 (2016).

707 Koritala, B. S. C. et al. Night shift schedule causes circadian dysregulation of DNA repair genes and elevated DNA damage in humans. *J Pineal Res* **70**, e12726, doi: 10.1111/jpi.12726 (2021).

708 Fu, L. and Kettner, N. M. The circadian clock in cancer development and therapy. *Prog Mol Biol Transl Sci* **119**, 221–82, doi: 10.1016/B978-0-12-396971-2.00009-9 (2013).

709 Yang, M. Y. et al. Downregulation of circadian clock genes in chronic myeloid leukemia: alternative methylation pattern of hPER3. *Cancer Sci* **97**, 1298–1307, doi: 10.1111/j.1349-7006.2006.00331.x (2006).

710 Samulin Erdem, J. et al. Mechanisms of breast cancer in shift workers: DNA methylation in five core circadian genes in nurses working night shifts. *J Cancer* **8**, 2876–84, doi: 10.7150/jca.21064 (2017).

711 Sulli, G. et al. Pharmacological activation of REV-ERBs is lethal in cancer and oncogene-induced senescence. *Nature* **553**, 351–5, doi: 10.1038/nature25170 (2018).

712 Oshima, T. et al. Cell-based screen identifies a new potent and highly selective CK2 inhibitor for modulation of circadian rhythms and cancer cell growth. *Sci Adv* **5**, eaau9060, doi: 10.1126/sciadv.aau9060 (2019).

713 Bu, Y. et al. A PERK-miR-211 axis suppresses circadian regulators and protein synthesis to promote cancer cell survival. *Nat Cell Biol* **20**, 104–15, doi: 10.1038/s41556-017-0006-y (2018).

714 Grutsch, J. F. et al. Validation of actigraphy to assess circadian organization and sleep quality in patients with advanced lung cancer. *J Circadian Rhythms* **9**, 4, doi: 10.1186/1740-3391-9-4 (2011).

715 Steur, L. M. H. et al. Sleep–wake rhythm disruption is associated with cancer-related fatigue in pediatric acute lymphoblastic leukemia. *Sleep* **43**, doi: 10.1093/sleep/zsz320 (2020).

716 Palesh, O. et al. Relationship between subjective and actigraphy-measured sleep in 237 patients

with metastatic colorectal cancer. *Qual Life Res* **26**, 2783–91, doi:10.1007/s11136-017-1617-2 (2017).

717 Innominato, P. F. et al. Circadian rhythm in rest and activity: a biological correlate of quality of life and a predictor of survival in patients with metastatic colorectal cancer. *Cancer Res* **69**, 4700–4707, doi:10.1158/0008-5472.CAN-08-4747 (2009).

718 Lévi, F. et al. Wrist actimetry circadian rhythm as a robust predictor of colorectal cancer patients survival. *Chronobiol Int* **31**, 891–900, doi:10.3109/07420528.2014.924523 (2014).

719 Nurse, P. A journey in science: cell-cycle control. *Mol Med* **22**, 112– 19, doi:10.2119/molmed.2016.00189 (2017).

720 Li, S., Balmain, A. and Counter, C. M. A model for RAS mutation patterns in cancers: finding the sweet spot. *Nat Rev Cancer* **18**, 767–77, doi:10.1038/s41568-018-0076-6 (2018).

721 Tsuchiya, Y., Minami, I., Kadotani, H., Todo, T. and Nishida, E. Circadian clock-controlled diurnal oscillation of Ras/ERK signaling in mouse liver. *Proc Jpn Acad Ser B Phys Biol Sci* **89**, 59–65, doi:10.2183/pjab.89.59 (2013).

722 Relogio, A. et al. Ras-mediated deregulation of the circadian clock in cancer. *PLoS Genet* **10**, e1004338, doi:10.1371/journal.pgen.1004338 (2014).

723 Jacob, L., Freyn, M., Kalder, M., Dinas, K. and Kostev, K. Impact of tobacco smoking on the risk of developing 25 different cancers in the UK: a retrospective study of 422,010 patients followed for up to 30 years. *Oncotarget* **9**, 17420–29, doi:10.18632/oncotarget.24724 (2018).

724 Zienolddiny, S. et al. Analysis of polymorphisms in the circadian-related genes and breast cancer risk in Norwegian nurses working night shifts. *Breast Cancer Res* **15**, R53, doi:10.1186/bcr3445 (2013).

725 Levy-Lahad, E. and Friedman, E. Cancer risks among BRCA1 and BRCA2 mutation carriers. *Br J Cancer* **96**, 11–15, doi:10.1038/ sj.bjc.6603535 (2007).

726 Buchi, K. N., Moore, J. G., Hrushesky, W. J., Sothern, R. B. and Rubin, N. H. Circadian rhythm of cellular proliferation in the human rectal mucosa. *Gastroenterology* **101**, 410–15, doi:10.1016/0016-5085(91)90019-h (1991).

727 Frentz, G., Moller, U., Holmich, P. and Christensen, I. J. On circadian rhythms in human epidermal cell proliferation. *Acta Derm Venereol* **71**, 85–7 (1991).

728 Hrushesky, W. J. Circadian timing of cancer chemotherapy. *Science* **228**, 73–5, doi:10.1126/science.3883493 (1985).

729 Rivard, G. E., Infante-Rivard, C., Hoyoux, C. and Champagne, J. Maintenance chemotherapy for childhood acute lymphoblastic leukaemia: better in the evening. *Lancet* **2**, 1264–6, doi:10.1016/s0140-6736(85)91551-x (1985).

730 Lévi, F. et al. Chronotherapy of colorectal cancer metastases. *Hepatogastroenterology* **48**, 320–22 (2001).

731 Lévi, F., Okyar, A., Dulong, S., Innominato, P. F. and Clairambault, J. Circadian timing in cancer treatments. *Annu Rev Pharmacol Toxicol* **50**, 377–421, doi:10.1146/annurev.pharmtox.48.113006.094626 (2010).

732 Hill, R. J. W., Innominato, P. F., Lévi, F. and Ballesta, A. Optimizing circadian drug infusion schedules towards personalized cancer chronotherapy. *PLoS Comput Biol* **16**, e1007218, doi:10.1371/journal.pcbi.1007218 (2020).

733 Chan, S. et al. Could time of whole brain radiotherapy delivery impact overall survival in patients with multiple brain metastases? *Ann Palliat Med* **5**, 267–79, doi:10.21037/apm.2016.09.05 (2016).

734 Lim, G. B. Surgery: circadian rhythms influence surgical outcomes. *Nat Rev Cardiol* **15**, 5, doi:10.1038/nrcardio.2017.186 (2018).

735 Czeisler, C. A., Pellegrini, C. A. and Sade, R. M. Should sleep-deprived surgeons be prohibited from operating without patients' consent? *Ann Thorac Surg* **95**, 757–66, doi:10.1016/j.athoracsur.2012.11.052 (2013).

736 Lévi, F. and Okyar, A. Circadian clocks and drug delivery systems: impact and opportunities in chronotherapeutics. *Expert Opin Drug Deliv* **8**, 1535–41, doi:10.1517/17425247.2011.618184 (2011).

737 Man, K., Loudon, A. and Chawla, A. Immunity around the clock. *Science* **354**, 999–1003, doi:10.1126/science.aah4966 (2016).

738 Scheiermann, C., Kunisaki, Y. and Frenette, P. S. Circadian control of the immune system. *Nat Rev Immunol* **13**, 190–98, doi:10.1038/nri3386 (2013).

739 Lyons, A. B., Moy, L., Moy, R. and Tung, R. Circadian rhythm and the skin: a review of the

literature. *J Clin Aesthet Dermatol* **12**, 42–5 (2019).

740 Chen, S., Fuller, K. K., Dunlap, J. C. and Loros, J. J. A pro- and anti- inflammatory axis modulates the macrophage circadian clock. *Front Immunol* **11**, 867, doi: 10.3389/fimmu.2020.00867 (2020).

741 Edgar, R. S. et al. Cell autonomous regulation of herpes and influenza virus infection by the circadian clock. *Proc Natl Acad Sci USA* **113**, 10085–90, doi: 10.1073/pnas.1601895113 (2016).

742 Sengupta, S. et al. Circadian control of lung inflammation in influenza infection. *Nat Commun* **10**, 4107, doi: 10.1038/s41467–019–11400–9 (2019).

743 Long, J. E. et al. Morning vaccination enhances antibody response over afternoon vaccination: a cluster-randomised trial. *Vaccine* **34**, 2679–85, doi: 10.1016/j.vaccine.2016.04.032 (2016).

744 Vinciguerra, M. et al. Exploitation of host clock gene machinery by hepatitis viruses B and C. *World J Gastroenterol* **19**, 8902–9, doi: 10.3748/wjg.v19.i47.8902 (2013).

745 Benegiamo, G. et al. Mutual antagonism between circadian protein period 2 and hepatitis C virus replication in hepatocytes. *PLoS One* **8**, e60527, doi: 10.1371/journal.pone.0060527 (2013).

746 Zhuang, X., Rambhatla, S. B., Lai, A. G. and McKeating, J. A. Interplay between circadian clock and viral infection. *J Mol Med (Berl)* **95**, 1283–9, doi: 10.1007/s00109–017–1592–7 (2017).

747 Spiegel, K., Sheridan, J. F. and Van Cauter, E. Effect of sleep deprivation on response to immunization. *JAMA* **288**, 1471–2, doi: 10.1001/jama.288.12.1471-a (2002).

748 Taylor, D. J., Kelly, K., Kohut, M. L. and Song, K. S. Is insomnia a risk factor for decreased influenza vaccine response? *Behav Sleep Med* **15**, 270–87, doi: 10.1080/15402002.2015.1126596 (2017).

749 Prather, A. A. et al. Sleep and antibody response to hepatitis B vaccination. *Sleep* **35**, 1063–9, doi: 10.5665/sleep.1990 (2012).

750 Lange, T., Perras, B., Fehm, H. L. and Born, J. Sleep enhances the human antibody response to hepatitis A vaccination. *Psychosom Med* **65**, 831–5, doi: 10.1097/01.psy.0000091382.61178.f1 (2003).

751 Glaser, R. and Kiecolt-Glaser, J. K. Stress-induced immune dysfunction: implications for health. *Nat Rev Immunol* **5**, 243–51, doi: 10.1038/nri1571 (2005).

752 Segerstrom, S. C. and Miller, G. E. Psychological stress and the human immune system: a meta-analytic study of 30 years of inquiry. *Psychol Bull* **130**, 601–30, doi: 10.1037/0033–2909.130.4.601 (2004).

753 Irwin, M. et al. Partial sleep deprivation reduces natural killer cell activity in humans. *Psychosom Med* **56**, 493–8, doi: 10.1097/00006842–199411000–00004 (1994).

754 Straub, R. H. and Cutolo, M. Involvement of the hypothalamic– pituitary–adrenal/gonadal axis and the peripheral nervous system in rheumatoid arthritis: viewpoint based on a systemic pathogenetic role. *Arthritis Rheum* **44**, 493–507, doi: 10.1002/1529–0131(200103)44:3<493::AID-ANR95>3.0.CO;2-U (2001).

755 Hotez, P. J. and Herricks, J. R. Impact of the neglected tropical diseases on human development in the organisation of islamic cooperation nations. *PLoS Negl Trop Dis* **9**, e0003782, doi: 10.1371/journal.pntd.0003782 (2015).

756 Waite, J. L., Suh, E., Lynch, P. A. and Thomas, M. B. Exploring the lower thermal limits for development of the human malaria parasite, *Plasmodium falciparum*. *Biol Lett* **15**, 20190275, doi: 10.1098/rsbl.2019.0275 (2019).

757 Dobson, M. J. Malaria in England: a geographical and historical perspective. *Parassitologia* **36**, 35–60 (1994).

758 Nixon, C. P. *Plasmodium falciparum* gametocyte transit through the cutaneous microvasculature: a new target for malaria transmission blocking vaccines? *Hum Vaccin Immunother* **12**, 3189–95, doi: 10.1080/21645515.2016.1183076 (2016).

759 Meibalan, E. and Marti, M. Biology of malaria transmission. *Cold Spring Harb Perspect Med* **7**, doi: 10.1101/cshperspect.a025452 (2017).

760 Long, C. A. and Zavala, F. Immune responses in malaria. *Cold Spring Harb Perspect Med* **7**, doi: 10.1101/cshperspect.a025577 (2017).

761 Lell, B., Brandts, C. H., Graninger, W. and Kremsner, P. G. The circadian rhythm of body temperature is preserved during malarial fever. *Wien Klin Wochenschr* **112**, 1014–15 (2000).

762 Reece, S. E., Prior, K. F. and Mideo, N. The life and times of parasites: rhythms in strategies for within-host survival and between-host transmission. *J Biol Rhythms* **32**, 516–33, doi: 10.1177/0748730417718904 (2017).

763 Rijo-Ferreira, F. et al. The malaria parasite has an intrinsic clock. *Science* **368**, 746–53, doi:10.1126/science.aba2658 (2020).

764 Carvalho Cabral, P., Olivier, M. and Cermakian, N. The complex interplay of parasites, their hosts, and circadian clocks. *Front Cell Infect Microbiol* **9**, 425, doi:10.3389/fcimb.2019.00425 (2019).

765 O'Donnell, A. J., Schneider, P., McWatters, H. G. and Reece, S. E. Fitness costs of disrupting circadian rhythms in malaria parasites. *Proc Biol Sci* **278**, 2429–36, doi:10.1098/rspb.2010.2457 (2011).

766 Prior, K. F. et al. Timing of host feeding drives rhythms in parasite replication. *PLoS Pathog* **14**, e1006900, doi:10.1371/journal.ppat.1006900 (2018).

767 Hirako, I. C. et al. Daily rhythms of TNFalpha expression and food intake regulate synchrony of plasmodium stages with the host circadian cycle. *Cell Host Microbe* **23**, 796–808 e796, doi:10.1016/j.chom.2018.04.016 (2018).

768 Descamps, S. Breeding synchrony and predator specialization: a test of the predator swamping hypothesis in seabirds. *Ecol Evol* **9**, 1431–6, doi:10.1002/ece3.4863 (2019).

769 Lavtar, P. et al. Association of circadian rhythm genes ARNTL/ BMAL1 and CLOCK with multiple sclerosis. *PLoS One* **13**, e0190601, doi:10.1371/journal.pone.0190601 (2018).

770 Gustavsen, S. et al. Shift work at young age is associated with increased risk of multiple sclerosis in a Danish population. *Mult Scler Relat Disord* **9**, 104–9, doi:10.1016/j.msard.2016.06.010 (2016).

771 Dowell, S. F. and Ho, M. S. Seasonality of infectious diseases and severe acute respiratory syndrome – what we don't know can hurt us. *Lancet Infect Dis* **4**, 704–8, doi:10.1016/S1473-3099(04)01177–6 (2004).

772 Babcock, J. and Krouse, H. J. Evaluating the sleep/wake cycle in persons with asthma: three case scenarios. *J Am Acad Nurse Pract* **22**, 270–77, doi:10.1111/j.1745–7599.2010.00505.x (2010).

773 Ray, S. and Reddy, A. B. COVID-19 management in light of the circadian clock. *Nat Rev Mol Cell Biol* **21**, 494–5, doi:10.1038/s41580–020–0275–3 (2020).

774 Collaborators, G. B. D. O. et al. Health effects of overweight and obesity in 195 countries over 25 years. *N Engl J Med* **377**, 13–27, doi:10.1056/NEJMoa1614362 (2017).

775 Eknoyan, G. A history of obesity, or how what was good became ugly and then bad. *Adv Chronic Kidney Dis* **13**, 421–7, doi:10.1053/j.ackd.2006.07.002 (2006).

776 Yaffe, K. et al. Cardiovascular risk factors across the life course and cognitive decline: a pooled cohort study. *Neurology*, doi:10.1212/ WNL.0000000000011747 (2021).

777 Kwok, S. et al. Obesity: a critical risk factor in the COVID-19 pandemic. *Clin Obes* **10**, e12403, doi:10.1111/cob.12403 (2020).

778 Kalsbeek, A., la Fleur, S. and Fliers, E. Circadian control of glucose metabolism. *Mol Metab* **3**, 372–83, doi:10.1016/j.molmet.2014.03.002 (2014).

779 Adeva-Andany, M. M., Funcasta-Calderon, R., Fernandez-Fernandez, C., Castro-Quintela, E. and Carneiro-Freire, N. Metabolic effects of glucagon in humans. *J Clin Transl Endocrinol* **15**, 45–53, doi:10.1016/j.jcte.2018.12.005 (2019).

780 Weeke, J. and Gundersen, H. J. Circadian and 30 minutes variations in serum TSH and thyroid hormones in normal subjects. *Acta Endocrinol (Copenh)* **89**, 659–72, doi:10.1530/acta.0.0890659 (1978).

781 Lieb, K., Reincke, M., Riemann, D. and Voderholzer, U. Sleep deprivation and growth-hormone secretion. *Lancet* **356**, 2096–7, doi:10.1016/S0140–6736(05)74304-X (2000).

782 Tsai, M., Asakawa, A., Amitani, H. and Inui, A. Stimulation of leptin secretion by insulin. *Indian J Endocrinol Metab* **16**, S543–8, doi:10.4103/2230–8210.105570 (2012).

783 Thie, N. M., Kato, T., Bader, G., Montplaisir, J. Y. and Lavigne, G. J. The significance of saliva during sleep and the relevance of oromotor movements. *Sleep Med Rev* **6**, 213–27, doi:10.1053/smrv.2001.0183 (2002).

784 Duboc, H., Coffin, B. and Siproudhis, L. Disruption of circadian rhythms and gut motility: an overview of underlying mechanisms and associated pathologies. *J Clin Gastroenterol* **54**, 405–14, doi:10.1097/ MCG.0000000000001333 (2020).

785 Vaughn, B., Rotolo, S. and Roth, H. Circadian rhythm and sleep influences on digestive physiology and disorders. *ChronoPhysiology and Therapy* **4**, 67–77 (2014).

786 Yamamoto, H., Nagai, K. and Nakagawa, H. Role of SCN in daily rhythms of plasma glucose, FFA, insulin and glucagon. *Chronobiol Int* **4**, 483–91, doi:10.3109/07420528709078539 (1987).

787 Van den Pol, A. N. and Powley, T. A fine-grained anatomical analysis of the role of the rat

suprachiasmatic nucleus in circadian rhythms of feeding and drinking. *Brain Res* **160**, 307–26, doi:10.1016/0006–8993(79)90427-x (1979).

788 Turek, F. W. et al. Obesity and metabolic syndrome in circadian Clock mutant mice. *Science* **308**, 1043–5, doi:10.1126/science.1108750 (2005).

789 Stokkan, K. A., Yamazaki, S., Tei, H., Sakaki, Y. and Menaker, M. Entrainment of the circadian clock in the liver by feeding. *Science* **291**, 490–93, doi:10.1126/science.291.5503.490 (2001).

790 Chaix, A., Lin, T., Le, H. D., Chang, M. W. and Panda, S. Time-restricted feeding prevents obesity and metabolic syndrome in mice lacking a circadian clock. *Cell Metab* **29**, 303–19 e304, doi:10.1016/j.cmet.2018.08.004 (2019).

791 Kroenke, C. H. et al. Work characteristics and incidence of type 2 diabetes in women. *Am J Epidemiol* **165**, 175–83, doi:10.1093/aje/kwj355 (2007).

792 Suwazono, Y. et al. Shiftwork and impaired glucose metabolism: a 14-year cohort study on 7104 male workers. *Chronobiol Int* **26**, 926–41, doi:10.1080/07420520903044422 (2009).

793 Pan, A., Schernhammer, E. S., Sun, Q. and Hu, F. B. Rotating night shift work and risk of type 2 diabetes: two prospective cohort studies in women. *PLoS Med* **8**, e1001141, doi:10.1371/journal.pmed.1001141 (2011).

794 Shan, Z. et al. Rotating night shift work and adherence to unhealthy lifestyle in predicting risk of type 2 diabetes: results from two large US cohorts of female nurses. *BMJ* **363**, k4641, doi:10.1136/bmj.k4641 (2018).

795 Meisinger, C., Heier, M., Loewel, H. and Study, M. K. A. C. Sleep disturbance as a predictor of type 2 diabetes mellitus in men and women from the general population. *Diabetologia* **48**, 235–41, doi:10.1007/s00125–004–1634-x (2005).

796 Gangwisch, J. E. et al. Sleep duration as a risk factor for diabetes incidence in a large U.S. sample. *Sleep* **30**, 1667–73, doi:10.1093/sleep/30.12.1667 (2007).

797 Beihl, D. A., Liese, A. D. and Haffner, S. M. Sleep duration as a risk factor for incident type 2 diabetes in a multiethnic cohort. *Ann Epidemiol* **19**, 351–7, doi:10.1016/j.annepidem.2008.12.001 (2009).

798 Cummings, D. E. et al. A preprandial rise in plasma ghrelin levels suggests a role in meal initiation in humans. *Diabetes* **50**, 1714–19, doi:10.2337/diabetes.50.8.1714 (2001).

799 Schmid, S. M., Hallschmid, M., Jauch-Chara, K., Born, J. and Schultes, B. A single night of sleep deprivation increases ghrelin levels and feelings of hunger in normal-weight healthy men. *J Sleep Res* **17**, 331–4, doi:10.1111/j.1365–2869.2008.00662.x (2008).

800 Froy, O. Metabolism and circadian rhythms – implications for obesity. *Endocr Rev* **31**, 1–24, doi:10.1210/er.2009–0014 (2010).

801 Spiegel, K., Tasali, E., Penev, P. and Van Cauter, E. Brief communication: sleep curtailment in healthy young men is associated with decreased leptin levels, elevated ghrelin levels, and increased hunger and appetite. *Ann Intern Med* **141**, 846–50, doi:10.7326/0003–4819–141–11–200412070–00008 (2004).

802 Van Drongelen, A., Boot, C. R., Merkus, S. L., Smid, T. and van der Beek, A. J. The effects of shift work on body weight change – a systematic review of longitudinal studies. *Scand J Work Environ Health* **37**, 263–75, doi:10.5271/sjweh.3143 (2011).

803 Licinio, J. Longitudinally sampled human plasma leptin and cortisol concentrations are inversely correlated. *J Clin Endocrinol Metab* **83**, 1042, doi:10.1210/jcem.83.3.4668–3 (1998).

804 Heptulla, R. et al. Temporal patterns of circulating leptin levels in lean and obese adolescents: relationships to insulin, growth hormone, and free fatty acids rhythmicity. *J Clin Endocrinol Metab* **86**, 90–96, doi:10.1210/jcem.86.1.7136 (2001).

805 Izquierdo, A. G., Crujeiras, A. B., Casanueva, F. F. and Carreira, M. C. Leptin, obesity, and leptin resistance: where are we 25 years later? *Nutrients* **11**, doi:10.3390/nu11112704 (2019).

806 Cohen, P. and Spiegelman, B. M. Cell biology of fat storage. *Mol Biol Cell* **27**, 2523–7, doi:10.1091/mbc.E15–10–0749 (2016).

807 Maury, E., Hong, H. K. and Bass, J. Circadian disruption in the pathogenesis of metabolic syndrome. *Diabetes Metab* **40**, 338–46, doi:10.1016/j.diabet.2013.12.005 (2014).

808 Gnocchi, D., Pedrelli, M., Hurt-Camejo, E. and Parini, P. Lipids around the clock: focus on circadian rhythms and lipid metabolism. *Biology (Basel)* **4**, 104–32, doi:10.3390/biology4010104 (2015).

809 Gottlieb, D. J. et al. Association of sleep time with diabetes mellitus and impaired glucose tolerance. *Arch Intern Med* **165**, 863–7, doi:10.1001/archinte.165.8.863 (2005).

810 Cappuccio, F. P. et al. Meta-analysis of short sleep duration and obesity in children and adults. *Sleep* **31**, 619–26, doi: 10. 1093/sleep/ 31. 5. 619 (2008).

811 Belyavskiy, E., Pieske-Kraigher, E. and Tadic, M. Obstructive sleep apnea, hypertension, and obesity: a dangerous triad. *J Clin Hypertens (Greenwich)* **21**, 1591–3, doi: 10. 1111/jch. 13688 (2019).

812 Driver, H. S., Shulman, I., Baker, F. C. and Buffenstein, R. Energy content of the evening meal alters nocturnal body temperature but not sleep. *Physiol Behav* **68**, 17–23, doi: 10. 1016/s 0031– 9384(99)00145–6 (1999).

813 Strand, D. S., Kim, D. and Peura, D. A. 25 years of proton pump inhibitors: a comprehensive review. *Gut Liver* **11**, 27–37, doi: 10. 5009/ gnl 15502 (2017).

814 Hatlebakk, J. G., Katz, P. O., Camacho-Lobato, L. and Castell, D. O. Proton pump inhibitors: better acid suppression when taken before a meal than without a meal. *Aliment Pharmacol Ther* **14**, 1267–72, doi: 10. 1046/j. 1365–2036. 2000. 00829.x (2000).

815 Jung, H. K., Choung, R. S. and Talley, N. J. Gastroesophageal reflux disease and sleep disorders: evidence for a causal link and therapeutic implications. *J Neurogastroenterol Motil* **16**, 22–9, doi: 10. 5056/ jnm. 2010. 16. 1. 22 (2010).

816 Hatlebakk, J. G., Katz, P. O., Kuo, B. and Castell, D. O. Nocturnal gastric acidity and acid breakthrough on different regimens of omeprazole 40 mg daily. *Aliment Pharmacol Ther* **12**, 1235– 40, doi: 10. 1046/j. 1365–2036. 1998. 00426.x (1998).

817 Syed, A. U. et al. Adenylyl cyclase 5-generated cAMP controls cerebral vascular reactivity during diabetic hyperglycemia. *J Clin Invest* **129**, 3140–52, doi: 10. 1172/JCI 124705 (2019).

818 Sanchez, A. et al. Role of sugars in human neutrophilic phagocytosis. *Am J Clin Nutr* **26**, 1180– 84, doi: 10. 1093/ajcn/ 26. 11. 1180 (1973).

819 Rotimi, C. N., Tekola-Ayele, F., Baker, J. L. and Shriner, D. The African diaspora: history, adaptation and health. *Curr Opin Genet Dev* **41**, 77–84, doi: 10. 1016/j.gde. 2016. 08. 005 (2016).

820 Yang, Q. et al. Added sugar intake and cardiovascular diseases mortality among US adults. *JAMA Intern Med* **174**, 516–24, doi: 10. 1001/ jamainternmed. 2013. 13563 (2014).

821 Stanhope, K. L. Sugar consumption, metabolic disease and obesity: the state of the controversy. *Crit Rev Clin Lab Sci* **53**, 52–67, doi: 10. 3109/ 10408363.2015. 1084990 (2016).

822 Sherwani, S. I., Khan, H. A., Ekhzaimy, A., Masood, A. and Sakharkar, M. K. Significance of HbA 1c test in diagnosis and prognosis of diabetic patients. *Biomark Insights* **11**, 95–104, doi: 10. 4137/BMI.S 38440 (2016).

823 Fildes, A. et al. Probability of an obese person attaining normal body weight: cohort study using electronic health records. *Am J Public Health* **105**, e 54–9, doi: 10. 2105/AJPH. 2015. 302773 (2015).

824 Shea, S. A., Hilton, M. F., Hu, K. and Scheer, F. A. Existence of an endogenous circadian blood pressure rhythm in humans that peaks in the evening. *Circ Res* **108**, 980–84, doi: 10. 1161/ CIRCRESAHA. 110. 233668 (2011).

825 Selfridge, J. M., Moyer, K., Capelluto, D. G. and Finkielstein, C. V. Opening the debate: how to fulfill the need for physicians' training in circadian-related topics in a full medical school curriculum. *J Circadian Rhythms* **13**, 7, doi: 10. 5334/jcr.ah (2015).

826 Atkinson, G. and Reilly, T. Circadian variation in sports performance. *Sports Med* **21**, 292–312, doi: 10. 2165/ 00007256– 199621040–00005 (1996).

827 De Goede, P., Wefers, J., Brombacher, E. C., Schrauwen, P. and Kalsbeek, A. Circadian rhythms in mitochondrial respiration. *J Mol Endocrinol* **60**, R 115–R 130, doi: 10. 1530/JME- 17–0196 (2018).

828 Van Moorsel, D. et al. Demonstration of a day–night rhythm in human skeletal muscle oxidative capacity. *Mol Metab* **5**, 635–45, doi: 10. 1016/j.molmet. 2016. 06. 012 (2016).

829 Kline, C. E. et al. Circadian variation in swim performance. *J Appl Physiol (1985)* **102**, 641–9, doi: 10. 1152/japplphysiol. 00910. 2006 (2007).

830 Zitting, K. M. et al. Human resting energy expenditure varies with circadian phase. *Curr Biol* **28**, 3685–90 e 3683, doi: 10. 1016/j.cub. 2018. 10. 005 (2018).

831 Facer-Childs, E. and Brandstaetter, R. The impact of circadian phenotype and time since awakening on diurnal performance in athletes. *Curr Biol* **25**, 518–22, doi: 10. 1016/j.cub. 2014. 12. 036 (2015).

832 Vieira, A. F., Costa, R. R., Macedo, R. C., Coconcelli, L. and Kruel, L. F. Effects of aerobic exercise performed in fasted v. fed state on fat and carbohydrate metabolism in adults: a systematic review and meta-analysis. *Br J Nutr* **116**, 1153–64, doi: 10. 1017/S 0007114516003160 (2016).

833 Iwayama, K. et al. Exercise increases 24–h fat oxidation only when it is performed before breakfast. *EBioMedicine* **2**, 2003–9, doi: 10. 1016/j.ebiom. 2015. 10. 029 (2015).

834 Colberg, S. R., Grieco, C. R. and Somma, C. T. Exercise effects on postprandial glycemia, mood, and sympathovagal balance in type 2 diabetes. *J Am Med Dir Assoc* **15**, 261–6, doi: 10.1016/j.jamda.2013.11.026 (2014).

835 Borror, A., Zieff, G., Battaglini, C. and Stoner, L. The effects of postprandial exercise on glucose control in individuals with type 2 diabetes: a systematic review. *Sports Med* **48**, 1479–91, doi: 10.1007/s40279–018–0864-x (2018).

836 Reebs, S. G. and Mrosovsky, N. Effects of induced wheel running on the circadian activity rhythms of Syrian hamsters: entrainment and phase response curve. *J Biol Rhythms* **4**, 39–48, doi: 10.1177/074873048900400103 (1989).

837 Youngstedt, S. D., Elliott, J. A. and Kripke, D. F. Human circadian phase-response curves for exercise. *J Physiol* **597**, 2253–68, doi: 10.1113/JP276943 (2019).

838 Lewis, P., Korf, H. W., Kuffer, L., Gross, J. V. and Erren, T. C. Exercise time cues (zeitgebers) for human circadian systems can foster health and improve performance: a systematic review. *BMJ Open Sport Exerc Med* **4**, e000443, doi: 10.1136/bmjsem-2018–000443 (2018).

839 Nedeltcheva, A. V. and Scheer, F. A. Metabolic effects of sleep disruption, links to obesity and diabetes. *Curr Opin Endocrinol Diabetes Obes* **21**, 293–8, doi: 10.1097/MED.0000000000000082 (2014).

840 Zimberg, I. Z. et al. Short sleep duration and obesity: mechanisms and future perspectives. *Cell Biochem Funct* **30**, 524–9, doi: 10.1002/cbf.2832 (2012).

841 Depner, C. M., Stothard, E. R. and Wright, K. P., Jr. Metabolic consequences of sleep and circadian disorders. *Curr Diab Rep* **14**, 507, doi: 10.1007/s11892–014–0507-z (2014).

842 Shi, S. Q., Ansari, T. S., McGuinness, O. P., Wasserman, D. H. and Johnson, C. H. Circadian disruption leads to insulin resistance and obesity. *Curr Biol* **23**, 372–81, doi: 10.1016/j.cub.2013.01.048 (2013).

843 Stenvers, D. J., Scheer, F., Schrauwen, P., la Fleur, S. E. and Kalsbeek, A. Circadian clocks and insulin resistance. *Nat Rev Endocrinol* **15**, 75–89, doi: 10.1038/s41574–018–0122–1 (2019).

844 Virtanen, M. et al. Long working hours and alcohol use: systematic review and meta-analysis of published studies and unpublished individual participant data. *BMJ* **350**, g7772, doi: 10.1136/bmj.g7772 (2015).

845 Summa, K. C. et al. Disruption of the circadian clock in mice increases intestinal permeability and promotes alcohol-induced hepatic pathology and inflammation. *PLoS One* **8**, e67102, doi: 10.1371/journal.pone.0067102 (2013).

846 Bailey, S. M. Emerging role of circadian clock disruption in alcohol-induced liver disease. *Am J Physiol Gastrointest Liver Physiol* **315**, G364–G373, doi: 10.1152/ajpgi.00010.2018 (2018).

847 Eastman, C. I., Stewart, K. T. and Weed, M. R. Evening alcohol consumption alters the circadian rhythm of body temperature. *Chronobiol Int* **11**, 141–2, doi: 10.3109/07420529409055901 (1994).

848 Danel, T., Libersa, C. and Touitou, Y. The effect of alcohol consumption on the circadian control of human core body temperature is time dependent. *Am J Physiol Regul Integr Comp Physiol* **281**, R52–5, doi: 10.1152/ajpregu.2001.281.1.R52 (2001).

849 Daimon, K., Yamada, N., Tsujimoto, T. and Takahashi, S. Circadian rhythm abnormalities of deep body temperature in depressive disorders. *J Affect Disord* **26**, 191–8, doi: 10.1016/0165-0327(92)90015-x (1992).

850 Lack, L. C. and Lushington, K. The rhythms of human sleep propensity and core body temperature. *J Sleep Res* **5**, 1–11, doi: 10.1046/j.1365–2869.1996.00005.x (1996).

851 Miyata, S. et al. REM sleep is impaired by a small amount of alcohol in young women sensitive to alcohol. *Intern Med* **43**, 679–84, doi: 10.2169/internalmedicine.43.679 (2004).

852 Simou, E., Britton, J. and Leonardi-Bee, J. Alcohol and the risk of sleep apnoea: a systematic review and meta-analysis. *Sleep Med* **42**, 38–46, doi: 10.1016/j.sleep.2017.12.005 (2018).

853 Stenvers, D. J., Jonkers, C. F., Fliers, E., Bisschop, P. and Kalsbeek, A. Nutrition and the circadian timing system. *Prog Brain Res* **199**, 359–76, doi: 10.1016/B978–0–444–59427–3.00020–4 (2012).

854 Kara, Y., Tuzun, S., Oner, C. and Simsek, E. E. Night eating syndrome according to obesity groups and the related factors. *J Coll Physicians Surg Pak* **30**, 833–8, doi: 10.29271/jcpsp.2020.08.833 (2020).

855 Gallant, A. R., Lundgren, J. and Drapeau, V. The night-eating syndrome and obesity. *Obes Rev* **13**, 528–36, doi: 10.1111/j.1467–789X.2011.00975.x (2012).

856 Bo, S. et al. Consuming more of daily caloric intake at dinner predisposes to obesity. A 6-year population-based prospective cohort study. *PLoS One* **9**, e108467, doi: 10.1371/journal.pone.0108467

(2014).

857 Garaulet, M. et al. Timing of food intake predicts weight loss effectiveness. *Int J Obes (Lond)* **37**, 604–11, doi: 10.1038/ijo.2012.229 (2013).

858 Jakubowicz, D., Barnea, M., Wainstein, J. and Froy, O. High caloric intake at breakfast vs. dinner differentially influences weight loss of overweight and obese women. *Obesity (Silver Spring)* **21**, 2504–12, doi: 10.1002/oby.20460 (2013).

859 Jakubowicz, D. et al. High-energy breakfast with low-energy dinner decreases overall daily hyperglycaemia in type 2 diabetic patients: a randomised clinical trial. *Diabetologia* **58**, 912–19, doi: 10.1007/s00125–015–3524–9 (2015).

860 Ekmekcioglu, C. and Touitou, Y. Chronobiological aspects of food intake and metabolism and their relevance on energy balance and weight regulation. *Obes Rev* **12**, 14–25, doi: 10.1111/j.1467–789X.2010.00716.x (2011).

861 Hutchison, A. T., Wittert, G. A. and Heilbronn, L. K. Matching meals to body clocks – impact on weight and glucose metabolism. *Nutrients* **9**, doi: 10.3390/nu9030222 (2017).

862 Morris, C. J. et al. Endogenous circadian system and circadian misalignment impact glucose tolerance via separate mechanisms in humans. *Proc Natl Acad Sci USA* **112**, E2225–34, doi: 10.1073/pnas.1418955112 (2015).

863 Sender, R., Fuchs, S. and Milo, R. Revised estimates for the number of human and bacteria cells in the body. *PLoS Biol* **14**, e1002533, doi: 10.1371/journal.pbio.1002533 (2016).

864 Saklayen, M. G. The global epidemic of the metabolic syndrome. *Curr Hypertens Rep* **20**, 12, doi: 10.1007/s11906–018–0812-z (2018).

865 Paulose, J. K., Wright, J. M., Patel, A. G. and Cassone, V. M. Human gut bacteria are sensitive to melatonin and express endogenous circadian rhythmicity. *PLoS One* **11**, e0146643, doi: 10.1371/journal.pone.0146643 (2016).

866 Thaiss, C. A. et al. Microbiota diurnal rhythmicity programs host transcriptome oscillations. *Cell* **167**, 1495–1510 e1412, doi: 10.1016/j.cell.2016.11.003 (2016).

867 Liang, X., Bushman, F. D. and FitzGerald, G. A. Rhythmicity of the intestinal microbiota is regulated by gender and the host circadian clock. *Proc Natl Acad Sci USA* **112**, 10479–84, doi: 10.1073/pnas.1501305112 (2015).

868 Leone, V. et al. Effects of diurnal variation of gut microbes and high-fat feeding on host circadian clock function and metabolism. *Cell Host Microbe* **17**, 681–9, doi: 10.1016/j.chom.2015.03.006 (2015).

869 Parkar, S. G., Kalsbeek, A. and Cheeseman, J. F. Potential role for the gut microbiota in modulating host circadian rhythms and metabolic health. *Microorganisms* **7**, doi: 10.3390/microorganisms7020041 (2019).

870 Kuang, Z. et al. The intestinal microbiota programs diurnal rhythms in host metabolism through histone deacetylase 3. *Science* **365**, 1428–34, doi: 10.1126/science.aaw3134 (2019).

871 Rinninella, E. et al. What is the healthy gut microbiota composition? A changing ecosystem across age, environment, diet, and diseases. *Microorganisms* **7**, doi: 10.3390/microorganisms7010014 (2019).

872 Depommier, C. et al. Supplementation with Akkermansia muciniphila in overweight and obese human volunteers: a proof-of-concept exploratory study. *Nat Med* **25**, 1096–1103, doi: 10.1038/s41591–019–0495–2 (2019).

873 Janssen, A. W. and Kersten, S. The role of the gut microbiota in metabolic health. *FASEB J* **29**, 3111–23, doi: 10.1096/fj.14–269514 (2015).

874 Rosselot, A. E., Hong, C. I. and Moore, S. R. Rhythm and bugs: circadian clocks, gut microbiota, and enteric infections. *Curr Opin Gastroenterol* **32**, 7–11, doi: 10.1097/MOG.0000000000000227 (2016).

875 Voigt, R. M. et al. The circadian clock mutation promotes intestinal dysbiosis. *Alcohol Clin Exp Res* **40**, 335–47, doi: 10.1111/acer.12943 (2016).

876 Mukherji, A., Kobiita, A., Ye, T. and Chambon, P. Homeostasis in intestinal epithelium is orchestrated by the circadian clock and microbiota cues transduced by TLRs. *Cell* **153**, 812–27, doi: 10.1016/j.cell.2013.04.020 (2013).

877 Butler, T. D. and Gibbs, J. E. Circadian host-microbiome interactions in immunity. *Front Immunol* **11**, 1783, doi: 10.3389/fimmu.2020.01783 (2020).

878 Murakami, M. et al. Gut microbiota directs PPARgamma-driven reprogramming of the liver circadian clock by nutritional challenge. *EMBO Rep* **17**, 1292–1303, doi: 10.15252/embr.201642463

(2016).

879 Round, J. L. and Mazmanian, S. K. The gut microbiota shapes intestinal immune responses during health and disease. *Nat Rev Immunol* **9**, 313–23, doi: 10.1038/nri2515 (2009).

880 Zheng, D., Ratiner, K. and Elinav, E. Circadian influences of diet on the microbiome and immunity. *Trends Immunol* **41**, 512–30, doi: 10.1016/j.it.2020.04.005 (2020).

881 Li, Y., Hao, Y., Fan, F. and Zhang, B. The role of microbiome in insomnia, circadian disturbance and depression. *Front Psychiatry* **9**, 669, doi: 10.3389/fpsyt.2018.00669 (2018).

882 Hill, L. V. and Embil, J. A. Vaginitis: current microbiologic and clinical concepts. *CMAJ* **134**, 321–31 (1986).

883 Bahijri, S. et al. Relative metabolic stability, but disrupted circadian cortisol secretion during the fasting month of Ramadan. *PLoS One* **8**, e60917, doi: 10.1371/journal.pone.0060917 (2013).

884 BaHammam, A. S. and Almeneessier, A. S. Recent evidence on the impact of Ramadan diurnal intermittent fasting, mealtime, and circadian rhythm on cardiometabolic risk: a review. *Front Nutr* **7**, 28, doi: 10.3389/fnut.2020.00028 (2020).

885 Institute of Medicine (IOM). *To Err is Human: Building a Safer Health System.* National Academy Press, Washington, DC (2000).

886 Brensilver, J. M., Smith, L. and Lyttle, C. S. Impact of the Libby Zion case on graduate medical education in internal medicine. *Mt Sinai J Med* **65**, 296–300 (1998).

887 Grantcharov, T. P., Bardram, L., Funch-Jensen, P. and Rosenberg, J. Laparoscopic performance after one night on call in a surgical department: prospective study.*BMJ* **323**, 1222–3, doi: 10.1136/bmj.323.7323.1222 (2001).

888 Eastridge, B. J. et al. Effect of sleep deprivation on the performance of simulated laparoscopic surgical skill. *Am J Surg* **186**, 169–74, doi: 10.1016/s0002–9610(03)00183–1 (2003).

889 Baldwin, D. C., Jr and Daugherty, S. R. Sleep deprivation and fatigue in residency training: results of a national survey of first- and second-year residents. *Sleep* **27**, 217–23, doi: 10.1093/sleep/27.2.217 (2004).

890 Fargen, K. M. and Rosen, C. L. Are duty hour regulations promoting a culture of dishonesty among resident physicians? *J Grad Med Educ* **5**, 553–5, doi: 10.4300/JGME-D-13–00220.1 (2013).

891 Temple, J. Resident duty hours around the globe: where are we now? *BMC Med Educ* **14 Suppl 1**, S8, doi: 10.1186/1472–6920–14-S1-S8 (2014).

892 Moonesinghe, S. R., Lowery, J., Shahi, N., Millen, A. and Beard, J. D. Impact of reduction in working hours for doctors in training on postgraduate medical education and patients' outcomes: systematic review. *BMJ* **342**, d1580, doi: 10.1136/bmj.d1580 (2011).

893 O'Connor, P. et al. A mixed-methods examination of the nature and frequency of medical error among junior doctors. *Postgrad Med J* **95**, 583–9, doi: 10.1136/postgradmedj-2018–135897 (2019).

894 McClelland, L., Holland, J., Lomas, J. P., Redfern, N. and Plunkett, E. A national survey of the effects of fatigue on trainees in anaesthesia in the UK. *Anaesthesia* **72**, 1069–77, doi: 10.1111/anae.13965 (2017).

895 Giorgi, G. et al. Work-related stress in the banking sector: a review of incidence, correlated factors, and major consequences. *Front Psychol* **8**, 2166, doi: 10.3389/fpsyg.2017.02166 (2017).

896 Blackmer, A. B. and Feinstein, J. A. Management of sleep disorders in children with neurodevelopmental disorders: a review. *Pharmacotherapy* **36**, 84–98, doi: 10.1002/phar.1686 (2016).

897 Wasdell, M. B. et al. A randomized, placebo-controlled trial of controlled release melatonin treatment of delayed sleep phase syndrome and impaired sleep maintenance in children with neurodevelopmental disabilities. *J Pineal Res* **44**, 57–64, doi: 10.1111/j.1600–079X.2007.00528.x (2008).

898 Owens, J. A. and Mindell, J. A. Pediatric insomnia. *Pediatr Clin North Am* **58**, 555–69, doi: 10.1016/j.pcl.2011.03.011 (2011).

899 Blumer, J. L., Findling, R. L., Shih, W. J., Soubrane, C. and Reed, M. D. Controlled clinical trial of zolpidem for the treatment of insomnia associated with attention-deficit/hyperactivity disorder in children 6 to 17 years of age. *Pediatrics* **123**, e770–76, doi: 10.1542/peds.2008–2945 (2009).

900 Landsend, E. C. S., Lagali, N. and Utheim, T. P. Congenital aniridia – a comprehensive review of clinical features and therapeutic approach. *Surv Ophthalmol*, doi: 10.1016/j.survophthal.2021.02.011 (2021).

901 Abouzeid, H. et al. PAX6 aniridia and interhemispheric brain anomalies. *Mol Vis* **15**, 2074–83 (2009).

902 Hanish, A. E., Butman, J. A., Thomas, F., Yao, J. and Han, J. C. Pineal hypoplasia, reduced melatonin and sleep disturbance in patients with PAX 6 haploinsufficiency. *J Sleep Res* **25**, 16–22, doi: 10. 1111/jsr. 12345 (2016).

903 Auger, R. R. et al. Clinical practice guideline for the treatment of intrinsic circadian rhythm sleep–wake disorders: advanced sleep–wake phase disorder (ASWPD), delayed sleep–wake phase disorder (DSWPD), non-24-hour sleep–wake rhythm disorder (N 24SWD), and irregular sleep–wake rhythm disorder (ISWRD). An update for 2015: an American Academy of Sleep Medicine clinical practice guideline. *J Clin Sleep Med* **11**, 1199–1236, doi: 10. 5664/jcsm. 5100 (2015).

904 Emens, J. S. and Eastman, C. I. Diagnosis and treatment of non-24-h sleep–wake disorder in the blind. *Drugs* **77**, 637–50, doi: 10. 1007/s 40265–017–0707–3 (2017).

905 Burke, T. M. et al. Combination of light and melatonin time cues for phase advancing the human circadian clock. *Sleep* **36**, 1617–24, doi: 10. 5665/sleep. 3110 (2013).

906 Smith, M. R., Lee, C., Crowley, S. J., Fogg, L. F. and Eastman, C. I. Morning melatonin has limited benefit as a soporific for daytime sleep after night work. *Chronobiol Int* **22**, 873–88, doi: 10. 1080/ 09636410500292861 (2005).

907 Warren, W. S. and Cassone, V. M. The pineal gland: photoreception and coupling of behavioral, metabolic, and cardiovascular circadian outputs. *J Biol Rhythms* **10**, 64–79, doi: 10. 1177/ 074873049501000106 (1995).

908 Fisher, S. P. and Sugden, D. Endogenous melatonin is not obligatory for the regulation of the rat sleep–wake cycle. *Sleep* **33**, 833–40, doi: 10. 1093/sleep/ 33. 6. 833 (2010).

909 Quay, W. B. Precocious entrainment and associated characteristics of activity patterns following pinalectomy and reversal of photoperiod. *Physiol Behav* **5**, 1281–90, doi: 10. 1016/ 0031–9384(70) 90041–7 (1970).

910 Deacon, S., English, J., Tate, J. and Arendt, J. Atenolol facilitates light-induced phase shifts in humans. *Neurosci Lett* **242**, 53–6, doi: 10. 1016/s 0304–3940(98) 00024-x (1998).

911 Cox, K. H. and Takahashi, J. S. Circadian clock genes and the transcriptional architecture of the clock mechanism. *J Mol Endocrinol* **63**, R 93-R 102, doi: 10. 1530/JME- 19–0153 (2019).

912 Jagannath, A. et al. The CRTC 1-SIK 1 pathway regulates entrainment of the circadian clock. *Cell* **154**, 1100–1111, doi: 10. 1016/j.cell. 2013. 08. 004 (2013).

913 Pushpakom, S. et al. Drug repurposing: progress, challenges and recommendations. *Nat Rev Drug Discov* **18**, 41–58, doi: 10. 1038/ nrd. 2018. 168 (2019).

914 Goldstein, I., Burnett, A. L., Rosen, R. C., Park, P. W. and Stecher, V. J. The serendipitous story of Sildenafil: an unexpected oral therapy for erectile dysfunction. *Sex Med Rev* **7**, 115–28, doi: 10. 1016/ j.sxmr. 2018. 06. 005 (2019).

915 Burton, M. et al. The effect of handwashing with water or soap on bacterial contamination of hands. *Int J Environ Res Public Health* **8**, 97–104, doi: 10. 3390/ijerph 8010097 (2011).

916 Jefferson, T. et al. Physical interventions to interrupt or reduce the spread of respiratory viruses: systematic review. *BMJ* **336**, 77–80, doi: 10. 1136/bmj. 39393. 510347.BE (2008).

917 Zasloff, M. The antibacterial shield of the human urinary tract. *Kidney Int* **83**, 548–50, doi: 10. 1038/ki. 2012. 467 (2013).

918 McDermott, A. M. Antimicrobial compounds in tears. *Exp Eye Res* **117**, 53–61, doi: 10. 1016/ j.exer. 2013. 07. 014 (2013).

919 Valore, E. V., Park, C. H., Igreti, S. L. and Ganz, T. Antimicrobial components of vaginal fluid. *Am J Obstet Gynecol* **187**, 561–8, doi: 10. 1067/mob. 2002. 125280 (2002).

920 Edstrom, A. M. et al. The major bactericidal activity of human seminal plasma is zinc-dependent and derived from fragmentation of the semenogelins. *J Immunol* **181**, 3413–21, doi: 10. 4049/ jimmunol. 181. 5. 3413 (2008).

921 Nicholson, L. B. The immune system. *Essays Biochem* **60**, 275–301, doi: 10. 1042/EBC 20160017 (2016).